JN252017

プロセスケミストのための化学工学

（基礎編）

日本プロセス化学会　編

化学工業日報社

はじめに

2005年春、プロセス化学の普及を目的に日本プロセス化学会より『医薬品のプロセス化学』、2012年には第２版が出版され、プロセス化学に関する必要な知識を分かりやすく解説し、プロセス化学を志す研究者にとっては何よりも心強い参考書として愛読されてきた。2009年には『プロセス化学の現場』、2013年には『実践プロセス化学』がさらに具体例を交えた実用書として出版された。特に『実践プロセス化学』では「治験薬」製造に関する知識と問題点を提供し、初めて医薬品の研究に携わる人が知るべき知識を分かりやすく解説した。合成分野での問題点はかなりの部分これらの本を参考にすれば理解できるようになったが、さらにプロセス化学を駆使した製造ということを考えた際にどうしても必要な分野がある。それは「化学工学」である。製造のスケールアップを行い現場の設備で製造をする際に、ラボスケールではあまり気にしなかったことが重要なファクターとして問題化し、解決すべき課題として立ち塞がることに気づかされる。例えば、加熱、冷却、蒸留、分離、撹拌、晶析、ろ過、乾燥、粉砕、抽出等の操作を行おうとした場合に、時間、発熱等の影響でラボ実験のように簡単に操作ができないことなどである。これらの操作はいずれも品質、収率、コストに大きな影響を与えることが多く、せっかく確立したと思われる製法も反応自体の影響でなく、操作条件によって収率が変動したのではGMP（Good Manufacturing Practice；医薬品及び医薬部外品の製造管理及び品質管理規則）上とてもバリデートされた製法とはならない。それぞれの操作に特有の現象があり、これらを理解したうえで化学工学の知識を使って上手く制御すれば、不思議なことにラボ実験と同じような結果が得られることに気づかされる。工場で生産される製品はいずれもこれらの難関を解決することにより初めて目的とした収率、品質の製品が製造できているわけであり、その陰には多くの研究者の努力の結晶や“know how”が詰め込まれていることを忘れないでもらいたい。

はじめに

化学工学と聞けば数式が多く理解できないという人も多い。そこで今回、これからプロセス化学を担当する初心者はもとより、中堅の研究者でも今さら人には聞き辛いと同じような悩みを抱えておられる立場の人向けに、分かりやすく解説した『プロセスケミストのための化学工学(基礎編)』を発行することにした。大学での研究で化学工学を知って実験をすれば思わぬ効率の良い手法が見つかるケースもあるなど、プロセス化学と化学工学は極めて密接な関係にあることが本書を読んでいただければ分かってもらえると期待している。ぜひ本書を手元に置いていただき、『医薬品のプロセス化学』同様に活用していただければ、そして製法確立の手段の一助となれば望外の喜びである。

2015年11月

日本プロセス化学会　監事、編集委員　橋本　光紀

目　　次

執筆者一覧

第１章１．１～２	橋本 光紀	（医薬研究開発コンサルテイング）
第１章１．３．１～４	秋山 隆彦	（学習院大学）
第１章１．３．５	近藤 伸一	（岐阜薬科大学）
第１章１．３．６～７	佐治木 弘尚	（岐阜薬科大学）
第１章１．４～８	国頭 庸一	（㈱MCHC R&Dシナジーセンター）
第２章	池田 一史	（田辺三菱製薬㈱）
第３章	高橋 邦壽	（スケールアップコンサルティング）
第４章４．１～６	加々良 耕二	（大原薬品工業㈱）
第４章４．７	片岡 武彦	（味の素㈱）
第５章	高橋 邦壽	
第６章	高橋 邦壽	
第７章	近藤 聡	（第一三共㈱）
第８章	池田 一史	
第９章	江頭 竜一	（東京工業大学）
第10章10．１	熊谷 浩樹	（アジレント・テクノロジー㈱）
第10章10．２	市村 重俊	（神奈川工科大学）
第11章	角野 元彦	（㈱MCHC R&Dシナジーセンター）
第12章	大枝 匡義	（中外製薬㈱）
第13章	間中 敦史	（塩野義製薬㈱）
	尾田 真一	（塩野義製薬㈱）
第14章	橋本 光紀	

第 1 章

反　応　熱

1．1　反応熱制御の目的と方法

新しい化合物を合成する際、また新しい反応を行う際には反応条件を詳細に検討し最適の条件を見い出すことにより、効率的に目的とする化合物が得られるようになる。それらの条件をさらにスケールアップしていく際には、種々の状況と条件が異なる中で、いかに初期のラボスケールの実験データを再現できるようにするのかが、プロセスケミストには求められている。したがって、プロセスケミストにとって合成反応は必須であり、合成反応を上手くコントロールすることの重要性は、日常業務の一環として日頃から検討され、また研究されており、大きなテーマといえる。日常取り扱う反応は、一般的には発熱反応が主であり、反応熱制御に苦労することが多い。ラボスケールではさほど危険性を感じない制御可能なケースであっても、スケールアップしていく過程で、コルベンから反応釜へ反応槽が変わると、仕込む試薬・試剤の量が多くなり、操作法も変わると自ずと作業手順にも変化が生じ、それらの違いから危険でないと思われていた反応にも危険を伴うケースが増えてきて、反応熱制御の重要性と必要性を学ぶことになる。基本となる安全教育をしっかり受けて合成反応に取り掛からなければ作業現場で予期せぬ事故を引き起こすことになり、作業者にとっても、企業にとっても大きなダメージを受けることになる。事故原因の大半は不注意と知識不足、さらには経験不足であることを考えれば、日頃の教育がいかに重要であるかが分かる。

反応熱を制御する目的は、

① 副生物の抑制
② 分解反応の抑制
③ 品質確保
④ 収率向上

⑤ 安全作業のため

であり、事故のない製造工程や操作法が初めて工業化への道を拓くことになる。実験室でもフリーデルクラフツ反応で反応物がコルベンから噴き出したり、Grignard試薬合成中に突発的に反応が始まり、制御不能状態で吹かせてしまった経験を持っておられる研究者も多いと思われる。実験室のドラフト内で収まっている分には、それほど大きな問題とならないで「怖かった」と言って済むかもしれないが、製造現場では大きな事故に直結する極めて危険な操作を行っていることに気づくべきである。そのためにも、まず危険な反応をよく理解すべきであり、事故例等で安全教育をしっかり受けておくことが求められている。

発熱反応の制御法は

① 冷却速度の調整
② 試薬の滴下速度の調整
③ 撹拌速度の調整
④ 反応系の変更
⑤ 溶媒の選択
⑥ 冷媒の選択

等が考えられるが、重要なことは取り扱っている反応がどのような危険性を持っているのかを、事前によく知っておくことである。知らないで危険な反応を取り扱うほど怖いことはない。まずは目的とする効率で冷却できるのかを検討することであり、種々のファクターが混在するだけに系統だった検討が求められている。ここには化学工学という知識が必要になってくる。本書でも随所に化学工学とプロセス化学の知識の重要性が解説されているので、ぜひ参考にして事故のない、失敗のないプロセス開発を行ってもらいたい。

1.2　発熱反応とは

発熱反応（exothermic reaction）とはエネルギーを系外へ熱などとして放出する化学反応のことであり、広義には相転移、溶解、混合等の物理的変化も含まれる。放出するエネルギーは熱だけでなく光、電気などの形を取る場合もある。

プロセスケミストが日頃行う合成反応において発熱反応は避けては通れないほど一般的な反応であり、馴染みも深い反応といえる。例えば、酸化反応、還元反応、金属触媒との反応、アシル化反応、ハロゲン化反応、ニトロ化反応、アルキル化反応、エステル化反応、重合反応、塩生成反応、アミノ化反応、ジアゾ化反応、付加反応、Grignard反応等、日頃行っている馴染みのある反応が多い。馴染みのある反応や日頃頻繁に取り扱う反応は慣れているので問題なく行えると自信を持ちがちであるが、この自信が一番怖いことで、どのような馴染みの深い簡単に見える反応にも事故の事例があることを忘れてはならない。代表的な発熱反応の例が次に示されているのでぜひ参考にしてもらいたい。化学工学との関連を良く理解し多くの事例と共に解説されているプロセス化学と化学工学の基礎を本書でしっかり学んでもらいたい。

1.3　発熱反応の例

1.3.1　酸化反応

アルコールの酸化反応はアルデヒド、ケトン、カルボン酸を合成する重要な反応の一つである。古典的には当量反応として、過マンガン酸ナトリウム、二クロム酸ナトリウム、三酸化クロム等が用いられてきた。しかし、これらの酸化剤は、毒性があり、一般に過剰量用いられるため、反応後の重金属廃棄物の処理が問題となっている。そのため、触媒量の金属塩を、共酸化剤と共に用いる酸化反応、また、金属塩を用いない酸化剤が開発されている。

1）Swern酸化反応

金属塩を用いない反応として、ジメチルスルホキシド（DMSO）による酸化法がよく用いられる。なかでもSwern酸化[1]は塩化オキサリルを活性化剤として用いて低温で鍵中間体である塩化クロロスルホニウム塩を生成させる酸化反応であり、第一級アルコールからアルデヒドが収率良く得られる[2]（**式1-1**参照）。

$$\text{TsO(CH}_2)_5\text{OH} \xrightarrow[\text{2) Et}_3\text{N}]{\text{1) (COCl)}_2\text{, DMSO, CH}_2\text{Cl}_2\text{, }-75\ ^\circ\text{C}} \text{TsO(CH}_2)_4\text{CHO} \qquad \text{（式1-1）}$$

反応機構を**式1-2**に示す。中間に生成する塩化クロロスルホニウム塩は不安定である事から、低温でスルホニウム塩を生成させた後に、トリエチルアミンを加え、室温に昇温する事が必要である。

$$\text{Me}_2\text{S}^{\oplus}\text{-O}^{\ominus} \xrightarrow{(\text{COCl})_2} \left[\text{Me}_2\text{S}^{\oplus}\text{-O-C(=O)-C(=O)-Cl}\right]\text{Cl}^{\ominus} \longrightarrow \left[\text{Me}_2\text{S}^{\oplus}\text{-Cl}\right]\text{Cl}^{\ominus}$$

$$\xrightarrow{\text{RCH}_2\text{OH}} \text{Me}_2\text{S}^{\oplus}\text{-O-CH}_2\text{R} \xrightarrow{\text{NEt}_3} {}^{\ominus}\text{CH}_2\text{-S}^{\oplus}(\text{Me})\text{-O-CH(H)R} \longrightarrow \text{CH}_3\text{-S}^{\oplus}(\text{Me})\text{-O-}\overset{\ominus}{\text{C}}\text{HR} \xrightarrow{-\text{Me}_2\text{S}} \text{RCHO} \qquad \text{（式1-2）}$$

Swern酸化は、優れた酸化反応であるが、副生するジメチルスルフィドが悪臭を放つ事、さらに、塩化クロロスルホニウム塩を調製する際に、–40℃以下の低温を要する、発熱反応であるので熱制御が容易でない等の問題点がある。それらの問題を克服するために、マイクロリアクターを用いたフロープロセスも開発されている[3]。活性化剤として、DMSO以外にDCC（ジシクロヘキシルカルボジイミド）を用いるMoffatt酸化や、無水酢酸、SO_3・Pyを用いるCorey-Kim法等も知られている。

2,2,6,6-Tetramethyl-1-piperidinyloxy（TEMPO）は安定な有機フリー

ラジカルとして市販されている酸化剤であり、一般に、第一級アルコールをアルデヒドに酸化する際に用いられる(**式1-3**参照)[4]。触媒量のTEMPO存在下、共酸化剤として次亜塩素酸ナトリウムやPhI(OAc)2が用いられる。第二級アルコールの酸化は比較的遅いために、第二級アルコール存在下において、第一級アルコールを選択的に酸化する事も可能である(**式1-4**参照)[5]。

TEMPO　1-Me-AZADO

TEMPO (10 mol%)
PhI(OAc)$_2$ (1.1 equiv)
CH$_3$CN, pH 7 buffer, 0 ˚C
89%　(**式1-3**)

TEMPO-NCS
CH$_2$Cl$_2$-H$_2$O
82%　(**式1-4**)

TEMPOが酸化され、生じた*N*-オキソアンモニウムカチオンが酸化活性種として作用する(**式1-5**参照)。

oxid.　RCH$_2$OH　RCHO　oxid.　(**式1-5**)

近年、岩渕らは、より活性の高いTEMPO誘導体としてアザアダマンタン骨格を有するAZADOを開発し、第二級アルコールの効率的な酸化反応を達成した[6]。

2）Tetrapropylammonium perruthenate（TPAP）（n-$Pr_4N^+RuO_4^-$）

（過ルテニウムテトラプロプルアンモニウム）

触媒量の金属錯体を用いる酸化反応として、TPAPを用いた酸化反応がLeyらにより開発された。TPAPは、有機溶媒に可溶な、空気・水分に安定な酸化剤である。触媒量のTPAP存在下、*N*-メチルモルホリンオキシド（NMO）を共酸化剤として用いる事により、第一級アルコールを酸化しアルデヒドを与える[7]。生成する水を除くために、モレキュラーシーブズを加える必要がある。反応容器を冷却しながら、NMOをゆっくりと加えて、穏やかに反応させる。本反応は、Ley酸化とも呼ばれ、官能基選択性が高く、二重結合、三重結合、シリルエーテル、エステル、ベンジルエーテル等は反応しない（**式1-6**参照）。

OH … OTBS —[TPAP (5 mol%), NMO (1.5 eq.) / 4Å MS, CH_2Cl_2]→ O … OTBS　70%

（**式1-6**）

1．3．2　還元反応

水素化アルミニウムリチウム（$LiAlH_4$）は、アルデヒド、ケトン、エステル、カルボン酸、アミド等の様々な官能基を還元できる強力な還元剤である。水やプロトン性の溶媒とは激しく反応するため、非プロトン性の溶媒を無水条件下で用いる必要がある。

1）ボラン・THF錯体

ジボラン（B_2H_6）は気体であり、取り扱いが容易ではないが、THFやMe_2Sなどの配位性の化合物と錯体を形成する。BH_3・THF錯体はTHF溶液として市販されており、大量合成に用いる事も可能である。

BH_3・THFは、エステル、アミド、ニトリル存在下において、カルボン酸を選択的に第一級アルコールに還元する（**式1-7**参照）[8]。

HO, O, EtO, O, SO_2CH_3, Br

0.50 kg

BH_3•THF (1.4 eq.)

THF, 0 ˚C

OH, EtO, O, SO_2CH_3, Br

0.47 kg (98%)

（式1-7）

カルボン酸はBH_3と反応し、ホウ酸トリアシルを形成し、さらに、BH_3により還元されホウ酸エステルとなり、加水分解により第一級アルコールが生成する（**式1-8**参照）。

$$\mathrm{RCOOH} \xrightarrow[-H_2]{BH_3} (\mathrm{RCOO})_3\mathrm{B} \xrightarrow[\textit{fast}]{BH_3} (\mathrm{RCH_2O})_3\mathrm{B} \xrightarrow{H_2O} \mathrm{RCH_2OH}$$ **（式1-8）**

2）水素化ビス（2-メトキシエトキシ）アルミニウムナトリウム　〔$Na[AlH_2(OCH_2CH_2OCH_3)_2]$〕

Red-Al®の名称で市販されている。還元剤の性質は、$LiAlH_4$に類似し、アルデヒド、ケトン、エステルなどを還元する（**式1-9**参照）[9]。$LiAlH_4$よりも、熱安定性が高く、また、溶媒への溶解度が高いので、トルエンなどの芳香族系溶媒を用いる事が可能である。

O, O, O, O, N, Bn

44.7 kg

Red-Al (4 eq.)

toluene
110 ˚C, 2 h

O, O, N, Bn

93%

（式1-9）

ニトリルはアルデヒドに還元される。また、プロパルギルアルコールはヒドロメタル化により、アリルアルコールへと還元される。

3）Lindlar触媒

Lindlar触媒は、酢酸鉛（II）などで被毒し、活性を落とした炭酸カルシウム担持型パラジウム触媒であり、キノリン等の存在下水素を作用させると、内部アルケンが(Z)-アルケンに部分水素化される(**式1-10**参照)[10]。

Lindlar's cat
2,6-lutidine
H_2
3.9 kg

(**式1-10**)

1.3.3 アルキル化反応

相間移動触媒を用いる事により、比較的低極性の非プロトン性溶媒中で、アルキル化反応を行う事ができ、アルキル化反応を加速させる事が可能である。さらに、キラルな相関移動触媒を用いる事により、不斉アルキル化も実現できる。例えば、グリシン誘導体のベンゾフェノンイミンに対し、ハロゲン化アルキルを作用させると、アルキル化反応が効率良く進行し、*L*-フェニルアラニン誘導体が、高い光学純度で得られる(**式1-11**参照)[11]。触媒は市販されており、cinchonidineから2段階で容易に合成する事も可能である。

(**式1-11**)

1.8 kg
1.5 eq.
cat. 5%
CH_2Cl_2
aq. KOH
56%, >99 : 1 er

カルボン酸誘導体のα位の不斉アルキル化反応は、様々な手法が報告されている。Myersらは、プソイドエフェドリンを不斉源として用いてキラルアミドを合成し、リチウムエノラートを経て、高い光学純度でα位へのアルキル化を達成した(**式1-12**参照)[12]。得られたアミド誘導体は、アルコール、アルデヒド、ケトン等に容易に変換可能である。本反応は、キラルなアミドを用いたジアステレオ選択的なアルキル化反応であり、不斉源の両鏡像体が容易に入手可能であることから、実用的にも優れたアルキル化反応である。

2 LDA, LiCl / THF, −78 ˚C　→　R'-X　→　(式1-12)

本反応が高いジアステレオ選択性を示すのは、以下に示す遷移状態を経て反応が進行するためと推測されている。

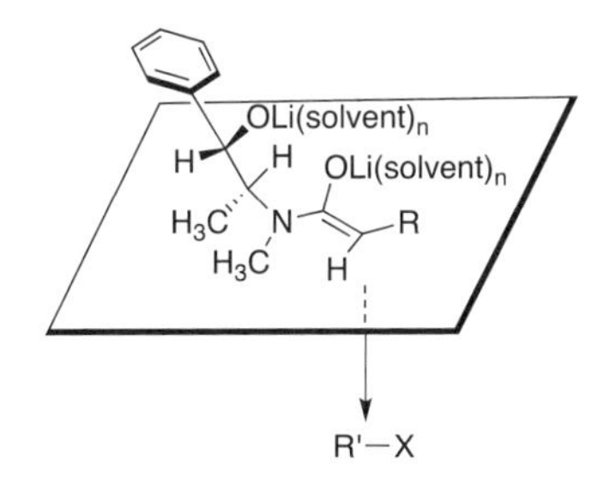

1.3.4　アシル化反応

1）アルコールからエステルへの変換

アルコールのアシル化反応は、エステル、ラクトン等を合成する重要な合成反応である。一般に、アルコールに等量以上の塩基存在下、酸無水物等のアシル化剤を作用させる事により、アシル化反応が進行、エステルが得られる。触媒量の4-ジメチルアミノピリジン(DMAP)を添加すると反応が加速される。

石原らは、無溶媒条件下触媒量のDMAPを用いると、塩基を加える事なくアシル化反応が進行する事を見出した(**式1-13**参照)[13]。本反応は、無極性の溶媒を用いる、または無溶媒条件で行う事が重要である。これは、無極性溶媒中では、極性の高いDMAPとカルボン酸の塩が不安定となり、DMAPの再生が促進されるためと考えられる。

DMAP (0.05 mol%)
(i-PrCO)$_2$O (1.1 eq.)
50 ˚C, 24 h
solvent free
distillation
OH
O
O
i-Pr
100%

（式1-13）

2）アミンからアミドへの変換

ペプチド結合生成のための縮合剤が数多く報告されている。*N,N'*-Dicyclohexylcarbodiimide（DCC）は、汎用されている優れた脱水縮合剤である。しかし、反応後に副生する結晶性の尿素誘導体の除去が問題となる。そこで、水溶性のカルボジイミド誘導体として*N*-（3-Dimethylaminopropyl）-*N'*-ethylcarbodiimide hydrochloride（EDC、WS-DCCとも呼ばれる）が開発された。EDCは反応終了後に生成する尿素誘導体が水溶性であるので、分液操作のみで除去する事が可能である。また、縮合剤としての反応性もDCCより優れている。以下に、大量合成に用いられた例を示す（**式1-14**参照）[14]。HOBtは求核性が高く、活性エステルを形成し反応を加速する。

N=C=N
DCC
$Me_2NH^{\oplus}$
N=C=N
$Cl^{\ominus}$
EDC

$Cl^{\ominus}$
$H_3N^{\oplus}$
O
N
CH_3
59.9 kg
\+
CH_3
BocNH
OH
O
1.02 eq.
\+
N
N
N
OH
HOBt (5 mol%)
EDC (1.1 eq.)
N-Me-Morpholine
(2.1 eq.)
EtOH
CH_3
BocNH
H
N
O
O
N
CH_3
88.2 kg (91%)

（式1-14）

カルボニルジイミダゾール（CDI）も優れた縮合剤である。①CDIが比較的安価である、②活性中間体であるイミダゾール誘導体が熱的に安定である、③副生成物が分液操作により容易に分離できる、④二酸化炭素の発生が容易に観察できる、などの利点を有している。

N-Boc-グリシンの酢酸エチル溶液をCDIの酢酸エチル溶液に加え、アシルイミダゾールを調製し、この溶液中に、アミンの*p*-トルエンスルホン酸塩の*N*-メチル-2-ピロリドン（NMP）溶液を加えると、ペプチド結合が生成し、目的のアミドが85%で得られる（**式1-15**参照）[15]。

BocHN-CH2-COOH ＋ CDI → (EtOAc) [BocHN-CH2-CO-imidazole]

81.2 kg　75.2 kg

＋ p-TSA•H_3N-CH(CH_2CO_2Et)-(3-bromo-5-chloro-2-hydroxyphenyl) → (NMP, 25 °C) BocHN-CH2-CO-NH-CH(CH_2CO_2Et)-(3-bromo-5-chloro-2-hydroxyphenyl)

221.6 kg　170.6 kg (85%)

（式 1-15）

1.3.5　重合反応

ポリマーの連続重合反応は、単位反応の繰り返しにより分子数が減る、エントロピーの上では不利な反応であることから、反応が進行するためには、エンタルピーの上で圧倒的に有利な発熱反応でなければ進行しない。したがって、重合反応イコール「発熱反応」と判断して間違いはない。重合反応の進行に伴って分子量が増えるため、反応液の粘度上昇により反応系中に熱がこもりやすくなる。連鎖的に進行する重合反応の場合、反応温度の上昇により重合反応が著しく加速されるため反応暴走に直結する。反応容器の温度制御は、暴走を防ぎ安全に品質の良いポリマーを得るための必須因子である[16)]。

重合反応には、ラジカル重合、アニオン重合、縮重合など様々な反応形式のものがあるが、ここでは様々なモノマーに適用できるラジカル重合について述べる。ラジカル重合は、低分子量の末端エチレン誘導体（ビニル型モノマー）の重合によりポリマーを合成する反応であり、ラジカル開始剤を必要とする。ラジカル開始剤としては、アゾビスイソブチロニトリル（AIBN）や過酸化ベンゾイルのように、加熱により分解した生成ラジカルがモノマーと反応して速やかに高分子化する（**スキーム 1** 参照）。このとき、反応系内に多量のラジカルが生成すると停止反応が速やかに進行するため、高分子量体のものを得ることが困難である。した

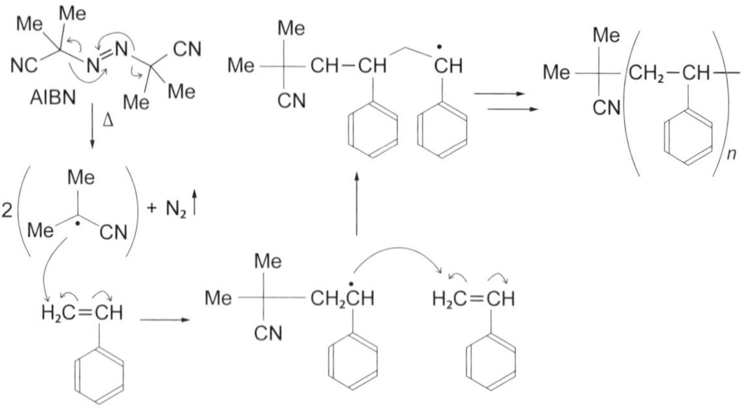

スキーム1 スチレンのラジカル重合

がって、ラジカル開始剤を徐々に分解させることが必要であり、反応温度の制御が重要である。また、高分子化が進むと粘度が増すため、撹拌や伝熱効率の低下により、反応熱の除去が難しくなり(局部蓄熱)、反応暴走事故が発生する可能性が増大するので注意が必要である。例えば、アクリル酸を重合する場合、塊状重合(無溶媒重合)すると高温の反応熱を伴いながら爆発的に重合が進むポップコーン重合が進行し、高度に架橋した高分子が生成する。そのため、アクリル酸などの重合では、多量の溶媒を用いて(モノマー濃度20％以下)重合を行わないと直鎖状の高分子を得ることができない。

一方、過酸化物と還元性物質〔例えば過酸化水素と鉄(II)イオン〕を共存させると低温でラジカルを発生させることが可能であり、レドックス開始剤と呼ばれている。特に水溶性のものは工業的に広く利用されている[17]。

近年、分子量分布の狭い高分子合成、あるいは、ブロック共重合体などの構造が制御された高分子合成に適用できるリビング重合法に高い関心が寄せられている。リビングラジカル重合の一つに、原子移動ラジカル重合(ATRP)があり[18](**スキーム2**参照)、低原子化錯体〔Cu(Ⅰ)やFe(Ⅱ)錯体〕とハロゲン化アルキル(RX)の存在下でビニルモノマーの重合

$$R'\text{-}X + M^{n}X_{n}L_{m} \rightleftarrows R'\cdot + M^{n+1}X_{n+1}L_{m}$$

$$\downarrow n\ H_2C{=}CH\text{-}R$$

$$R'\!\left(CH_2\text{-}\underset{R}{CH}\right)_n CH_2\text{-}\overset{H}{\underset{R}{C}}\text{-}X + M^{n}X_{n}L_{m} \rightleftarrows R'\!\left(CH_2\text{-}\underset{R}{CH}\right)_n CH_2\text{-}\overset{H}{\underset{R}{C}}\cdot + M^{n+1}X_{n+1}L_{m}$$

スキーム2　原子移動ラジカル重合の反応機構

を行う方法である。ここで、M^nはn価の金属イオン、Lは配位子、Xはハロゲン原子を示す。ハロゲン化アルキルのハロゲンが金属錯体に移りラジカルが生じ、モノマーと反応することにより重合が開始される。生成した高分子ラジカルは、金属錯体のハロゲンを引き抜き安定な中間体となる。この安定な中間体の末端にあるC－X結合は、金属錯体のX原子に移り生長反応が再び進行し、生長と停止が繰り返され反応時間と共に分子量が増大する。この場合も見かけ上停止反応のないリビング重合となっている。本反応は、用いる金属イオンと配位子により反応の進行に違いが生じるためその選択が重要となる。

1.3.6　ニトロ化[19)]

脂肪族炭素への直接的ニトロ化反応は、硝酸類（HNO_3や硝酸エステル$RONO_2$）を用いた活性メチレンの求電子ニトロ化反応を除くと基本的には進行しない。したがって、脂肪族ニトロ化合物は脂肪族ハロゲン化合物あるいはその等価体と亜硝酸塩（$NaNO_2$や$AgNO_2$）による求核置換反応や、アルケンやアルキンへの四酸化二窒素〔N_2O_4、あるいは二酸化窒素（NO_2）〕、硝酸エステル（RCO_2NO_2）またはハロゲン化ニトロイル（XNO_2）の付加反応を利用して合成される。オキシムあるいはアミンの酸化による合成法も報告されているが、ニトロ化の範疇から外れるので敢えて言及しない。やはり、ニトロ化といえば、芳香族ニトロ化合物やそれを還元した芳香族アミノ化合物の広範な分野における利用価値の観点からも、芳香族ニトロ化反応が主力であることは間違いない。芳香族ニトロ化反応は、濃硝酸、発煙硝酸、硝酸・硫酸（混酸）、五酸化二窒素(N_2O_5)、ハロゲン化ニトロイルなどによるNO^{2+}イオンを活性種とする反応と、N_2O_4(あるいはNO_2)によるラジカル反応に大別することができる。特にNO^{2+}イオンを活性種とする反応は、強酸酸性条件を要することから、酸化力が強く腐食性や爆発性を示す試薬を扱う上に、発熱反応であるため、反応暴走の回避はもちろん、設備の耐酸性や酸廃棄物処理などの問題点も多い[20]。

NO_2は沸点が21.1℃の褐色液体で、不対電子を持つ中性ラジカルであり、自動車の排気ガスなどを主な発生源とする窒素酸化物(NOx)の一種であるが、ニトロ化試薬としての反応性は低い。しかし鈴木らは、有機溶媒中、オゾンを含む空気とNO_2が共存する雰囲気下で撹拌すると、芳香族ニトロ化反応が中性、室温以下の温度で効率良く進行することを見いだした(京大法ニトロ化)[21]。この方法の場合、酸に不安定な官能基を持つ基質のニトロ化も可能であり、オゾンガスの使用やNO_2の毒性を考慮しても､従来法と比較してメリットがある。

NO_2-O_3
CH_2Cl_2
MgO, 0 ºC

Total isolated yield: 93%
ortho : *meta* : *para* = 6 : 25 : 69

また、この反応では少量のアレニウス酸(プロトン酸)やルイス酸を共存させると、さらにニトロ化の活性が向上する。

1.3.7　ハロゲン化

有機ハロゲン化合物はハロゲンの電子吸引性や脱離能などの利点から、有機合成原料、機能性物質、あるいは生物活性物質などとしての広範な用途が認められる。特に含フッ素化合物はフッ素の原子半径や電子的性質、さらには安定性などの観点で注目されている。フッ素の導入により、基質の嵩高さにさほど影響を与えずに電子的性質を変えることができるため、薬物や農薬の開発過程でフッ素の導入によるバイオアイソスターやミミックとしての効果や、C－F結合が強固であることを利用した代謝遅延効果などが期待される。したがって、所望の位置にフッ素を導入した分子の合成法は極めて重要である。特に多様な官能基を持つ分子の選択的なフッ素化は、現在でも盛んに研究が継続されている[22)]。

フッ素化反応には、古くはフッ素ガス(F_2)、フッ化水素(HF)、四フッ化硫黄(SF_4)などが使われてきたが、いずれも毒性や腐食性が高く、ガラスや金属が侵されるので特殊な容器や管理が必須となる[22),23)]。置換反応を基盤としたフッ素化反応としては、H－F、X－F(XはF以外のハロゲン)、O－F、N－F交換反応などの報告例があるが、特に、水酸基をフッ素に変換する(脱酸素的フッ素化)反応は[25)]、酸素原子が置換していた位置に選択的にフッ素原子を導入することができるため有用である。SF_4の代替えとして開発されたDAST(*N,N*-diethylaminosulfur trifluoride)は、脱酸素的フッ素化試薬の先駆けとして広く利用されてきた。DASTは熱的に不安定で、加熱により爆発的に分解するが、この点を改善した試薬としてDeoxo-Fluor[bis(2-methoxyethyl) aminosulfur trifluoride][26)]やTFEDMA(1,1,2,2-Tetrafluoro-*N,N*-dimethylethylamine)[27)]が開発された。最近では、DAST、Deoxo-FluorあるいはTFEDMAなどの腐食性や水に不安定な性質を改善した、固体脱酸素的フッ素化試薬であるXtalFluor-E、XtalFluor-M[28)]やFluoLead[29)]などが開発されている。

Et_2NSF_3 (DAST)　　$(MeOCH_2CH_2)_2NSF_3$ (Deoxo-Fluor)

$Me_2NCF_2CHF_2$ (TFEDMA)　　$Et_2\overset{+}{N}=SF_2\ BF_4^-$ (XtalFluor-E)

$O(CH_2CH_2)_2\overset{+}{N}=SF_2\ BF_4^-$ (XtalFluor-M)　　^{t}Bu–$C_6H_2Me_2$–SF_3 (FluoLead)

(PhenoFluor)

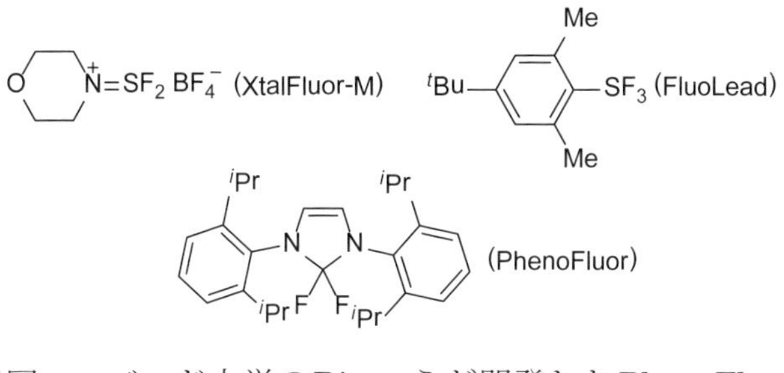

特に米国ハーバード大学のRitterらが開発したPhenoFluorは脂肪族

アルコール[30]だけでなく、フェノール性水酸基も[31]容易に脱酸素的フッ素化され官能基耐性も高い。Sigma-Aldrichの試薬カタログでは平成26年３月14日現在250㎎で４万円と高価であるが、魅力的な脱酸素的フッ素化試薬である。

1.4　暴走反応危険性評価の概要と取り進め方法

1.4.1　概　　要[33,34,35,36]

製造プロセスで取り扱う化学物質が熱的に制御不能になった場合、暴走反応が起こり、火災、爆発等の甚大な被害に繋がる危険性がある。暴走反応の発生要因は、プロセス化学的要因とプロセス設計・制御の要因に大別される。以下に暴走反応の発生要因の詳細を示す。

＜プロセス化学的要因＞

- 反応生成物の分解や不安定生成物の生成
- 自己触媒反応による分解反応加速
- 装置材質による触媒作用（錆、微量不純物等）

＜プロセス設計・制御の要因＞

- 温度、撹拌制御の不良
- 原料供給量（速度）の不良
- ヒューマンファクター、メンテナンス

暴走反応を予防するため、新規化学物質を用いた反応、スケールアップ、プロセス変更等を実施する場合は、必ず適切な危険性評価とそれを基にした安全対策の構築が必要である。次節より化学プロセスの暴走反応危険性評価方法の詳細を述べる。

1.4.2　危険性評価のステップ[37]

化学プロセスの暴走反応危険性評価のステップとしては、まず化学物質の物性とプロセスの危険要因を把握し、次に化学物質が有する潜在エネルギー危険性評価や化学プロセスの操作条件下での暴走反応危険性評価を行う。そして、これらの危険性評価の結果を基にして化学プロセスの設備や操作条件、安全管理基準に関する適切な安全対策の構築を行うという手順になる。

重要なことは、化学物質の潜在エネルギー危険性評価法を行う際には評価法の特徴や適応限界を十分理解して評価し、その評価結果を正しく解釈することである。最初のステップである、「化学プロセスの危険要因把握と潜在エネルギーの危険性評価」が適切に行われることによって、初めて化学プロセスの暴走反応危険性評価やプロセスの設備、操作条件の決定や管理方法に関する安全対策の構築が可能になる。

化学物質の潜在エネルギーの危険性評価は、一般に以下に示すような段階的な手法が用いられている。

＜化学物質の潜在エネルギーの危険性評価フロー＞

①情報調査による化学物質の潜在エネルギー危険性の把握
（書籍、インターネットなど）

②熱化学計算を用いた反応熱の推算

③熱分析装置を用いた実験による危険性評価の詳細検討の装置名

・スクリーニング：DSC、TG-DTA

・詳細検討：ARC、RADEX、C80D、CRC、RC1など

④暴走反応危険性の判定

次節以降、各段階における評価方法について述べる。

1.5 暴走反応危険性評価方法[37)]

1.5.1 情報調査による化学物質の潜在エネルギー危険性評価

表1-1に化学物質の危険性評価に活用できる情報が記載されている代表的な書籍およびデータベースの一覧を示す。調査を行うことにより、危険性物質(爆発性、引火性、自然発火性、禁水性、酸化性、混触危険性等)の情報、事故事例(事故災害事例集、報告書、事故統計 等)の情報を得ることができる。書籍の他にインターネットによるデータベースの活用も有効である。

1.5.2 熱化学計算を用いた反応熱推算[37), 38)]

計算により化学物質の生成熱、分解熱、燃焼熱などの反応熱やそれによる圧力上昇を予測することは、反応性物質の危険性予測のための有効な手段である。

熱分析装置は、化学物質の暴走反応を再現することにより吸発熱量を計測するが、予め物質の反応熱を推算することにより、容器内の温度上昇や圧力上昇を予測することができる。また、熱量計では正確に測定できない反応速度が速い物質や不安定な化学物質の場合も、計算による反応熱量の推算が有効である。

推算方法は、Bensonの加成性則、半経験的分子軌道法、分子力場法などが挙げられる。また、それらの推算手法をプログラム化したCHETAH(Chemical Engineering Thermodynamics And Hazard Evaluation)や

表1-1　物質危険性の調査に活用できる代表的な書籍もしくはデータベース

調査内容	書籍もしくはデータベース
化学物質の一般物性概要調査	・SDS(安全データシート)
燃焼・爆発危険性	・新安全工学便覧(コロナ社) ・化学実験の安全指針(丸善) ・実験を安全に行うために(化学同人) ・新版 溶剤ポケットブック(オーム社) ・Bretherick's 危険物ハンドブック(丸善) ・静電気安全指針2007(産業安全技術協会) ・静電気ハンドブック(オーム社) ・国際化学物質安全性カード(ICSC)・日本語版 i)(国立医薬品食品衛生研究所) ・化学物質総合情報提供システム(CHRIP) ii)(製品評価技術基盤機構)
化学物質の熱安定性	・化学プロセス安全ハンドブック(朝倉書店) ・労働安全衛生研究所データ集－反応性物質のDSCデータ集(1),(2) iii)-①, iii)-②(労働安全衛生総合研究所)
混触危険性	・混触危険ハンドブック(東京消防庁) ・Bretherick's 危険物ハンドブック(丸善) ・有機化学実験の事故・危険(丸善)
災害事例	・有機化学実験の事故・危険(丸善) ・リレーショナル化学災害DB iv)(産業技術総合研究所) ・失敗知識DB v)(畑村創造工学研究所) ・職場の安全サイト vi)(厚生労働省)

i) http://www.nihs.go.jp/ICSC/
ii) http://www.safe.nite.go.jp/japan/db.html
iii)-① http://www.jniosh.go.jp/results/2007/0621_3/list.html
iii)-② http://www.jniosh.go.jp/results/2008/1031/index.html
iv) http://riodb.ibase.aist.go.jp/riscad/index.php
v) http://www.sozogaku.com/fkd/
vi) http://anzeninfo.mhlw.go.jp/index.html
* i)～vi)のアドレスは2014年4月現在のもの

REITP2(Revised Evaluation of Incompatibility from Thermochemical Properties, Version2)などの評価プログラムツールもある。ここでは、簡便な手法として、二次加成性則と代表的評価プログラムのCHETAHについて説明する。

1）二次加成性則[37)]

代表例として、Bensonの二次加成性則が挙げられる。これは、隣接原子の効果を考慮した構造のグループに生成熱寄与値を割り当て、対象とする分子の構造に応じてそれらを加えることにより生成熱を算出する方法である。1,1-ジニトロプロパンを例にとると、大気圧下（298K）における気相の標準生成熱は、以下のように計算される。

$$[C-(C)_3(C)]+[C-(C)_3(C)_2]+[C-(NO_2)_2(C)(H)]=$$
$$(-42.17)+(-20.71)+(-62.23)=-125.23\text{kJ/mol}$$

化学物質によっては、グループ寄与値や環構造などの補正項を考慮しないと、計算誤差が大きくなる場合がある。しかし、一般的に計算誤差は実験値±12.6kJ/mol 程度と小さく、量子化学的計算法の精度と比べても遜色ないため、多くの炭化水素の燃焼反応の熱力学データは、加性則に基づく手法によって推算されている。

2）CHETAH[37),38)]

米国物質試験標準協会（ASTMの化学品の危険性に関するE-27.07委員会）によって開発された反応熱の熱化学計算ソフトCHETAHは、Bensonの加成性則を基に生成熱を推定し、単独物質や混合試料の有する化学ポテンシャルを推算する計算ソフトである。また、推算した最大分解熱と燃焼熱との関係から経験的に爆発危険性を予測することができる。

1974年に初版（Version4.2）が発行され、現行の最新版Version 9は2009年11月に発行されている。2002年７月に発行されたVersion7.3から、「Chem Draw」等の分子構造式エディタソフトからの入力が可能になり、より簡便に計算することが可能になった。

「CHETAH」は気相系を基準としている。したがって、反応系と生成系で相変化を伴う場合は、実測値と大きく差異が生じる場合があるので注意が必要である。

＜CHETAH化学物質グループ記述例＞

化学物質のグループ構築は、Bensonの加成性則を基にDow Chemical社が開発した方式を採用している。以下に、4-ヒドロキシ-2-ヘプタノンのBensonグループ記述例を**図1-1**示す。

$$
\begin{array}{ccccccc}
 & & & OH & & & \\
 & & & | & & & \\
CH_3- & CO- & CH_2- & CH- & CH_2- & CH_2- & CH_3 \\
① & ② & ③ & ④ & ⑤ & ⑥ & ⑦
\end{array}
$$

記　述　式	グループ
①　CH_3－(CO)	1
②　CO－(2C)	1
③　CH_2－(C,CO)	1
④　CH－(2C,OH)	1
⑤　OH－(C)	1
⑥　CH_2－(2C)	2
⑦　CH_3－(C)	1

図1-1　4-ヒドロキシ-2-ヘプタノンのBensonグループ

隣接する結合や原子の影響を考慮して生成寄与熱が与えられたグループを、目的とする分子構造に応じて組み合わせ、その寄与熱を加算することにより生成熱量を推算する。

1．5．3　機器を用いた実験による危険性評価

危険性評価機器は、発熱開始温度や発熱量の計測により熱分解に起因した暴走反応危険性を評価する熱分析装置と混合・撹拌等の単位操作によるプロセスの反応熱量変化の計測により反応熱に起因した反応暴走危険性を評価する反応熱量計とに大別される。

以下に各装置の概要と原理および測定方法に関して述べる。

1）熱分析装置の原理と測定方法[37),39),40),41)]

熱危険性評価のための代表的機器を**表1-2**に示す。

① DSC（Differential Scanning Calorimeter）[37),39),40),41),42),43)]

・装置の概要と原理

示差走査熱量測定（DSC）は、ミリグラムオーダーで発熱量や発熱開始温度を測定する代表的な微量熱分析装置である。化学物質の熱危険性予測を簡便に行うことができるため、初期の危険性評価を行う汎用機器として広く普及している。微量の試料で吸熱、発熱が計測できるため、化学物質の熱危険性スクリーニング法として知られ、消防法第５類（自己反応性物質）の判定法としても採用されている。その他、ポリマー等の相変化の解析などへの応用も多い。

DSCは、実験試料と標準試料の温度差（示差熱測定：DTA）の測定値を熱流束（Heat Flow）に換算し、熱流束（縦軸）と温度（横軸）で表されるピークエリアから熱量を換算する。したがって、DSCとDTAのピーク形状は同一であり、表示される情報が、温度差か熱流束かの違いのみである。DSCの測定方法は、実験試料と標準試料の温度差（ΔT）がつくと熱補償回路が温度差を０にするための熱を供給する熱補償型と実験試料と標準試料の温度差を熱エネルギー（熱流束）に変換する熱流束型の２種類がある。後者の熱流束タイプのDSCは、熱補償型よりも感度が良くベース安定性に優れ、発熱反応、吸熱反応の両方に対応できるため、現在市販されている機器の多くは熱流束型である（**図1-2**参照）。

・測 定 方 法

DSCのセル（15～70 μℓ）は、開放型、密閉型があり、材質もアルミニウム、ステンレス、金メッキステンレス、白金等の種類がある。開放型を用いると、容器内の化学物質が加熱時に蒸発し、気化潜熱の影響を受けるため正確な熱量計測ができなくなることから、危険性評価の場合は、密閉型のステンレスもしくは金メッキステンレスセルを使用する

表1-2　各熱量計とその特徴[37)]

熱　量　計	測定モード	試　料　量	目　　的	特　　徴
①DSC DTA	昇温 等温	1～10 mg	物質の熱暴走危険性のスクリーニング	・精密な示差方式の熱量測定が可能 ・微量な試料で簡便迅速な評価が可能
②TG-DTA	昇温 等温	1～20 mg	物質の熱暴走危険性のスクリーニング	・重量変化と示差方式の熱量測定が可能 ・分解開始温度/酸化反応開始温度の把握が可能
③ARC	断熱	1～6 g	化学プロセスの最悪条件の検証	・断熱状態における自己発熱による暴走現象の測定が可能 ⇒最悪条件による検証が可能 ・圧力測定が可能⇒発生ガス量が把握できる ・等温誘導期の直接測定が可能
④C80D	昇温 等温 混合	0.1～3 g	DSC測定のスケールアップ （熱量測定詳細検討）	・試料量が微量熱分析（DSC等）より大きいため、精密な熱量測定が可能 （DSCの約1000倍の検出感度を有する） ・耐圧容器にガラス内筒の装填が可能 ・試料容器の種類を変更することにより混合/撹拌時の測定および圧力測定が可能
⑤RADEX	昇温 等温	0.1～5 g	・熱的変化発生時の圧力測定 ・酸化反応の危険性のスクリーニング	・発熱と圧力挙動の同時測定が可能 ・耐圧容器にガラス内筒の装填が可能 ・ガラス開放容器使用時にガス流通下での測定が可能 ⇒酸化反応の危険性のスクリーニングが可能

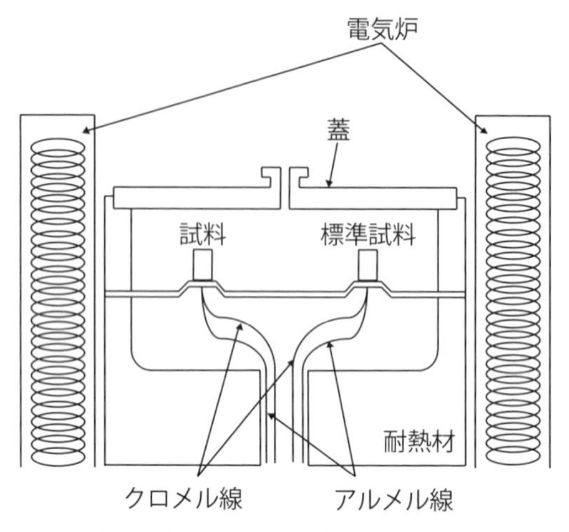

図1-2　熱流束型DSCの概略図

ことが多い。この方法は、SC-DSC法（sealed cell-DSC法）と呼ばれる。測定方法を以下に記載する。

まず、液体もしくは固体の試料を数mg（通常1～10mg）セルに分取し、任意の雰囲気下で蓋をして専用の治具で密閉した後、DSCサンプルホルダーに置く。昇温プログラムを入力後、加温をスタートする。測定条件は、昇温速度：2～10K/min、温度範囲：室温～673K（400℃）前後が一般的である。

測定例として、ポリエチレンテレフタレート（PET）のDSCチャートを**図1-3**に示す。

PET樹脂を昇温すると、130℃前後で結晶化による発熱ピークが見られる。昇温を続けると、250℃近傍に融解による吸熱ピーク、400℃以上でポリマーの熱分解ピークが観察される。上記のDSCチャートから、このポリマーは融点253℃の非晶質ポリマーで、400℃を超えると急激に熱分解する性質を持つことが分かる。

② TG（Thermo Gravimetry）[37),39),40),41)]

・装置の概要と原理

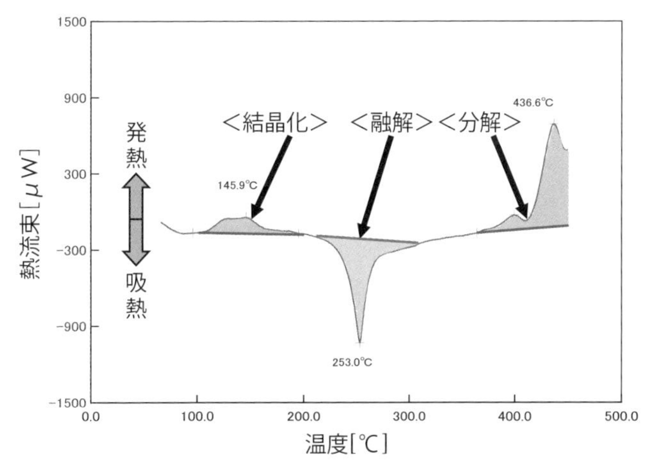

図1-3　ポリエチレンテレフタレート(PET)のDSC測定結果例

TGは、物質を昇温することで変化する重量を、天秤で連続的に計測する装置である。熱や酸化・還元による分解、試料中の含水率の定量などに用いられることが多い。TGによる重量減少トレンドとDTAの吸発熱挙動より、物質の熱分解過程を把握することができる。

図1-4にTG-DTAの概念図を示す。TGの炉内が加熱されると、熱により実験試料と釣り合わせ分銅のビーム(支持棒)バランスに差異が生じ、その変化を光電変換素子が検出する。検出された出力値の大きさに応じた電流をフィードバック駆動コイルに流すことにより、ビームを平衡位置に戻す。この電流値を時間や温度関数に変換することにより、熱による重量変化を把握する。一般には、TG測定のみではなく、参照試料とデータとの温度差を検知することによるDTA測定の機能を付加したTG-DTAが主流である。

・測 定 方 法

TG-DTAには、実験試料とDTA計測用の参照試料の熱天秤ホルダーがある。白金、アルミナ等の材質のセルに、試料(1〜20㎎前後)を入れ、

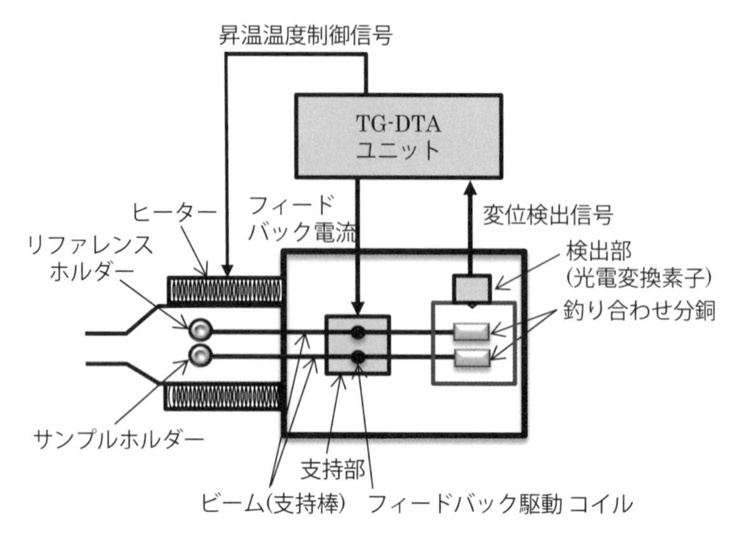

図1-4　TG-DTA(水平作動型)**装置概略図**

実験試料側の熱天秤ホルダーに置き、参照試料側天秤には標準物質を入れたセルを置く。天秤カバーを閉めた後、必要に応じて雰囲気を不活性ガス等に置換する。測定温度プログラム(0.001K/min～100K/min前後)を設定して、測定を開始する。一般的な測定温度範囲は、室温～1,500℃ 前後である。測定温度領域に合わせて、適正な材質のセルを選択しないと、セルが天秤に融着することもあるので十分注意する。

図1-5にポリエチレン(窒素雰囲気)のTG-DTAチャートを示す。昇温を開始すると、117℃近傍で融解が始まり127℃で融解が完了する。融解は、固体から液体への相変化なので、重量変化はない。融解した後、さらに温度が上昇すると、463℃で急激な重量減少が観測される。これは、熱分解によって生成した軽沸成分の揮発によるものである。昇温を続けるとさらに重量減少が進み、500℃近傍でポリエチレンは完全に消失し熱分解は終了する。

③ ARC(Accelerating rate calorimeter)[37),42),43),44),45)]

・装置の概要と原理

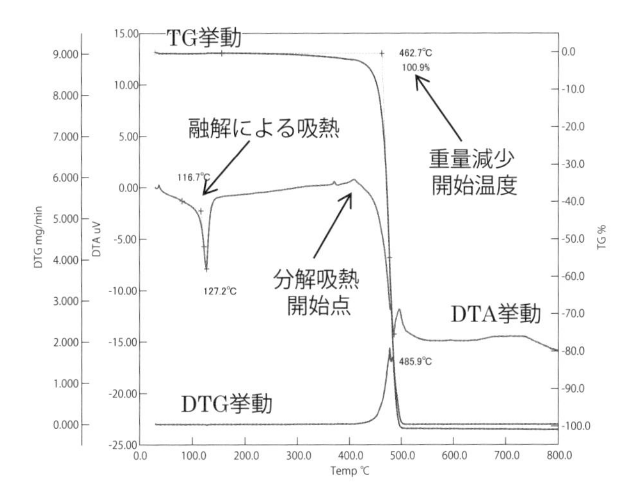

図1-5　ポリエチレンのTG-DTA測定結果例

外部との熱の移動が遮断された状態を断熱状態と呼び、このような状態で自己発熱が発生した場合、放熱が全くできないため蓄熱が加速し、急激な温度上昇(熱暴走)から分解爆発に至る場合がある。化学プロセスにおいて、暴走反応を誘発する最悪の条件は断熱状態であり、断熱状態における熱挙動を把握することにより、プロセスの最悪条件における評価を行う。

ARCは、断熱状態における自己発熱による温度、圧力変化を計測する装置である。装置概略図を、**図1-6**に示す。この装置は、試料容器中のサンプルが自己発熱すると、容器に取り付けた温度センサが温度上昇を感知して容器外部の雰囲気温度が容器と同じになるようにヒーターが追随加熱し、試料から熱が放出されないように制御する。この制御方法を疑似断熱制御という。この方法により、試料の発熱は外部に放出されることなく試料自体の温度上昇に使用され、熱暴走の開始温度を正確に知ることが可能である。また、圧力計測もできるため、暴走反応時のガス発生量に関する情報も得ることができる。完全断熱による熱評価に加え、熱分解ガスによる圧力計測も可能なため、化学プロセスの最悪条

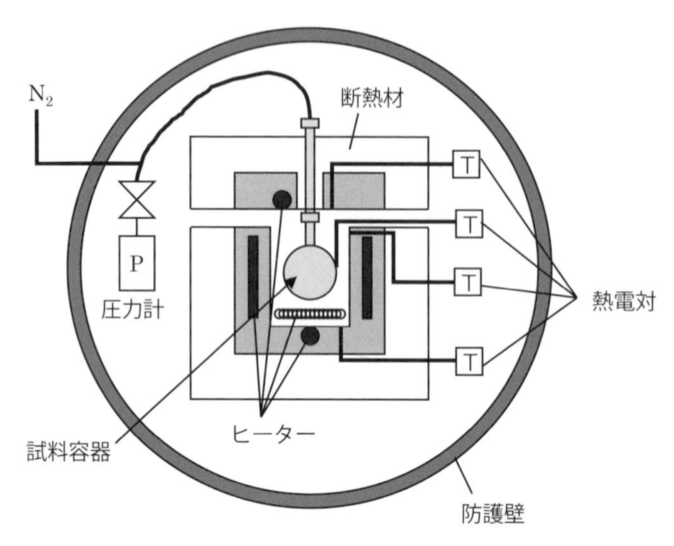

図1-6　ARC装置概略図

件の評価、すなわちプロセス機器の安全性評価に用いられる。反応容器内の圧力に容器外の圧力を追従させることでガラス容器等での断熱熱量測定が可能な装置（APTAC：Automatic Pressure Tracking Adiabatic Calorimeter）もある。

・測 定 方 法

ARCの容器は、金属製の球形容器（容量：約10mℓ）で、ステンレス、ハステロイ、チタン等の材質が選択できる。容器耐圧は、ステンレス製で17MPa前後である。この容器に２～５g程度封入する。試料の入れ過ぎは、容器の破裂につながる。測定前に、予め予測される分解後のガス体積と容器体積より、想定圧力を把握することが望ましい。測定条件によっては、測定前に窒素等の不活性ガスで系内を置換する。

試料容器を温度・圧力センサーが付いた配管ラインに取付けた後、温度追随用ヒーターが設置された加熱炉内にセッティングして測定を開始する。測定は、加熱（Heat）－待機（Wait）－探索（Search）のサイクルで発熱探索しながら昇温していくHWS測定と、等温状態で発熱を探索するISO測定がある。HWS測定は、化学物質が有する潜在的な熱危険性（化学物質の熱安定性）の測定、ISO測定は、一定温度下における発熱/暴走までの余裕時間を測定する場合に用いられる。

＜HWS測定の昇温パターン＞

図1-7にARC測定の断熱温度上昇プロファイルを示す。HWS測定では、初期温度から加熱モード（Heat）で一定値まで加温され、待機モード（Wait）で熱平衡に達するまでの一定の待機時間を置いた後、探索モード（Search）で発熱速度の規定値（一般的に0.02℃/min）を超えるかどうかチェックが行われる。発熱が規定値を超えない場合、設定された次のステップ温度まで加熱される。このHeat－Wait－Searchのサイクルを繰り返しながら厳密な断熱状態での発熱の有無を探索する。断熱制御で発熱探索中に0.02℃/min以上の発熱を検知すると、発熱と判定される。この温度を発熱開始温度（To）という。発熱が検知されると、ステップ温度加熱は中止され、自己発熱の温度上昇に追随して雰囲気の温度を上昇させる。発熱検知温度T_oから徐々に温度上昇した試料は、時間t_sで

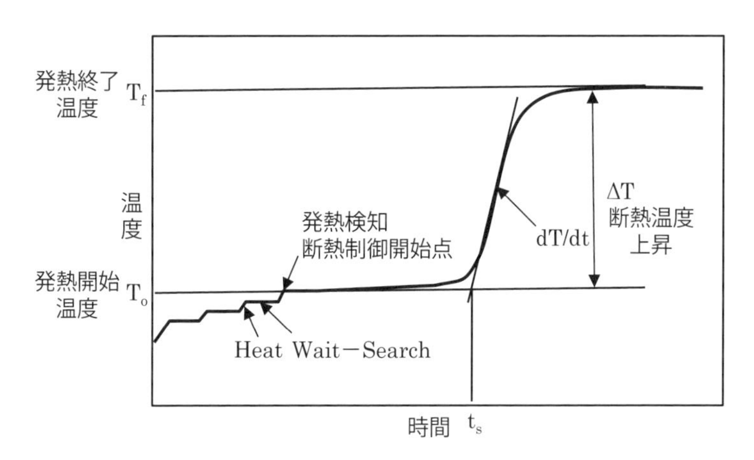

図1-7　ARC測定の断熱温度上昇プロファイル（HWS測定）

急激な発熱反応が始まり、発熱終了温度T_fまで温度が上昇する。この発熱終了温度T_fと発熱開始温度T_oの温度差ΔTのことを、断熱温度上昇という。

測定時間は、断熱状態での自己発熱による温度上昇に依存するため、発熱速度が緩慢な化学物質は強制昇温のDSCに比べて非常に時間がかかる。

図1-8に20wt％DTBP（ジ-*tert*-ブチルパーオキサイド）のトルエン溶液のHWS測定時のARC発熱速度と圧力上昇速度のチャートを示す。なお、発熱検知基準は、0.02℃/minである（*DTBP：消防法第５類 第２種自己反応性物質）。

発熱速度－時間のグラフを見ると、110℃で発熱が検知され、自己発熱で200℃近傍まで温度が上昇していることから断熱温度上昇は90℃であることが分かる。圧力上昇速度－時間の圧力のグラフを見ると、発熱に追随して圧力が５MPa前後まで上昇している。この結果より、110℃からの自己発熱は分解反応であり、熱分解ガスにより圧力が上昇していることが分かる。

④ カルベ式熱量計[37)]

グラムオーダーの試料の熱量測定が可能な熱流束型熱量計は、Setaram社製のC80Dが良く知られている。**図1-9**にC80D装置の概略図を示す。試料と参照用の標準物質を同時に加熱して、相対的熱流束の変化を測定する原理はDSCと同様であるため、DSCのスケールアップ測定として用いられる。最小0.01℃/minの精密な昇温制御が可能であり、DSCの約1,000倍の熱分解挙動を検出できる。測定温度範囲は、室温～300℃（同タイプのSetaram社製C500は、室温～500℃）である。様々な専用試料容器を選択することにより、混合、撹拌、ガス流通などの応用測定や密閉容器と圧力センサの組み合わせで、圧力計測が可能である。インコネル625の反応容器を用いた場合、最大圧力50MPaまでの測定が可能である。

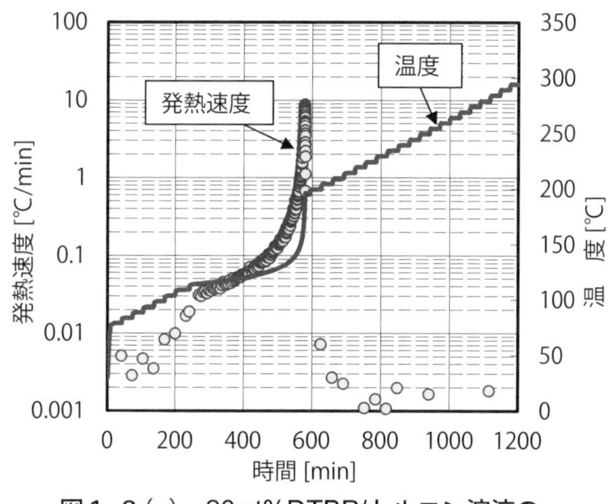

図1-8（a）　20wt%DTBP/トルエン溶液の ARC測定結果（温度測定）

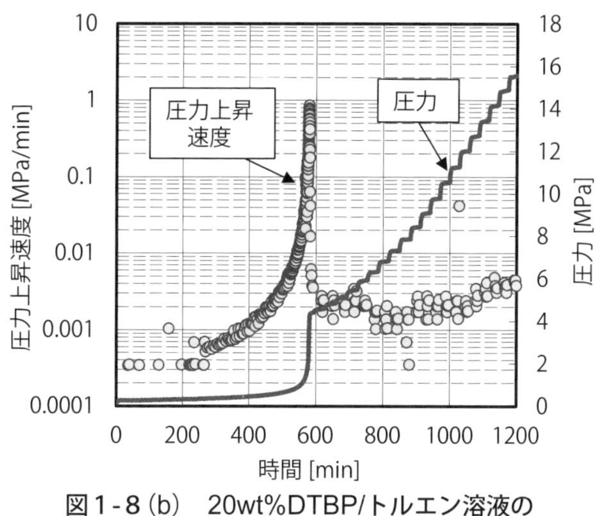

図1-8（b）　20wt%DTBP/トルエン溶液の ARC測定結果（圧力測定）

⑤ 恒温壁熱量計（Isoperibolic Calorimeter）[37)]

雰囲気温度一定での発熱挙動を計測する装置は、SYSTAG社製の

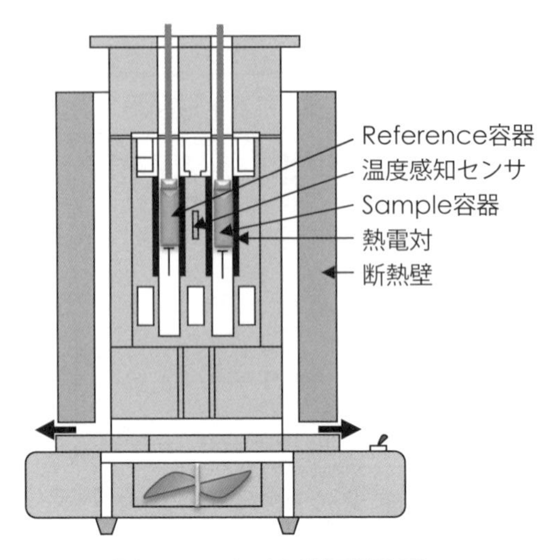

図1-9　C80D装置概略図

RADEXが知られている。**図1-10**にRADEX装置の概略図を示す。試料スケールは、0.1～5gと他の微量熱分析装置と比較して容量が大きい。開放式容器を用いたガス流通での測定やステンレス製の密閉高圧容

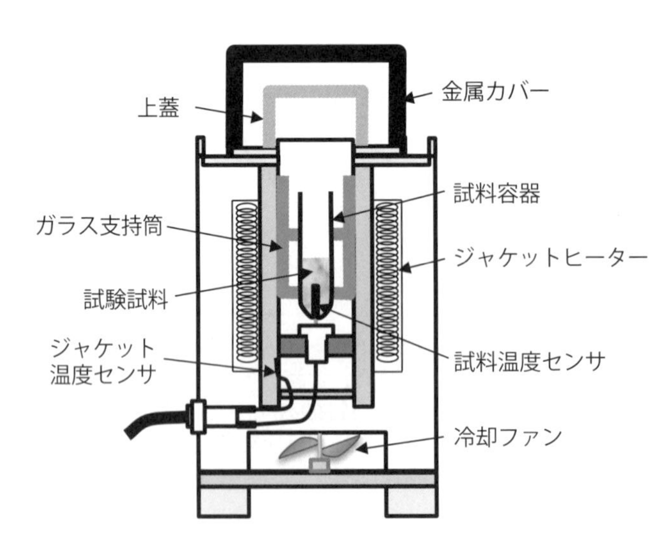

図1-10　RADEX装置概略図（開放容器使用の場合）

器を用いた測定により発生ガスの圧力測定も可能な応用範囲の広い装置である。この装置は、DSC、C80Dのように標準物質との同時測定が行われないため、正確に温度変化（ΔT）を計測するには、実験サンプル測定前に不活性物質による標準測定が必要である。

装置の仕様は、測定温度範囲：室温～400℃、昇温速度：0.1～5℃/min、ステンレス密閉容器を用いた時の測定圧力範囲：0～10.5MPa、測定感度：0.5～5mW/gである。

また、開放式容器を用いた場合に空気流通下で測定すると、酸化発熱挙動が把握できるので、自然発火性試験の装置としても用いられる。

2）反応熱量計の原理と測定方法[37),42)]

反応熱量計は、複数の化学物質を混合した時に発生する熱量を計測する装置であり、発熱挙動を計測することによって化学プロセスの危険性評価や最適なスケールアップ条件を判断することができる。**表1-3**に代表的な反応熱量計とその特徴を示す。反応熱量計は10mℓスケールの小型装置としてOmniCal Technologies社製のSuper-CRC、リッタースケールの大容量に対応できる装置としてMettler社製のRC1などが知られている。

以下に、Super-CRC、RC1の詳細を述べる。

①小型反応熱量計（Super-CRC）[42)]

・装置の概要と原理

CRC装置の概略図を**図1-11**に示す。測定方法は、DSCと同様に実サンプルと標準サンプルを用いた示差方式を採用しているため、反応熱流束を正確に測定できる。ヒーターブロック下部のマグネティックスターラーで、ガラスバイアル内の溶液を撹拌することが可能である。セプタム式キャップのガラスバイアル（16mℓ）をヒーターにセットした後、上部からシリンジで任意の量の化学物質を打ち込むことにより、混合時の吸発熱を計測する。熱流検出感度は、0.01mW～10Wと幅広いダイナミックレンジの測定が可能である。

表1-3 反応熱量計とその特徴[5)]

熱量計	測定モード	試料量	目　　的	特　　徴
①CRC	等温混合	3～10 g	化学物質混合時の熱挙動の定量	・少量の試料で熱量測定が可能 ・最大四つの試料をシリンジで投入可能 ・撹拌が可能(マグネティックスターラー) ・示差方式で正確な熱量測定が可能 ・専用高圧容器で圧力測定が可能
②RC1	等温混合	0.08～2L	・化学物質混合時の熱挙動の定量 ・スケールアップ時の危険性評価/検証	・供給速度，抜出量，ガス流通量，撹拌速度などを変化させた測定が可能 ・操作条件は事前に設定でき自動測定が可能 ・総括伝熱係数や比熱が測定でき、センサーを挿入すればpH測定も可能 ・様々なアプリケーション(圧力容器、還流管、撹拌翼等)が存在するため、実際の条件を模擬した測定が可能 ⇒実機を想定した熱挙動の把握が可能であり、スケールアップツールとして使用可能

② RC1 (Reaction Calorimeter 1) [37),42)]

・装置の概要と原理

RC1装置の概念図を**図1-12**に示す。反応器は、内容積0.08～2Lのガラス製容器およびLスケールの耐圧容器があり、容器内部にpHセンサ、温度センサ、熱量較正用ヒーター、撹拌棒が挿入されている。反応器は、外層がジャケット構造になっており、恒温保持するためのシリコンオイルが循環される。熱媒循環ラインは、ヒーター加熱される高温タンクと冷媒により冷却される低温タンクおよびポンプで構成され、制御

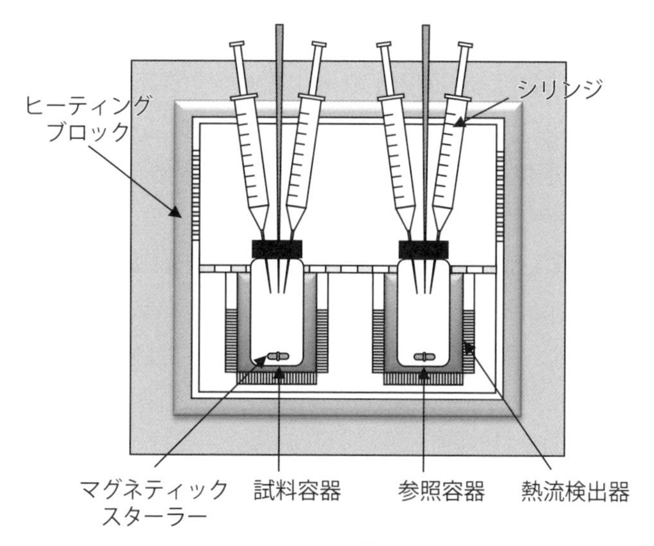

図1-11　CRC装置概略図

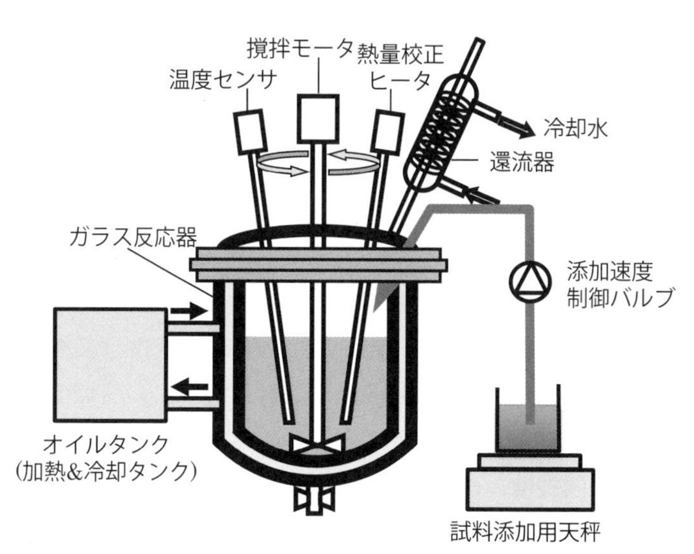

図1-12　RC1装置概略図

系の指示温度になるように高温オイルと低温オイルが適時混合調整され系内を循環する。試料の供給速度、抜き出し量、ガス流通量、撹拌速度などの単位操作における制御因子を変化させた条件での熱測定が可能である。測定結果から、反応熱量、熱発生速度、総括伝熱係数、比熱、断熱温度上昇、pH、粘度変化等のデータを得ることができる。

装置仕様は、循環オイルや各機器の組み合わせにより、測定温度範囲：−90〜300℃、測定圧力範囲：真空〜10MPa（高圧容器）、撹拌速度：30〜2,500 rpmと幅広い範囲での測定が可能であり、実験室からパイロットスケールへ移行する際のスケールアップ評価ツールとして用いられている。

1.6 暴走危険性評価方法

1.6.1 分解暴走危険性評価方法

前節で述べたように、分解暴走の危険性をスクリーニングする方法としてDSC法は有用である。DSC測定により得られたDSC曲線の例を**図1-13**に示す。DSC測定から得られる情報は、①発熱量・吸熱量、②発熱開始温度・吸熱開始温度である。試料に吸熱/発熱が起きていない（熱的な変化がない）時をベースラインとし、吸熱/発熱が起きた時のDSC曲線（吸熱ピークまたは発熱ピーク）とベースラインで囲まれた部分の面積が、吸熱量や発熱量に対応する。また、吸熱/発熱が開始する温度は、ベースラインから吸熱/発熱ピークが立ち上がる温度T_a、または、ベースラインと吸熱/発熱ピークの変曲点における接線との交点の温度T_o、を読み取る。

分解暴走の危険性は、物質の分解発熱による系の温度上昇によってもたらされるため、DSC測定から得られる発熱開始温度、発熱量などのデータに基づいて、その物質が化学プロセスで取り扱われる際の分解暴走危険性を評価することができる。例えば、DSC測定で発熱が発現し

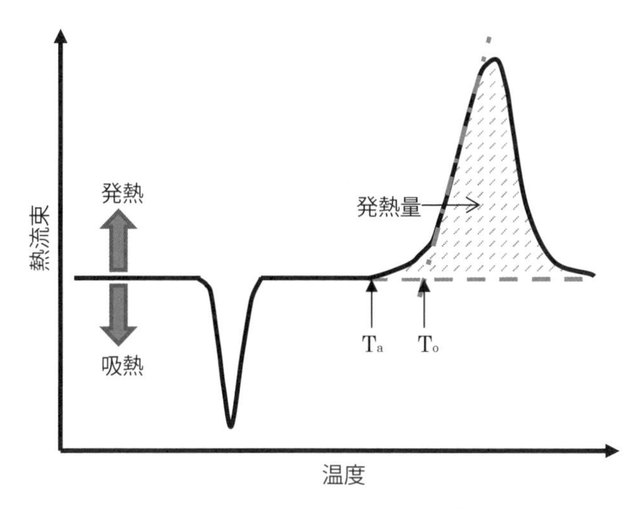

図1-13　DSC測定で得られる熱挙動例

た場合、物質を取り扱う温度がDSC測定から得られる発熱開始温度より十分に低いかどうか、あるいはその発熱量が極めて小さく、たとえプロセスでその発熱が発生しても問題ないか等の考察ができる。

1)「発熱開始温度」を用いた危険性評価[37),46)]

DSC測定から得られた発熱開始温度は加熱速度などの影響を受けるため、物質を取り扱う温度がDSC測定での発熱開始温度より低いからといって、安全に取り扱えるわけではない。物質を取り扱う温度がDSC測定での発熱開始温度よりも、安全に取り扱えるほど十分に低いかどうかという判断が必要である。この判断方法として、一般に「100℃ルール」というものがある。これはDSC測定で検知された発熱開始温度よりも、100℃以上低い温度で取り扱う限りは熱暴走の可能性が低いという考え方である。この「100℃ルール」の根拠は、数多くの化学物質の断熱測定を実施して「24hrの誘導期を持って熱暴走する温度」ADT24(Adiabatic Decomposition Temperature)を測定し、DSC測定での発熱開始温度と比較すると、多くの化学物質では、その差が100℃

以上であったというデータに基づく経験則である。

ただし、例外的に100℃ルールが当てはまらない物質がある。これは発熱反応の活性化エネルギーが小さい場合である。100℃ルールに当てはまらない物質を見い出すには、例えば昇温速度を変えたDSC測定を実施して、活性化エネルギーの大小を比較する方法などがある。

2)「発熱量」を用いた危険性評価

物質の分解発熱が発現したとしても、DSC測定による発熱量が100J/g未満であれば、追加検討は必要ではないと考えられる。これは、化学プロセスでの断熱温度上昇が50℃未満であれば、急激に反応速度が増大することはなく、暴走反応が起きる可能性はほとんどないという経験則によるものである[37)]。

断熱温度上昇(ΔT[℃])、DSC測定での発熱量(Q[J/g])、比熱(Cp[J/(g･K)])の関係を**式1-16**に示す。

$$\Delta T = Q/Cp \qquad (式1\text{-}16)$$

断熱温度上昇が50℃未満となる発熱量は、化学プロセスで取り扱う物質の比熱を2J/g(有機物の比熱はおおよそ2J/gである)と仮定すると、100J/g未満である。

また、DSC測定で得られた発熱量は、爆発性の試験を実施するか否かを判定する際にも使用される。これは、プロセスで取り扱う物質が爆発性物質に分類された場合はプロセスの変更を検討する必要があるためである。DSC測定で得られた発熱量が、300J/g以上の場合は、爆発危険性を確認することが必要である。これは国連勧告(危険物の輸送に関する勧告)で、クラス4に区分される反応性物質の試験を実施するかどうかの基準である[37)]。

3) DSC測定結果からの一般的な危険性判断方法

DSC測定で得られたデータから、危険性をスクリーニングする一般的な判断方法の例を、**図1-14**に示し、以下に記述する[47]。

DSC測定の結果、発熱ピークがない場合、もしくは、発熱ピークがあっても、発熱量が100J/g未満の場合は、通常はそれ以上の追加検討は必要なしと判断される。ただし、これらの場合でも、吸熱ピークがあり、それが融解などの相転移でないことが確認された場合は、吸熱分解の可能性がある。吸熱分解では、分解による熱暴走(温度上昇)はないが、分解ガスにより内圧が増加し、容器破裂に至る危険性がある。したがって、分解ガスの発生開始温度や、ガス発生量、圧力上昇速度などの詳細評価を、圧力測定を行える装置(例えばRADEX)を用いて評価することが必要である。

次に、発熱ピークがあり、発熱量が800J/g以上の場合は、さらに追加検討が必要である。これはGHS(Globally Harmonized System of Classification and Labelling of Chemicals)の分類において800J/g以上の発熱分解を有する物質は爆発性試験の必要があると分類されているためである[48]。追加検討はARCなどの断熱熱量計で暴走反応危険性を評価する方法や、圧力測定によりガス発生開始温度や発生量、圧力上昇速度を評価する方法などがある。

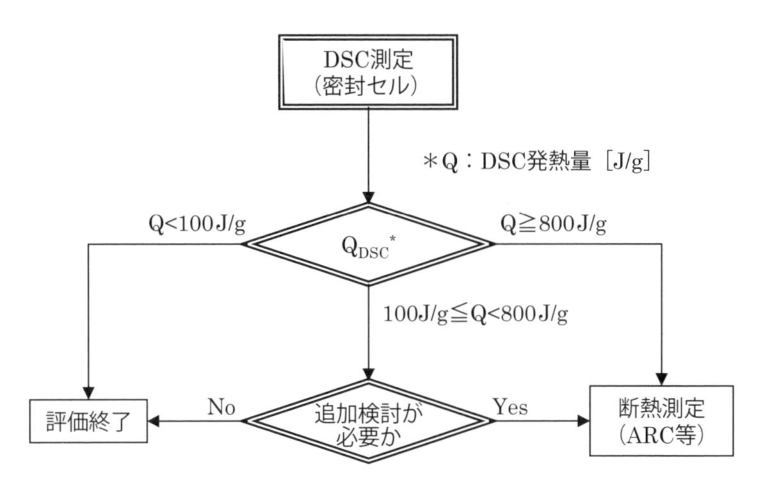

図1-14　DSC測定結果の一般的な判断方法

また、発熱量が100J/g以上、800J/g未満の場合は、危険性を判断して、前述と同様の追加検討の必要性を判断しなければならない。

例えば、「100℃ルール」に当てはまる場合、DSCの発熱ピークが緩やかである場合、発熱量が300J/g以下の場合は、危険性が低いと考えられる[49]。

一般的な危険性の判断方法に基づく評価例を次に示す。

図1-15に三つのDSC測定曲線を示し、これらの物質の取り扱い温度を150℃とした場合のDSC測定評価例を示す。

① 発熱開始温度は300℃であり、発熱量は30J/gであった。To（発熱開始温度）－Tp（取り扱い温度）＝150℃は100℃以上であり、発熱量Q＝30J/gは100J/g未満であるため、暴走に至る危険性は小さいと評価される。

② 発熱開度温度は300℃であり、発熱量は300J/gであった。To（発熱開始温度）－Tp（取り扱い温度）＝150℃は100℃以上であり、発熱量Q＝300J/gは100J/g以上、800J/g未満であるため、追加検討の必要性を判断する。

③ 発熱開度温度は200℃であり、発熱量は300J/gであった。To（発

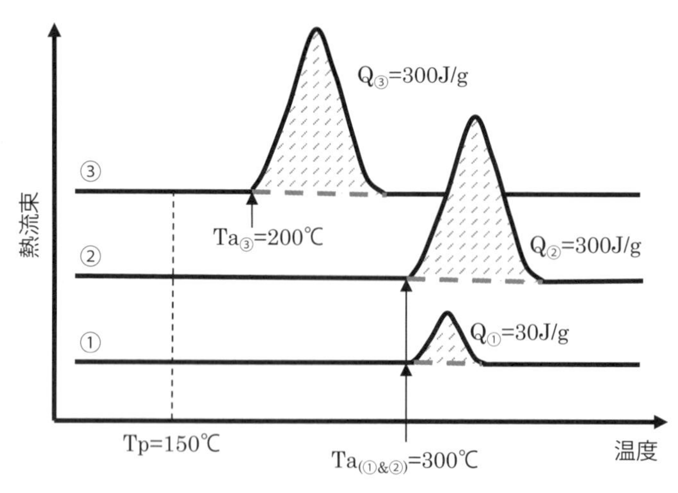

図1-15　DSC測定曲線例

熱開始温度）－Tp（取り扱い温度）＝50℃は100℃未満であり、発熱量Q＝300J/gは100J/g以上、800J/g未満であるため、追加検討が必要である。

②の場合、To（発熱開始温度）－Tp（取り扱い温度）は100℃以上であるが、発熱量は100J/g以上と大きい。この場合は、発熱量が大きいので、この発熱反応が加速すると暴走する可能性がある。取り扱い温度とは100℃以上離れているので、この発熱反応が開始する可能性は低いものの、何らかの要因で発熱開始温度が低温化する可能性を考慮する必要がある。例えば、反応操作において、混合系でこの物質を用いる場合、他の物質と混合することで単品の場合よりも低温から発熱反応が顕在化する可能性がないか、確認しなければならない。また、取り扱い温度がDSCでの発熱開始温度より100℃以上離れていても、例えば、濃縮や乾燥操作で長時間加熱するような場合、この発熱反応が顕在化しないかを確認しなければならない。そのためには、その発熱反応の活性化エネルギーや、その発熱反応が自触媒反応かどうかなどを検証する詳細解析を実施する必要がある。

③の場合、取り扱い温度とDSCの発熱開始温度の差は100℃未満と近く、発熱量は100J/g以上と大きい。この場合は、取り扱い温度でこの発熱反応が開始し、暴走に至る可能性がある。このためARC等を用いた断熱熱量計での詳細検討が必要である。

ARCは断熱状態を精度よく再現でき、試料容器の影響を適切に補正することによって、実プロセスでの暴走反応を評価することができる。ARCのデータから、発熱開始温度、断熱温度上昇、発生圧力、暴走に至るまで時間TMR_{ad}（Time to Maximum Rate under adiabatic condition）、ADT24などが分かる。プロセスでの最高温度がADT24より低く滞留時間が短ければ評価を終了する。滞留時間が少なくとも24hrを超える場合は、プロセスの最高温度をADT24－20℃以下にする必要がある。プロセスの最高温度がADT24を超える場合は、温度面での安全対策の構築が必要である。また、実機の仕様が分かっていたら、ARC測定データから実機での最大発生圧力を計算することができ、容器耐圧を超える場合は圧力防護対策をとることが必要である[47),50)]。

1.6.2 反応暴走危険性評価方法

1）冷却機能喪失シナリオ[51),52),53)]

反応暴走危険性の評価は、目的とする反応の危険性を検討する必要性と、反応によって得られた反応生成物・中間体・未反応の原料・副反応による副反応生成物などの二次的な分解暴走反応について検討する必要性がある。つまり、反応暴走危険性は、前述した分解暴走危険性評価を包含するものである。

暴走反応における反応系の挙動はバッチ反応の冷却機能喪失シナリオを想定して、検討することができる。バッチ反応の冷却機能喪失シナリオを**図1-16**に示し、以下に述べる。

この反応操作では、反応の原料を室温で反応器に投入し、撹拌しながら反応温度まで加熱して反応を開始させる。トラブルがなく正常に反応操作が行われれば、反応による発熱は冷却によって適切に除熱され、系の温度は一定となり、反応が終了すると系は室温まで冷却され、反応液を取り出すことができる(**図1-16**の破線)。

ここで、反応器内の系の温度が反応温度にあるときに、冷却系が故障して冷却機能が喪失すると仮定する。このシナリオでは、その時点で系に残存する未反応の原料により反応が進行し、反応により生成する熱は冷却機能の喪失により除熱されず、系は断熱状態となり温度が上昇する(**図1-16**の実線)。この温度上昇により到達する系の最高到達温度をMTSR[℃](Maximum Temperature of Synthesis Reaction)という。系の温度がMTSR[℃]に達したとき、反応の生成物などの二次的な分解反応が開始する可能性がある。二次的な分解反応が発生した場合、分解熱により系の温度はさらに上昇し暴走する。

ここで、MTSR[℃]は、反応温度Tp[℃]と断熱温度上昇ΔT[℃]か

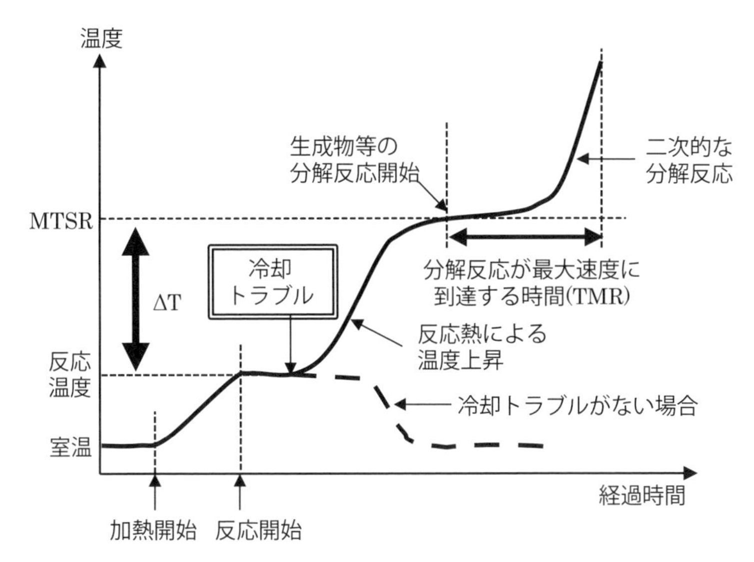

図1-16　バッチ反応の冷却機能喪失時の暴走シナリオ

ら**式1-17**のように導き出される。

MTSR＝Tp＋ΔT　　　　**(式1-17)**

断熱温度上昇ΔT［℃］は、反応熱をQ［J/g］、系の比熱をCp［J/(g･K)］、反応の原料の転化率をXとした時、**式1-18**となる。ただし、反応の前後で系の比熱は変わらないと仮定する。反応熱は、前節で述べたように、熱化学計算を用いた反応熱推算や、反応熱量計（CRC、RC1）による実測で求めることができる。

ΔT＝Q/Cp×(1－X)　　　　**(式1-18)**

断熱温度上昇が最大となるX＝0のときは、**式1-16**と同じである。

2）反応暴走危険性のランク[53),54),55)]

反応暴走危険性は、次の４種の温度の相対比較で判断できる。

・反応温度

・目的とする反応による最高到達温度（MTSR）
・系に含まれる物質の分解開始温度（ADT24）
・系の沸点

これらの温度レベルにより反応危険性の大小をランク分けした例を**図1-17**に示す。なお、目的とする反応が吸熱反応であったり、熱的な変化を伴わない反応である場合は、以下の反応危険性の評価は不要である。ただし、この場合であっても、目的とする反応によってガスが発生する場合は、圧力上昇に関する評価が必要であり、また、熱的に不安定な中間体・生成物・副生物を生成する可能性がある場合は、これらの物質の二次的な分解危険性の評価が必要である。

危険度クラス1、2は、反応の冷却機能喪失後、系の温度はMTSR［℃］まで上昇するが、二次的な分解反応は起こらない。長時間維持しなければ、特別な対策は必要ない。クラス1は、たとえ系の温度が上昇し沸点に到達しても、還流させることによって蒸発潜熱により除熱され、それ以上に温度上昇しないため、分解温度には到達することがなく、より危険性が小さい状態である。

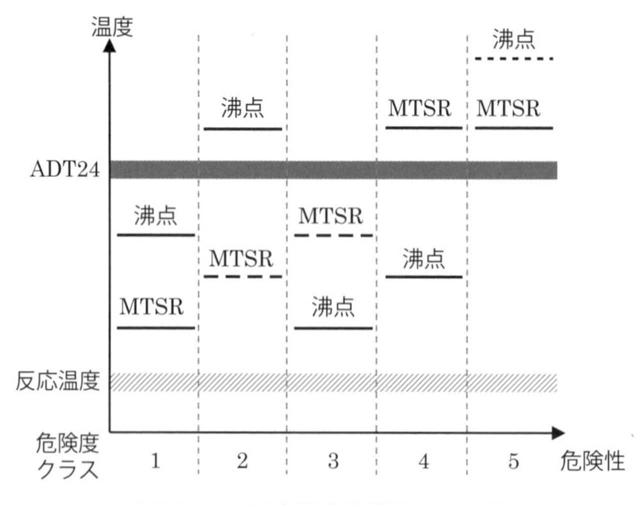

図1-17　反応暴走危険性のランク

危険度クラス3、4は、反応の冷却機能喪失後、系の温度は上昇するが、系の沸点に達すると温度上昇は止まり、還流させせることによって蒸発潜熱により除熱され、MTSR[℃]には達せず、二次的な分解反応は起こらない(ただし密閉系では蒸気圧が生じるため容器の耐圧性能の検証が必要である)。還流が失敗してMTSR[℃]に達しても、クラス3は二次的な分解反応は起きないが、クラス4は二次的な分解反応が生じるため、詳細検討と急冷対策など信頼性のある技術的対策を講じることが必要である。

危険度クラス5は、反応の冷却機能喪失後、二次的な分解反応が開始し、暴走する。沸点はMTSR[℃]以上であるため、蒸発潜熱による除熱は期待できない。放散、急冷、反応抑制剤の投入などの緊急安全対策を講じる必要があるが、反応条件(反応経路を含む)を変更することが望ましい。

1．7　危険性回避のための対策

危険性評価により潜在的な危険性が確認された場合の、対策方法の案を紹介する。この対策の目的は、暴走反応を起こさせない、暴走反応が起きたとしてもその規模を小さくすることでリスクの低減化を実現させることにある。

1）系の希釈[53)]

発熱量が大きい物質でも、適切な溶媒などで希釈することにより二次的な副反応によって放出されるエネルギーを低減化することができる。ただし溶媒と物質との混合危険(単品の時より他の物質と混合すると熱的危険性が大きくなること)がないことが前提である。この方法は暴走反応のリスク低減には効果的であるが、生産性の観点では不利であり、環境への負荷が増大する可能性もある。

2）代替品の使用[53)]

反応工程を見直して、熱的に危険性の高い原料の変更や、不安定な中間体および生成物の発生を防止し、高エネルギー物質から低エネルギー物質の利用によりリスクが低減される。

また、比熱の大きい物質を採用することで系のリスクを緩和することができる。比熱が大きい物質を採用すると反応熱による断熱温度上昇の値を小さくすることができる。その結果MTSR[℃]が低くなるため、前述の反応危険性のランクを下げる効果が期待される。例えば、多くの有機溶媒の比熱は2 J/g前後であるが、水の比熱は約4 J/gであり、一般的な有機溶媒の2倍と大きく、その結果、断熱温度上昇は半分になる。

また、蒸発潜熱の大きい溶媒などを利用することも有効である。暴走反応により断熱温度上昇しても、溶媒などの蒸発熱により除熱が期待される。ただし、密閉系では蒸気圧による内圧上昇、蒸気爆発などの危険性を検証する必要がある。また、溶媒と系に含まれる他の物質との混合危険性がないことを確認する必要がある。

3）セミバッチ反応工程の利用[37)]

セミバッチ反応は、反応容器に予め一方の原料を投入しておき、もう一方の原料を、反応の進行を制御しながら反応器に供給していく方法である。バッチ反応では、反応の前から、反応容器にすべての原料が投入されているが、セミバッチ反応では、一方の原料を少しずつ投入していくため、反応系内の未反応の原料は、バッチ反応に比較して低減化されている。また、反応器の冷却能力に応じた発熱速度になるように滴下制御することができる。発熱により既定の温度よりも温度が上昇した場合でも、原料供給を中断することで、それ以上の温度上昇を防ぐことができる。ただし、反応速度が滴下速度より小さい場合や、撹拌が不良、反応温度が不適切、触媒が不足などの場合、滴下された原料は反応せずに系内蓄積が生じる。反応原料が蓄積した状況下で反応熱が大きい反応が開始すると反応暴走に至る危険性があるため、最適な反応条件（反応温度、撹拌速度、反応物濃度、冷却能力、滴下速度等）の検討を実施する必要がある。

1．8　反応プロセスにおける事故事例

国内の医薬品関係の製造工場で発生した反応プロセスにおける火災・爆発の事故事例を以下に述べる。

1）還流パイプの閉塞による*o*-ニトロクロロベンゼン溶解槽の爆発[56)]

【概　　要】

1986年、山口県の医薬品工場棟で、ヒドロキシベンゾトリアゾールの製造中に、大きな爆発音とともに溶解槽が爆発し、工場周辺の建物が破損した。工場は外壁と屋根が全壊し、溶解槽は撹拌機とともに現場から約70 m離れた海中に水没していた。負傷者１名。

【原　　因】

原料の*o*-ニトロクロロベンゼン（凝固点32～33℃）が冷却器で過冷却となり、還流パイプ内で結晶化して還流パイプを閉塞させた。正常な還流ができなくなり、溶解槽内の温度が上昇した。溶解槽内で生成した*o*-ニトロフェニルヒドラジンが急速に発熱分解し、爆発したものと推定された。

Cl, NO_2 ＋ H_2NNH_2 ⟶ $NHNH_2$, NO_2 ⟶ N=N, NOH ＋ H_2O

o-ニトロクロロベンゼン　　o-ニトロフェニルヒドラジン　　ヒドロキシベンゾトリアゾール

2）反応缶ジャケットの冷媒抜きをスチーム加圧で行い爆発[57)～60)]

【概　　要】

1995年福島県の医薬中間体の製造工場で、医薬中間体のベンジルクロロホルメートを製造していた。反応液中の余剰の塩化カルボニルと副

生した塩化水素ガスの脱ガス工程で、通常と異なる作業手順により反応缶を加熱したため反応が暴走し、反応缶が爆発、有害ガスが流出した。死者1名、負傷者5名。

【原　　因】

脱ガス工程を実施する前に、通常は、反応缶ジャケットの冷媒をエアー加圧で抜いて、温水循環に切り替えていた。事故時は通常のエアー加圧に変えて、スチーム加圧を2回実施したため、反応缶が局部的に加熱された。その結果、ベンジルクロロホルメートの分解が発生し、塩化ベンジルと二酸化炭素を生成した。さらに、塩化ベンジルの縮合反応により生成した塩化水素の作用で、系内に存在していた鉄錆の酸化鉄が塩化鉄に変質し、塩化ベンジルの重縮合反応を促進して反応が暴走した。

$$C_6H_5CH_2OCOCl \longrightarrow C_6H_5CH_2Cl + CO_2$$

ベンジルクロロホルメート　　　　塩化ベンジル

3）反応槽への仕込量過剰による火災・爆発[61)～63)]

【概　　要】

1991年、三重県の医薬品製造装置で、シアノノルボルネンを製造するために、ジシクロペンタジエンとアクリロニトリル、ヒドロキノンを反応槽に仕込んだ。温度164℃、圧力0.8MPa（ゲージ圧）で反応中、突然、大音響とともに爆発した。噴出した反応液に引火して、プラント全体が火災となった。負傷者2名。

【原　　因】

反応槽に原料を所定量以上に仕込んだため、反応槽の上部での撹拌機による撹拌が不良となった。反応槽上部にアクリロニトリルの高濃度相が発生し、冷却不足によりアクリロニトリルの重合反応が発現した。重合熱により重合反応が暴走し、反応槽内で急激な温度と圧力の上昇が起こり、反応槽上部に亀裂破断が生じた。これにより、反応槽内の圧力が瞬時に低下し、相平衡破綻型の蒸気爆発を起こした。反応槽の内容物が飛散し、静電気火花により着火したものと推定された。

CN

\+ CH_2=CHCN ⟶

シクロペンタジエン　　　　シアノノルボルネン

参 考 文 献

1) For a review, see: Mancuso, A. J.; Swern, D. *Synthesis.* **1981**, p.165-185.

2) Wennekes, T.; Lang, B.; Leeman, M.; van der Marel, G. A.; Smits, E.; Weber, M.; van Wiltenburg, J.; Wolberg, M.; Aerts, J. M. F. G.; Overkleeft, H. S. *Org. Proc. Res. Dev.* **2008**, *12*, p.414-423.

3) Microreactor: van der Linden, J. J. M.; Hilberink, P. W.; Kronenburg, C. M. P.; Kemperman, G. J. *Org. Proc. Res. Dev.* **2008**, *12*, p.911-920.

4) Piancatelli,G.; Leonelli, F. *Org. Synth.* **2006**, *83*, p.18. For a review, see: Ciriminna, R.; Pagliaro, M. *Org. Proc. Res. Dev.* **2010**, *14*, p.245-251.

5) Einhorn, J.; Einhorn, C.; Ratajczak, F.; Pierre, J.-L. *J. Org. Chem.* **1996**, *61*, p.7452-7454.

6) Shibuya, M.; Tomizawa, M.; Suzuki, I.; Iwabuchi, Y. *J. Am. Chem. Soc.* **2006**, *128*, p.8412-8413.

7) Ley, S. V.; Norman, J.; Griffith, W. P.; Marsden, S. P. *Synthesis.* **1994**, p.639-666. Griffith, W. P.; Ley, S. V.; Whitcombe, G. P.; White, A. D. *J. Chem. Soc., Chem. Commun.* **1987**, p.1625-1627.

8) Lobben, P. C.; Leung, S. S.-W.; Tummala, S. *Org. Proc. Res. Dev.* **2004**, *8*, p.1072-1075.

9) Alimardanov, A. R.; Barrila, M. T.; Busch, F. R.; Carey, J. J.; Couturier, M. A.; Cui, C. *Org. Proc. Res. Dev.* **2004**, *8*, p.834-837.

10) Wuts, P. G. M.; Ashford, S. W.; Conway, B.; Havens, J. L.; Taylor, B.; Hritzko, B.; Xiang, Y.; Zakarias, P. S. *Org. Proc. Res. Dev.* **2009**, *13*, p.331-335.

11) Patterson, D. E.; Xie, S.; Jones, L. A.; Osterhout, M. H.; Henry, C. G.; Roper, T. D. *Org. Proc. Res. Dev.* **2007**, *11*, p.624-627.

12) Myers, A. G.; Yang, B. H.; Chen, H.; Gleason, J. L. *J. Am. Chem. Soc.* **1994**, *116*, p.9361–9362. Myers, A. G.; Yang, B. H.; Chen, H.; McKinstry, L.; Kopecky, D. J.; Gleason, J. L. *J. Am. Chem. Soc.* **1997**, *119*, p.6496-6511.

13) Sakakura, A.; Kawajiri, K.; Ohkubo, T.; Kosugi, Y.; Ishihara, K. *J. Am. Chem. Soc.* **2007**, *129*, p.14775-14779.

14) Pu, Y. J.; Vaid, R. K.; Boini, S. K.; Towsley, R. W.; Doecke, C. W.; Mitchell, D. *Org. Proc. Res. Dev.* **2009**, *13*, p.310-314.

15) Weisenburger, G. A.; Anderson, D. K.; Clark, J. D.; Edney, A. D.; Karbin, P. S.; Gallagher, D. J.; Knable, C. M.; Pietz, M. A. *Org. Proc. Res. Dev.* **2009**, *13*, p.60-63.

16) 佐藤文昭, 大本節男, 桑江知江, 小笠原弘明. 三菱重工技報. **1996-9**, *33*, p.322-325.

17) 井本稔, 井本立也. 高分子化学の基礎. 日本化学会編. 大日本図書, **1993**.

18) Wang, J. S.; Matyjaszewski, K. *J. Am. Chem. Soc.*, **1995**, *117*, p.5614-5615.

19) a) Olah, G.A.; Malhotra, R.; Narang, S. C. *Nitration: Methods and Mechanisms*, VCH Publishers Inc., New York, 1989：b) "有機合成Ⅱ アルコール・アミン". 実験化学講座20. 日本化学会編. 第4版, 丸善, **1992**, p.373-405.

20) 鈴木仁美. 有機化学実験の事故・危険 ―事例に学ぶ身の守り方―. 丸善, **2004**, p.222-229.

21) a) Mori, T.; Suzuki, H. *Synlett*, **1995**, 383-392；b) 鈴木仁美. TCIメール. 酸を用いない芳香族化合物の新しいニトロ化法. **2000**, *106*,

p.2-18.

22）“有機合成Ｉ 炭化水素・ハロゲン化合物”. 実験化学講座20, 日本化学会編. 第４版, 丸善, **1992**, p.363-482.

23）鈴木仁美. 有機化学実験の事故・危険－事例に学ぶ身の守り方－. 丸善, **2004**, p.237-267.

24）Middleton, W. J.; Bingham, E. M. *Org. Synth.*, **1988**, Coll. Vol. 6, p.440-441.

25）Kirk, K. L. *Org. Process Res. Dev.* **2008**, *12*, p.305-321.

26）Lal, G. S.; Pez, G. P.; Pesaresi, R. J.; Prozonic, F. M.; Cheng, H. *J. Org. Chem.* **1999**, *64*, p.7048-7054.

27）Petrov, V. A.; Swearingen, S.; Hong, W.; Petersen, W. C. *J. Fluorine Chem.* **2001**, *109*, p.25-31.

28）L' Heureux, A.; Beaulieu, F.; Bennett, C.; Bill, D. R.; Clayton, S.; LaFlamme, F.; Mirmehrabi, M.; Tadayon, S.; Tovell, D.; Couturier, M. *J. Org. Chem.* **2010**, *75*, p.3401-3411.

29）Umemoto, T.; Singh, R. P.; Xy, Y.; Saito, N. *J. Am. Chem. Soc.* **2010**, *132*, p.18199-18205.

30）Sladojevich, F.; Arlow, S. I.; Tang, P.; Ritter, T. *J. Am. Chem. Soc.* **2013**, *135*, p.2470-2473.

31）Tang, P.; Wang, W.; Ritter, T. *J. Am. Chem. Soc.* **2011**, *133*, p.11482-11484.

32）*J. Am. Chem. Soc.* **2013**, *135*, p.2470-2473.

33）上原陽一. 反応暴走. 安全工学セミナー, **1990**, p.1-22.

34）上原陽一, 小川輝繁監修. 防火・防爆対策技術ハンドブック. テクノシステム, **1994**, p.330-334, p.539-543, p.555-559.

35）若倉正英. 反応暴走. 安全工学セミナー資料

36）若倉正英. 化学プロセスにおける反応危険性の予測技術. セイフティエンジニアリング. **1993**, No.93, p.6-10.

37）田村昌三. 化学プロセス安全ハンドブック. 朝倉書店, **2000**, p.19-40, p.49-57, p.66-68, p.71-74, p.85-86.

38）核燃料サイクル開発機構 東海事業所. 化学物質の反応性評価手法の調査と適用性検討. JNC TN8410, 2001-027, **2002**, p.7-20.

39）日本熱測定学会. 熱量測定・熱分析ハンドブック. 丸善, **1998**, p.19-26, p.79-81, p.73-77.

40）泉美治 等. 機器分析のてびき－3. 化学同人, **2006**, p.1-5.

41）八田一郎. 最新熱分析. アグネ技術センター, **2007**, p.3-4, p.17-27.

42）安藤隆之, 藤本康弘, 熊崎美枝子. Specific Research Reports of the National Institute of Industrial Safety, NIIS-SRR-NO.27,5, **2002**.

43）安藤隆之, 森崎繁. Specific Research Reports of the National Institute of Industrial Safety, RIIS-SRR-88,11, **1989**.

44）菊池武史. 住友化学. 1989-I, 61, **1986**.

45）菊池武史. 住友化学. 2001-I, 62, **2001**.

46）Jorg Pastre（ETH Zentrum, Switzerland）等. Loss Prevention in the Process Industries 13, **2000**.

47）菊池武史. 安全工学. **2004**, Vol.43 No5.

48）GHS関係省庁連絡会議訳. 化学品の分類および表示に関する世界調和システム（GHS）改訂第５版. 化学工業日報社, **2013**, p.78-95.

49）田中則章 等. 化学工学. **1993**, 第57巻 第６号..

50）菊池武史. 化学工業. **2000**年10月.

51）Gygax,R. “Thermal Process Safety”. Data Assessment Criteria Measure Vol. 8（esd ESCIS）ESCIS, Lucerne, **1993**.

52）Gygax,R. “Chemical reaction engineering for safety”. Chemical engineering science. **1988**, *43*（8）, p.1759-1771.

53）Francis Stoessel. 化学プロセスの熱的リスク評価. 丸善, **2011**.

54）菊池武史. 安全工学. **2005**, Vol.44, No.1.

55）Francis Stoessel. *Chem. Eng. Prog.*, October, **1993**.

56）田村昌三監修. 化学物質・プラント事故事例ハンドブック. 丸善, **2006**, p.180.

57）化学工場爆発. 朝日新聞, 1995-06-16, 朝刊.

58）薬品工場でガス爆発. 産経新聞, 1995-06-16, 朝刊.

59）厚生労働省　職場のあんぜんサイト　労働災害事例.
URL：http://anzeninfo.mhlw.go.jp/anzen_pg/SAI_FND.aspx
60）田村昌三監修. 化学物質・プラント事故事例ハンドブック. 丸善, **2006**, p.182.
61）プラント爆発. 朝日新聞, 1991-03-18, 朝刊.
62）コンビナートで爆発. 中日新聞, 1991-03-18, 朝刊.
63）田村昌三監修. 化学物質・プラント事故事例ハンドブック. 丸善, **2006**, p.218.

第 2 章

伝 熱 操 作

2．1　伝熱操作の目的と方法

2．1．1　医薬品原薬製造における伝熱の役割

医薬品原薬の製造プロセスは、反応、蒸留、濃縮、晶析、乾燥などの単位操作の組み合わせで構成されており、各操作において種々の化学的変化や物理的変化が起こっている。そこでは、必ず熱エネルギーの移動すなわち温度制御が行われており、実験室で設計した製造プロセスを製造現場で実現する上での重要な要因となっている。各単位操作における温度制御の役割を**表2-1**にまとめる。例えば、発熱を伴う反応の温度制御においては、最悪の場合、暴走反応により爆発・火災に至るケースもあるため細心の注意が必要である。また、冷却晶析においては冷却速度によって溶液の過飽和状態が異なることにより、粒子径や結晶多形などの物理化学的特性や純度などの化学的特性が変化し、原薬品質に影響を及ぼす可能性がある。

温度制御すなわち伝熱操作は、温度の影響を受けやすい原薬プロセスにおいて大変重要であり、適切なコントロールは原薬品質、プロセス安

表2-1　主要単位操作における温度制御の目的と役割

単位操作	目　　的	役　　割
反応	反応開始温度、終了温度への昇温または降温 反応温度の維持	昇温、降温に必要な熱の供給・除去 温度維持のための熱供給(吸熱反応)・除熱(発熱反応)
蒸留 濃縮	沸点への昇温、終了温度への降温 ベーパーの発生 ベーパーの凝縮	昇温、降温に必要な熱の供給・除去 蒸発潜熱の供給 蒸発潜熱の除去
晶析 (冷却晶析)	過飽和状態の形成 設計した晶析速度の達成	所望の冷却速度に見合った除熱
乾燥	蒸発の促進 乾燥終了温度までの冷却	蒸発潜熱の供給 降温に必要な除熱

全性、生産性を確保することに繋がる。そのためには熱収支および伝熱速度を定量的に予測し、現場化(スケールアップ)に活かすことが不可欠である。

本章では、反応装置における伝熱操作をシミュレーションにより予測するための化学工学的アプローチについて解説する。

2.1.2　反応装置の伝熱方式

一般的な反応装置は**図2-1**のようであり、反応釜、コンデンサ、留去タンクから構成され、還流操作や濃縮操作等あらゆる操作に対応できるよう配管、付帯設備が装備されている。

反応釜には通常外浴ジャケットが付帯しており、ここに熱媒もしくは冷媒を通液することによって内容物との間で熱交換を行っている。通常は外浴ジャケットのみであるが、大量の熱交換が必要な釜においては、釜内部に伝熱コイルを設置する場合もある。また、釜には撹拌翼が据え付けられており、撹拌により伝熱を促進させるようになっている。

コンデンサは、釜で加熱により発生したベーパーを冷却し、凝縮させ

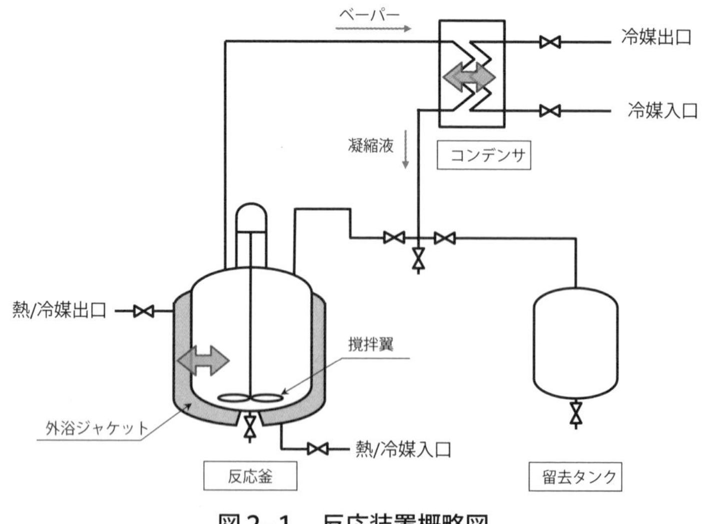

図2-1　反応装置概略図

るための装置である。ここでも、冷媒により蒸発潜熱を奪う熱交換が行われている。

コンデンサで凝縮された液を貯留する留去タンクは、保温施工のみを施す場合もあるが、凝縮液の再蒸発を積極的に抑制する目的で冷却用外浴ジャケットを装備する場合もある。

2．1．3　熱冷媒システム

反応釜の外浴ジャケットには、プロセスに応じた加熱や冷却を行う必要があることから、種々の熱冷媒を通液する。一般には、ブライン（０℃以下）、冷水（５～10℃）、工業用水〔10（冬季）～30℃（夏季）〕、温水（90℃以下）、蒸気（100℃以上）といった数種類の熱冷媒を、製造プロセスが要求する温度帯や必要とする熱移動量に応じて選択する。このシステムでは、熱媒種類によってはジャケット温度の不連続性が生じる、熱冷媒の切り替え作業におけるタイムロスや異種媒体の混合・希釈が生じるなどのデメリットがある。また、設備構成としては例えば**図２-２**のようになり、配管システムが複雑化するため、煩雑な熱冷媒の切り替え作業によるバルブ操作ミスといったヒューマンエラーの要因にもなり得る。

近年では、複合型システムのデメリットを解消すべく単一熱冷媒システムを採用するケースも出てきている。本システムは、高温側と低温側

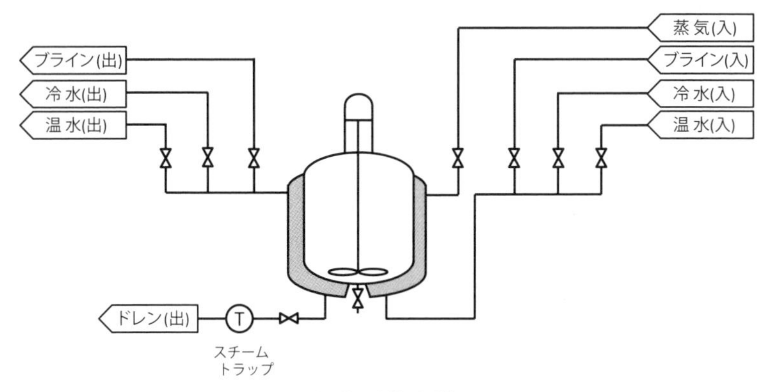

図２-２　複合型熱冷媒システム

の単一熱冷媒を準備し、熱冷媒を混合して任意の温度に調整し外浴ジャケットに供給するもので、高度な制御が必要であるものの、以下のようなメリットを有していることが特徴である[1]。

- 広い温度範囲において連続した制御が可能
- 熱冷媒間の混合・希釈リスクがない
- 誤操作の低減
- 配管構成がシンプル（設備構成の一例を**図2-3**に示す）

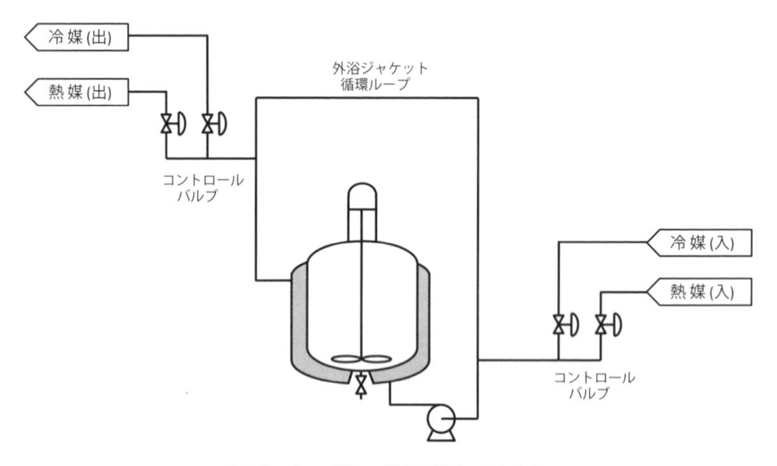

図2-3　単一熱冷媒システム

2.2　伝熱の基礎

2.2.1　熱収支式

実験室にて製造プロセスを設計し、製造プラントにまでスケールアップする際には、以下のような事項について検討し、製造の実施可否について評価しておく必要がある。

- 発熱操作を許容温度範囲内にコントロールするには、どのような外浴温度に設定すればよいか？

● 加熱・冷却にどの程度の時間を要するか？　その間、目的物質はどのような挙動を示すか？

このようなケースでは、製造プロセス情報（発熱量、熱物性）と製造設備の伝熱特性を用いて熱収支計算を行い、種々の製造条件を加味してシミュレーションを行うことにより製造時の熱挙動予測を行うことが有効である。

熱収支とは、薬液（反応液や晶析液など）に流入する熱、流出する熱、内部から発生する熱、内部に蓄積する熱の量的関係を明らかにすることである。熱収支を式で表すと、量的関係は

蓄熱量[J]＝発生熱量[J]＋流入熱量[J]−流出熱量[J]　**（式2-1）**

で表される。また、**式2-1**を単位時間当たりに換算して

蓄熱速度[W]＝発熱速度[W]＋熱流入速度[W]
−熱流出速度[W]　**（式2-2）**

が得られる。

反応釜周りの熱のやり取りを**図2-4**にまとめた。図中の各要因について定量データを取得し、**式2-2**から求まる薬液内に蓄積する熱量変化より温度の経時的変化を算出することができる。その結果に基づいて、上述した検討事項をはじめ様々なリスク評価が可能となる。

ここで、撹拌による流入熱、放熱による流出熱は、通常の熱収支計算では微小量として無視することが多い。また、蒸発による入熱は、蒸留・還流など沸点での操作を除いて無視する。したがって、**式2-2**を数式化すると以下のようになる。

$$MCp\frac{dT_r}{dt} = \frac{dQ_r}{dt} - UA\Delta T + Cp_{dos}\left(T_{dos} - T_r\right)\frac{dM_{dos}}{dt}$$　**（式2-3）**

（蓄熱）　（発熱）（除熱）　（滴下による熱移動）

M	：薬液重量	[kg]
Cp	：薬液比熱	[J/kg・K]
T_r	：薬液温度	[℃]
Q_r	：発熱量	[J]
t	：時間	[sec]
U	：総括伝熱係数	[W/㎡・K]
A	：伝熱面積	[㎡]
ΔT	：薬液と外浴ジャケットの温度差	[K]
Cp_{dos}	：副原料比熱	[J/kg・K]
T_{dos}	：副原料温度	[℃]
M_{dos}	：副原料投入量	[kg]

左辺は蓄熱速度、右辺第1項は発熱速度、第2項が外浴ジャケットからの熱移動速度、第3項が滴下する副原料からの熱移動速度である。

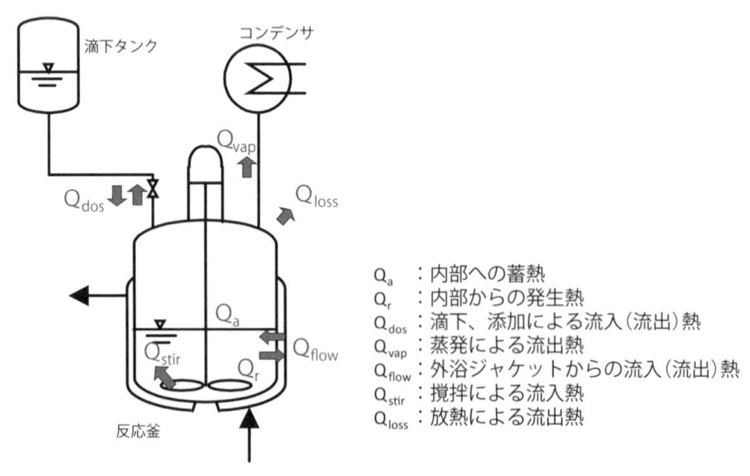

図2-4　反応釜周りの熱のやり取り

2.2.2　発熱速度

発熱に関するデータは実験室で取得することができる。近年は反応熱量計の進歩により、容易に熱量測定が可能となっている。シミュレーションにおいては、任意の時間での発熱速度と除熱速度のバランスを計算することになるので、測定の際には、発熱量そのものはもちろん、熱発生挙動（発熱速度の経時変化など）にも注目する。また、スケールアップのシミュレーションに用いるために、実験で得られた生データを単位量当たり（例えば主原料の単位重量当たり）の値に整理しておく。

発熱速度データを、どのように熱収支式に組み込んでシミュレーションを行うかについては２．３伝熱シミュレーションの項で解説する。

２．２．３　外浴ジャケットからの熱移動速度

外浴ジャケットからの伝熱は、温度の異なる２種類の流体（薬液、熱冷媒）が固定壁を通して高温側から低温側へ熱を伝えることによって行われる。この伝熱速度Q_{flow}は**式２-３**の第２項すなわち$Q_{flow}=UA\Delta T$で表され、外浴ジャケットからの伝熱を理解する上で重要な基礎式である。式を構成する総括伝熱係数（U）、伝熱面積（A）、温度差（ΔT）は、それぞれ装置に依存したパラメータであり、装置の大きさや構造、材質、使用する熱冷媒の種類などの影響を受ける。したがって、伝熱操作をシミュレーションする際には対象となる反応釜の伝熱特性（U、A、ΔT）を十分理解する必要がある。

１）総括伝熱係数

図２-５は反応釜壁面付近の温度勾配と流体の流れの様子を表している。釜内薬液は撹拌翼により十分撹拌されている状態であり、また熱媒もジャケット内を高速で流れているため、どちらの流体も乱流状態である。乱流域においては、対流伝熱が支配的となっており、伝熱抵抗が小さいため理論上ほとんど温度分布はなく均一である。しかしながら、壁との接触面付近では液の乱れがなく、壁と平行な流れを形成する層流域が薬液側、熱媒側ともに形成されている。ここの領域を流体境膜あるいは単に境膜と呼んでいる。境膜内では、流体の流れと垂直方向に熱移動

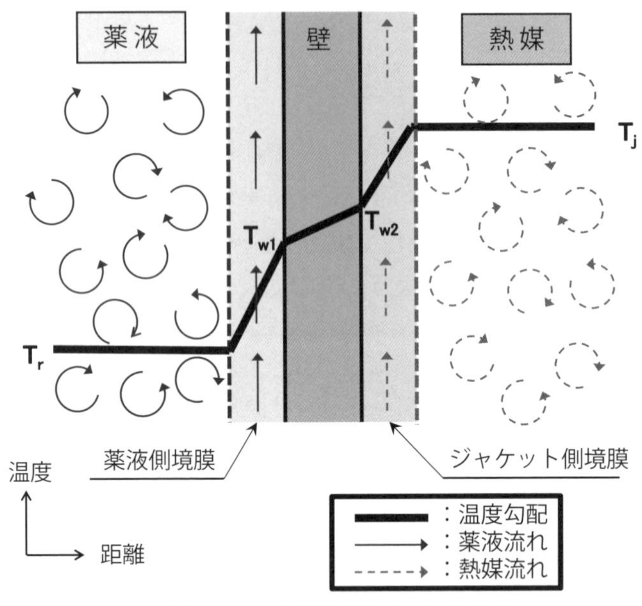

図2-5　伝熱面付近の温度分布

が起こることになり、固体壁と同様、伝熱抵抗の大きな伝導伝熱が支配的であると理解してよい。

図を見ると、薬液側と熱媒側の境膜におけるそれぞれの伝熱抵抗と壁の伝熱抵抗が存在することが分かる。実際には、経年使用によるジャケット側壁面の汚れ(スケール、鉄錆など)の付着による伝熱抵抗や、晶析時に壁面に付着した結晶の伝熱抵抗も考慮に入れる必要があるが、モデルを単純化するため本書では無視した。ジャケット伝熱における全伝熱抵抗は、上記3つの伝熱抵抗の和として表すことができ、この全熱抵抗の逆数を総括伝熱係数と呼んでいる。また、境膜における伝熱抵抗の逆数を境膜伝熱係数と呼ぶ。

ここで、総括伝熱係数をU[W/㎡・K]、薬液側境膜伝熱係数をh_i[W/㎡・K]、熱媒側境膜伝熱係数をh_j[W/㎡・K]、壁の熱伝導度をλ_w[W/m・K]、壁厚みをx[m]とおき、壁内面と外面の伝熱面積の差が無視できると仮定すると伝熱抵抗の関係は**式2-4**のように表すことができる。

$$\frac{1}{U}=\frac{1}{h_i}+\frac{x}{\lambda_w}+\frac{1}{h_j} \qquad \text{（式2-4）}$$

式中、壁の厚みや熱伝導度は、装置の材質や容量、求められる強度等によって決まるパラメータであり、装置依存性を有している。また、境膜伝熱係数も流動性によって決まるため装置依存型のパラメータであるといえる。例えば、薬液側境膜伝熱係数についてはChiltonらが以下のような式を提示している[2)]。

$$h_i = 0.36\times\left(\frac{\lambda_i}{L}\right)\times \mathrm{Re}^{2/3}\times \mathrm{Pr}^{1/3}\times\left(\frac{\mu}{\mu_w}\right)^{0.14} \qquad \text{（式2-5）}$$

Re　：レイノルズ数（$=\rho Nd^2/\mu$）　[-]
ρ　：薬液の密度　[kg/m^3]
N　：撹拌速度　[s^{-1}]
d　：撹拌翼径　[m]
Pr　：薬液のプラントル数（$=Cp\,\mu/\lambda_i$）　[-]
λ_i　：薬液の熱伝導度　[W/m・K]
L　：代表径　[m]
μ　：流体本体温度T_rにおける薬液粘度　[Pa・s]
μ_w　：壁面温度T_{w1}における薬液粘度　[Pa・s]

式中のレイノルズ数は液の乱れに関する無次元数であり、薬液物性（粘度、密度）、装置情報（撹拌速度、撹拌翼径）から計算される（第３章 混合・撹拌にて解説する）。また、プラントル数は薬液の熱物性（比熱、粘度、熱伝導度）からなる無次元数である。右辺の係数0.36は装置依存性を有しており、撹拌翼形状や据え付け位置等により種々の値を取る（**式2-5**はパドル翼での実験で得られた係数である）。

同様に熱媒側境膜伝熱係数もレイノルズ数と熱媒のプラントル数の関数であることが知られている。

式2-5によれば、薬液側境膜伝熱係数は撹拌速度の２/３乗に比例しており、撹拌速度の増加に伴い伝熱性能も向上することを表している。**図2-6**に、１Ｌのラボ反応容器に水800㎖を仕込み、撹拌速度を種々変化させて薬液側境膜伝熱係数を測定した結果を示した。低速から中速域では、**式2-5**の示す通り撹拌速度とともに伝熱係数は増大しているが、高速域に至ったところで、撹拌軸回りに気泡の巻き込みが認められ、それとともに伝熱係数が低下する現象が確認された。これは、気泡を巻き込んだことにより撹拌翼付近の水の見掛けの密度の減少等によって起こったものと予想される。気泡の巻き込み発生の有無は、液物性の他、撹拌翼形状やバッフル形状・設置位置、液面位置なども影響しており、伝熱特性を理解する上でこのような設備構造などの要因も考慮する必要がある。

以上より、総括伝熱係数は、

- 装置構造(材質、容器の厚み、撹拌翼およびバッフル形状)
- 撹拌条件
- 熱冷媒の流量
- 薬液や熱冷媒の物性

によって様々な値を取り、製造時の温度プロファイルに影響を与えることが分かる。

2）境　　膜

前述の通り境膜とは、壁との接触面付近にて液の乱れがなく壁と平行な流れを形成する層流域のことである。境膜では伝導伝熱が支配的に起こっているが、このことは境膜伝熱係数が壁の場合と同様、流体の熱伝導度と境膜厚みで表され、これより境膜の厚みを推定することができることを示している。特に、薬液側の境膜厚みを知ることは、流体本体温度よりも高温または低温の温度域が薬液全体に対してどの程度の割合で

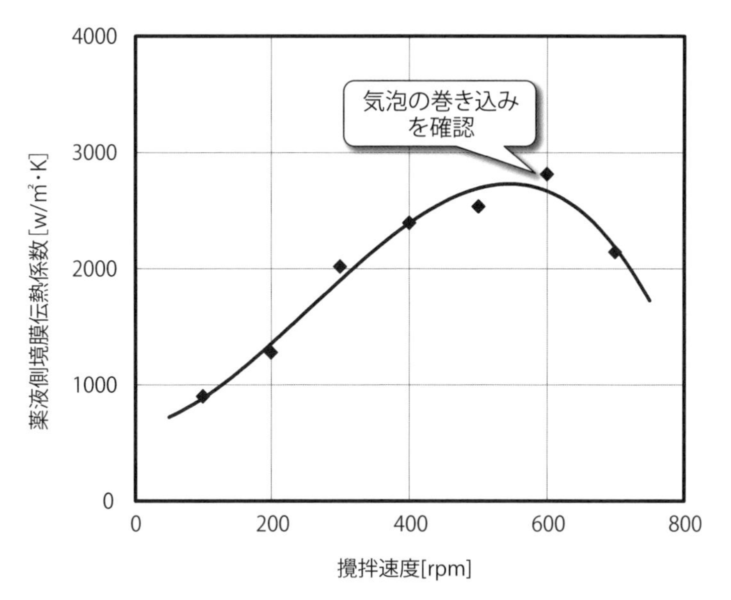

図2-6　攪拌速度と薬液側境膜伝熱係数の関係

存在しているかを理解し種々のリスク評価を行うことができる点で有用である。

式2-4において、外浴の条件（温度、流量）が一定と仮定すると、**式2-6**が成り立つ。

$$\frac{1}{U} \propto \frac{1}{h_i} \qquad (式2\text{-}6)$$

また**式2-5**において、装置条件、薬液熱物性を定数とみなせばレイノルズ数が攪拌速度(N)に比例することから下式が成り立つ。

$$h_i \propto N^{2/3} \qquad (式2\text{-}7)$$

よって総括伝熱係数と攪拌速度との関係は、以下のようになる。

$$\frac{1}{U} \propto N^{-2/3} \qquad (式2\text{-}8)$$

したがって、外浴条件を一定にして種々の撹拌速度に対する総括伝熱係数の逆数を、任意の基準撹拌速度をN_0とした時の撹拌速度比（N/N_0）$^{-2/3}$に対してプロットすると**図2-7**に示す通り直線関係が得られる（ウィルソンプロットと呼ぶ）。図より直線の切片が壁と熱媒の伝熱抵抗の和を表し、各撹拌速度における1/U値から切片を差し引いたものが薬液の伝熱抵抗$1/h_i$である。以上より、ウィルソンプロットから薬液の熱伝導度λ_iを用いて薬液側境膜厚みx_iを推定することができる。

$$x_i = \frac{\lambda_i}{h_i} \qquad \text{（式2-9）}$$

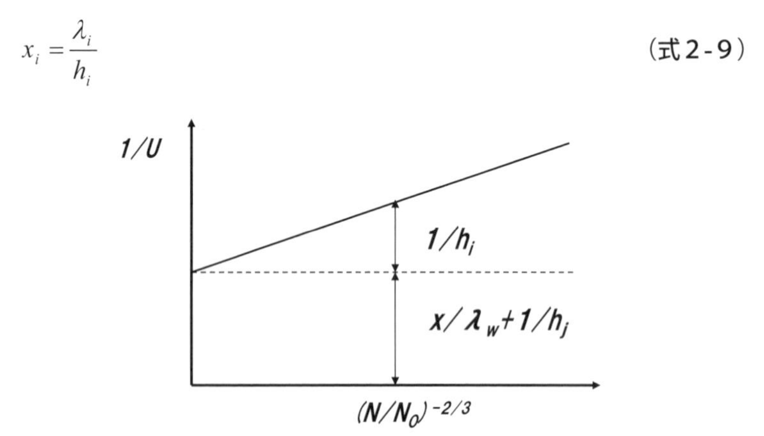

図2-7　撹拌速度と総括伝熱係数の関係

3）伝熱面積

伝熱面積は、装置の大きさに影響され、スケールアップを考える際には重要な要因となる。**図2-8**は容量の異なる反応釜に呼称容量分の液体を仕込んだ際の内壁との接液面積、すなわち伝熱面積を計算したものである。釜容量が10倍、50倍と増加しても、伝熱面積は4.9倍、14.2倍しか増加しない。この関係を、液量当たりの伝熱面積で整理すると、スケールが増加するのとは逆に0.49倍、0.28倍と減少していく。つまり、必要な熱量がスケールとともに増加するにもかかわらず、伝熱に必要な面積は減少することを示している。ここで、100Lと5,000L反応釜にそれぞれ呼称容量の半量の水50L、2,500Lを仕込み、25℃から80℃

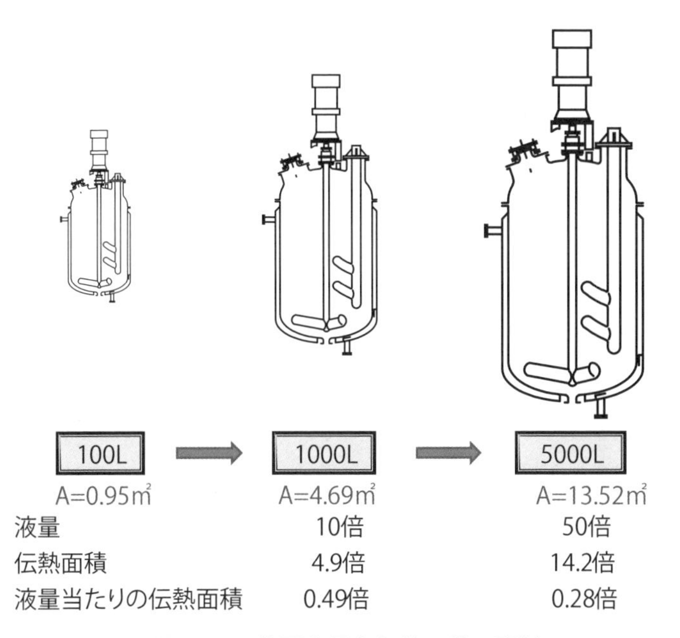

図2-8　装置容量と伝熱面積の関係

まで蒸気加熱（ジャケット温度＝120℃）する場合の内温変化を計算した結果を示す（**図2-9**）。比較のために総括伝熱係数は両スケールとも同じ値を用いている。図からも分かる通り、スケールアップを行うと伝熱

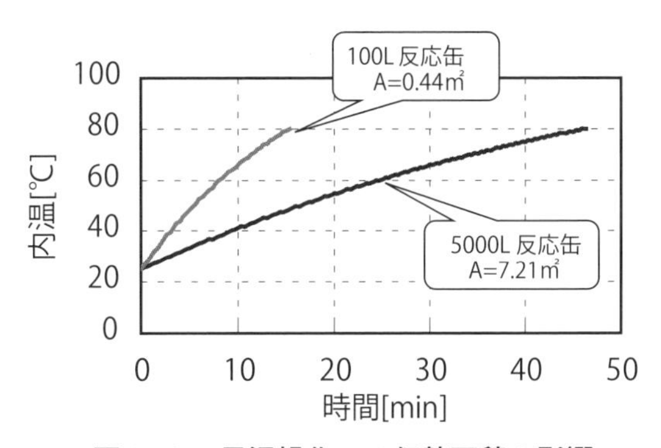

図2-9　昇温操作への伝熱面積の影響

面積の低下により作業時間の延長や熱プロファイルの変化に伴う品質変動などが懸念される。したがって、熱収支式からのシミュレーションにより、温度プロファイルを予測し、その結果を用いた実験データの取得などによってスケールアップに伴う影響を事前評価しておくことが肝要である。

また、スケールアップの前後で伝熱速度を一定にしなければならないプロセス（例えば冷却晶析）の場合には伝熱面積低下が大きく影響する。式2-3から明らかなように、この場合は総括伝熱係数または温度差を増大させて、伝熱面積の不足分を補うことになる。通常は、総括伝熱係数を効果的に増大させることができないことから、熱冷媒温度を選択して温度差を増大させる方策がとられる。

4）温　度　差

温度差は薬液温度T_i、熱冷媒のジャケット入口温度$T_{j,in}$、出口温度$T_{j,out}$を用いた対数平均温度差として次の式で表される。**図2-10**の例ではΔT＝37.4 Kとなる。

$$\Delta T = \frac{|\Delta t_{in} - \Delta t_{out}|}{\ln(\Delta t_{in}/\Delta t_{out})} = \frac{|(10-50)-(15-50)|}{\ln((10-50)/(15-50))} = 37.4\mathrm{K} \qquad \textbf{（式2-10）}$$

ここで　$\Delta t_{in} = T_{j,in} - T_i$

$\Delta t_{out} = T_{j,out} - T_i$

前述の通りスケールアップに伴う伝熱面積の不足分を温度差で補うことが多いが、その場合**図2-11**に示すように、薬液側境膜部分での温度分布に注意を払う必要がある。この例では熱媒温度を高く設定することにより、境膜部分ではスケールアップ前よりも高温の領域が生成されることになり、場合によっては熱分解の促進や暴走反応のトリガーとなる可能性もある。また、冷却においても同様に過冷却域の生成により、例えば晶析では微小結晶の生成や結晶多形の析出といった不具合が起こり得る。

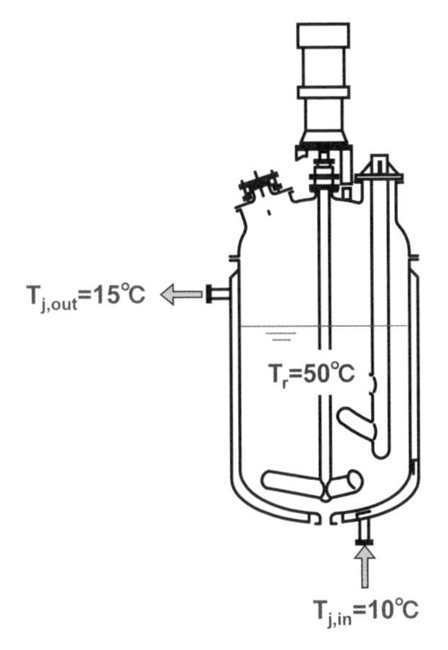

図 2-10　平均対数温度差

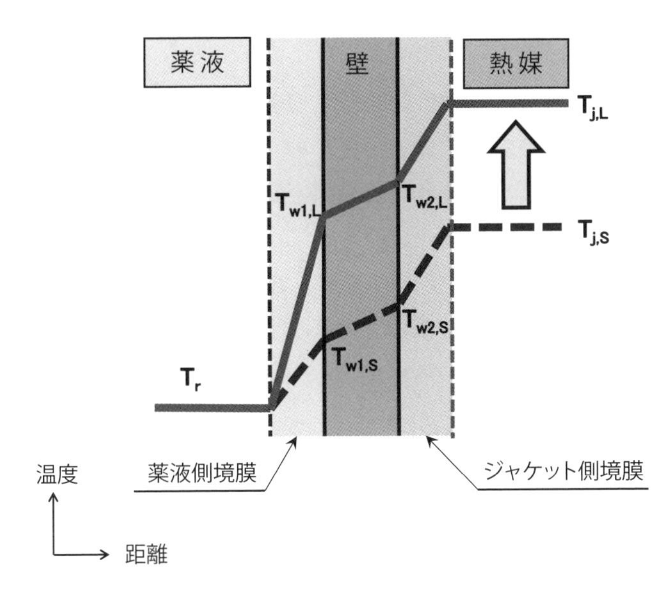

図 2-11　温度差と伝熱面付近の温度分布の関係

これらのリスク評価（過加熱または過冷却状態の境膜内で上記不具合が実際に起こるのか否か）を行う際、薬液側の壁面温度$T_{W1,L}$が把握できればよいが、通常難しいため、ワーストケースとして熱媒温度$T_{j,L}$での薬液の安定性その他の評価を行うのが望ましい。

2.3 伝熱シミュレーション

2.3.1 装置特性の把握

伝熱操作では、前項で述べた伝熱の諸要因がスケールアップにより温度プロファイルの変化をもたらすことになる。したがって、諸要因の影響を加味した上で事前にこの温度プロファイル変化が予測できれば、それが品質面、作業面、安全面に対してどのような影響を及ぼすかを評価することができる。例えば、スケールアップを成功させるためには以下のような手順でシミュレーションを実施する必要がある。

① 計算条件の設定（製造スケール、使用設備、冷媒温度、滴下速度等）
② 熱収支式より温度プロファイルの予測
③ 品質への影響評価及び評価結果を踏まえての製造可否

②の熱収支式は**式2-3**を用いる。ここで、発熱量や熱物性データは実験室で取得できるので、対象となる設備の装置特性データ（総括伝熱係数、伝熱面積）を所有していればシミュレーションが可能となる。

2.3.2 装置特性データの取得方法

1）伝熱面積

伝熱面積については、反応釜の寸法、下部鏡面の形状が分かれば以下の式から計算することができる。式中、A_vは底弁を取り付けるためにジャケットが敷設されていない部分の面積であり、鏡部と胴部の合計接液面積から差し引く必要がある。これは底弁の大きさによるため反応釜の組み立て図面等より求める。

また、厳密なシミュレーションを行う場合などは、**図2-12(b)**で示すような撹拌で生じる液面上昇による伝熱面積増加分（ΔA_L）も加味する場合がある。

$$A = A_M + A_L - A_V \quad \text{(式2-11)}$$

$$A_L = \pi D H_L \quad \text{(式2-12)}$$

$$H_L = \frac{4(V - V_M)}{\pi D^2} \quad \text{(式2-13)}$$

10%皿型鏡部の場合

$$A_M = 0.315\pi D^2 \quad \text{(式2-14)}$$

$$V_M = 0.0315\pi D^3 \quad \text{(式2-15)}$$

2：1半楕円型鏡部の場合

$$A_M = 0.345\pi D^2 \quad \text{(式2-16)}$$

$$V_M = \pi D^3 / 24 \quad \text{(式2-17)}$$

A	：伝熱面積	[㎡]
A_M	：鏡部伝熱面積	[㎡]
A_L	：胴部伝熱面積	[㎡]
A_V	：底弁周りのロス面積	[㎡]
D	：反応釜内径	[m]
H_L	：胴部液高さ	[m]
V	：薬液体積	[㎥]
V_M	：鏡部容量	[㎥]

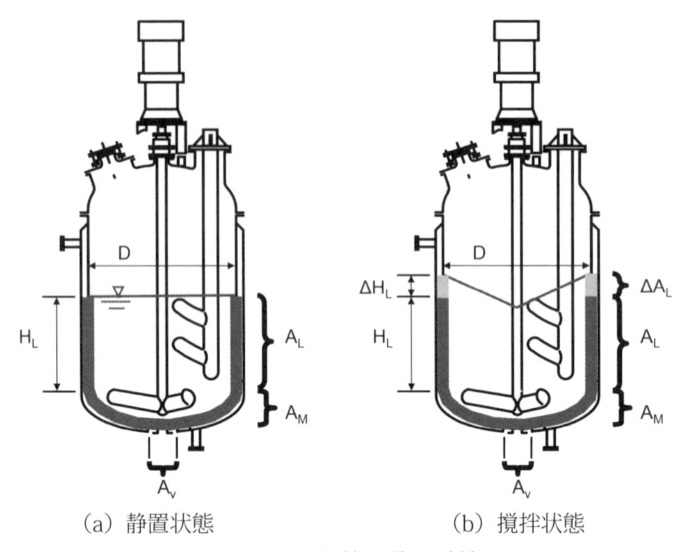

(a) 静置状態　　(b) 攪拌状態

図2-12　伝熱面積の計算

2）総括伝熱係数

様々な文献で薬液側、熱媒側の境膜伝熱係数の推算式が提案されており、反応釜壁の厚みや熱伝導度の情報と合わせて総括伝熱係数を計算することはできる。しかしながら、境膜伝熱係数は装置形状や流動状態に大きく依存することに加え、経年使用によるジャケット側壁面汚れの伝熱抵抗の影響も無視できないため、データを実測し取得することが望ましい。総括伝熱係数の実測方法(冷却時)の一例を示す。

① 反応釜に規定量の溶媒を仕込む

② 規定攪拌速度にセットし攪拌下、熱媒にて任意の温度まで加熱（これ以降、攪拌速度を変更してはならない）

③ 冷媒に切り替え、薬液温度、ジャケット入口温度および出口温度を経時的に計測（ジャケット出口温度が計測できない場合は入口温度と等しいと仮定する）

④ 冷却開始時と冷却終了時の温度データを使って、次頁の計算式に

代入して求める(加熱から冷却切り替えに伴う応答遅れも考慮し、冷却曲線が下に凸となって以降の温度を冷却開始温度とする。また、ΔTが非常に小さい領域では誤差の影響が大きくなるため冷却終了温度の決定にも注意が必要である)

$$U = \frac{Q}{A\Delta T} \quad \text{(式2-18)}$$

$$Q = \frac{M \times \left|T_{R1} - T_{R2}\right| \times Cp}{t} \quad \text{(式2-19)}$$

$$\Delta T = \frac{\left|\left(T_{R1} - (T_{J1} + T_{J2})/2\right) - \left(T_{R2} - (T_{J3} + T_{J4})/2\right)\right|}{\ln\left|\dfrac{\left(T_{R1} - (T_{J1} + T_{J2})/2\right)}{\left(T_{R2} - (T_{J3} + T_{J4})/2\right)}\right|} \quad \text{(式2-20)}$$

Q	：熱 交 換 量	[W]
M	：仕 込 液 量	[kg]
Cp	：仕込液比熱	[J/kg・K]
t	：時　　間	[s]
T_{R1}	：冷却開始時の仕込液温度	[℃]
T_{J1}	：冷却開始時のジャケット入口温度	[℃]
T_{J2}	：冷却開始時のジャケット出口温度	[℃]
T_{R2}	：冷却終了時の仕込液温度	[℃]
T_{J3}	：冷却終了時のジャケット入口温度	[℃]
T_{J4}	：冷却終了時のジャケット出口温度	[℃]

2．3．3　シミュレーションの実際

1）単純な加熱・冷却のシミュレーション

滴下も発熱(吸熱)もない単純な加熱・冷却操作については、**式2-3**から以下のように整理することができる。

$$\frac{dT_r}{dt} = \frac{UA\Delta T}{MCp} \quad \text{(式2-21)}$$

さらに、外浴出口温度がモニタリングできない場合、あるいは無視できる場合は、上式は単純化される。すなわち、熱媒温度＝T_jとし時間0の初期状態（T_r＝T_0）から時間t経過後の状態（T_r＝T）まで積分することにより以下のように展開できる。

$$T = T_j - (T_j - T_0)\exp(-\frac{UA}{MCp}t) \quad \text{（式2-22）}$$

$$t = \frac{MCp}{UA}\ln\left(\frac{T_j - T_0}{T_j - T}\right) \quad \text{（式2-23）}$$

例として500L釜に水300Lを入れ、外浴に60℃の温水を通して10℃から50℃まで加温するのに要する時間を、**式2-23**を用いて計算する。ここで、総括伝熱係数＝500W/m²・K、伝熱面積＝1.73m²、比熱＝4180 J/kg・Kとおく。

$$t = \frac{MCp}{UA}\ln\left(\frac{T_j - T_0}{T_j - T}\right)$$

$$= \frac{300 \times 4180}{500 \times 1.73} \times \ln\left(\frac{60\text{-}10}{60\text{-}50}\right)$$

$$= 2333\,\mathrm{sec}$$

$$= 39\,\mathrm{min}$$

2）発熱や滴下を伴うシミュレーション（滴下と同時に反応が速やかに進行する場合）

反応速度が速く、滴下と同時に滴下した量だけ反応が進行する場合は、滴下速度によって反応制御を行うことができ、温度コントロールの面でも非常に有利である。この時の発熱速度（dQ_r/dt）は、総発熱量を滴下時間で除した値となり、これを**式2-3**の発熱項に代入して薬液温度変化を計算する。総発熱量は、シミュレーションの対象となる製造スケールでの発熱量であり、実験で単位量当たりの発熱量を求めておけば、製造スケールから容易に求めることができる。例えば、主原料重量当たりの発熱量からは以下のように求まる。

総発熱量[J]＝主原料重量当たりの発熱量[J/kg]×
主原料使用量[kg]　**(式2-24)**

3）発熱や滴下を伴うシミュレーション（滴下と反応進行に乖離がある場合）

滴下した量に応じた反応が速やかに進行しない場合の発熱の挙動は**図2-13**のように表される。図中、発熱Conversionとは発熱開始からある時間θまでの発熱量の総発熱量に対する比率〔Conv（t＝θ）〕を百分率でプロットしたものである（**式2-25**）。また、滴下Conversionも同様である。

$$\mathrm{Conv}_{(\mathrm{t}=\theta)}=\frac{\int_0^{\theta}\left(dQr/dt\right)dt}{\int_0^{\infty}\left(dQr/dt\right)dt}\qquad\textbf{(式2-25)}$$

このようなケースは、不測の事態（例えば撹拌停止や冷媒送液ポンプ停止）で反応中に冷却機能が喪失した場合、滴下を中断しても、反応は停止せず、滴下した副原料のうち未反応分の反応が進行することになる。その際に発生する熱は反応液に蓄積し、断熱的に温度が上昇するため、許容上限温度逸脱による品質面への影響だけでなく、暴走反応の可能性など安全面でも十分注意を払っておかなければならない。

シミュレーションを行うためには、任意の時間における発熱速度を把握する必要がある。これは、**図2-13**の発熱Conversionの任意点での傾きに総発熱量を乗じて得ることができる（**式2-26**）。

$$\left.\frac{dQr}{dt}\right|_{(t=\theta)}=\frac{d\mathrm{Conv}_{(\mathrm{t}=\theta)}}{\mathrm{dt}}\int_0^{\infty}\left(\frac{dQr}{dt}\right)dt\qquad\textbf{(式2-26)}$$

発熱Conversionの任意点での傾きは種々の手法により求められる。

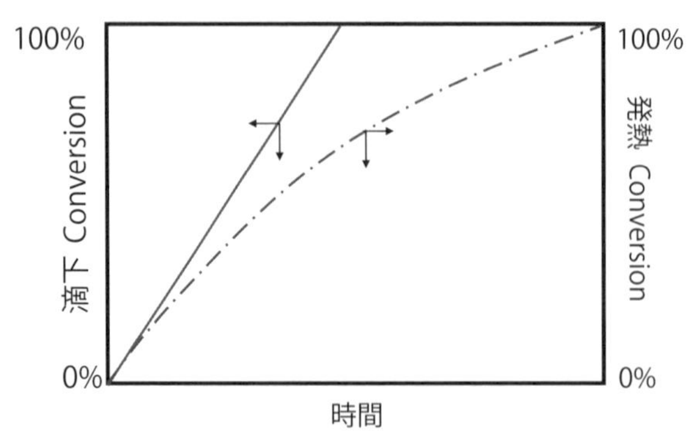

図2-13　滴下と反応に乖離がある場合の発熱挙動

例えば、

① 物質収支から構築した反応モデルから発熱Conversionを導いて発熱速度を計算する

② 反応熱量計で得られる発熱Conversionデータを直接使用して計算する

③ 断熱実験を実施し、そこで得られる発熱Conversionをワーストケースの発熱速度として計算する

手法①は、最も精度よく発熱速度の変化を求めることができるものの、物質収支データの取得やモデル構築に労力を要する。手法②については、比較的容易に総発熱量および発熱Conversionデータが取得できるため本法を採用することが多い。反応熱量計においては反応液一定温度条件下でデータを取得する。本来であればシミュレーションで温度変化が発生した場合、温度に応じて反応速度も変化するため、発熱Conversionも温度依存性を考慮して計算を進めるべきであるが、手法②では、一定温度での発熱Conversionデータを用いる点で手法①に比べて計算精度が劣ることに注意する。可能であれば、複数温度でデータを取得し、それを基に任意の時間・温度での発熱Conversionが推定できるモデルを構築するとよい。手法③は、ワーストケースでのシミュレーションが行える点で有効であるが、断熱温度状態でのデータを用いるた

め、実験データ取得時の安全性確保を十分に考慮する必要がある。

2.3.4　シミュレーションによる品質評価

以下の特徴を有するセミバッチ発熱反応プロセスをパイロットスケールおよび生産スケールへとスケールアップする際の温度シミュレーションを考える。

- 許容上限温度(25℃)を逸脱すると目的物が分解
- 反応時間延長によって目的物が分解
- スケールアップ条件
  - 反応液量＝120kg(パイロット)、2,400kg(生産)
  - 発熱量＝58.8kJ(反応液1kg当たり)
  - 反応釜容量＝300L(パイロット機)、5000L(生産機)
  - 冷媒温度＝15℃(パイロット、生産とも同一条件とする)
  - 総括伝熱係数＝250W/㎡・K(パイロット機、生産機とも同一と仮定)

シミュレーションの例を**図2-14**に示す。**式2-3**を用い、セミバッチ発熱反応において滴下速度を種々変化させた時の反応液温度の推移を計

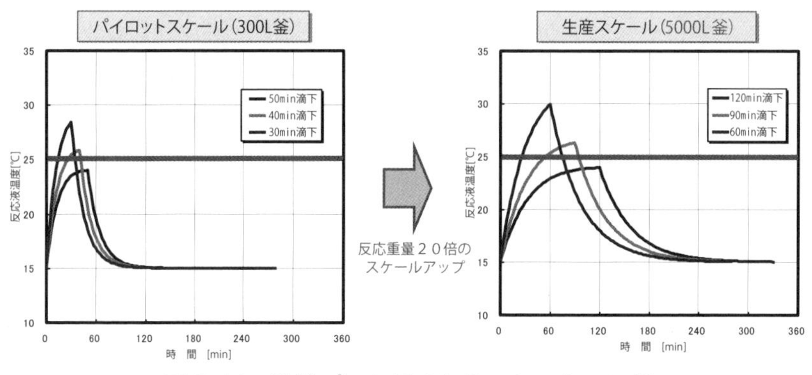

図2-14　発熱プロセスのシミュレーション例

算したものである。

上限温度を超えないように製造するためにはパイロットスケールでは、副原料の滴下時間を50分以上に、また生産スケールでは120分以上に設定する必要がある。また、反応後の冷却(15℃まで冷却するとして)も考慮すると本反応の総作業時間は120分から300分に延長することが分かる。

このシミュレーション結果を基に、

- 目的物質の分解が温度プロファイルの変化や作業時間延長によってどの程度影響を受けるのか
- 許容できる作業時間を達成するためには冷媒温度を何℃に設定すればよいか
- 想定している反応釜が設定された冷媒を選定できる仕様となっているか

など、種々のリスク評価が可能となる。一例として目的物の分解リスクに関する諸要因と評価手順の関係を**図2-15**に示した。温度プロファイルの予測に関してはこれまで述べてきた通りである。一方で、目的物の安定性のデータより分解速度式を取得しておけば、温度プロファイルより分解物量を定量的に求めることができ、分解物の許容量との比較から設計したプロセスのスケールアップにおけるリスク評価が可能となる。

参考文献

1）池田一史. 医薬品原薬晶析プロセスへの高度温度制御システムの適用, 分離技術. **2006**, *36*(6), p.345-349.
2）Chilton, T.H.; Drew, T.B. and Jebens, R.H. *Ind. Ing. Chem.* **1944**, Vol.36, p.550.

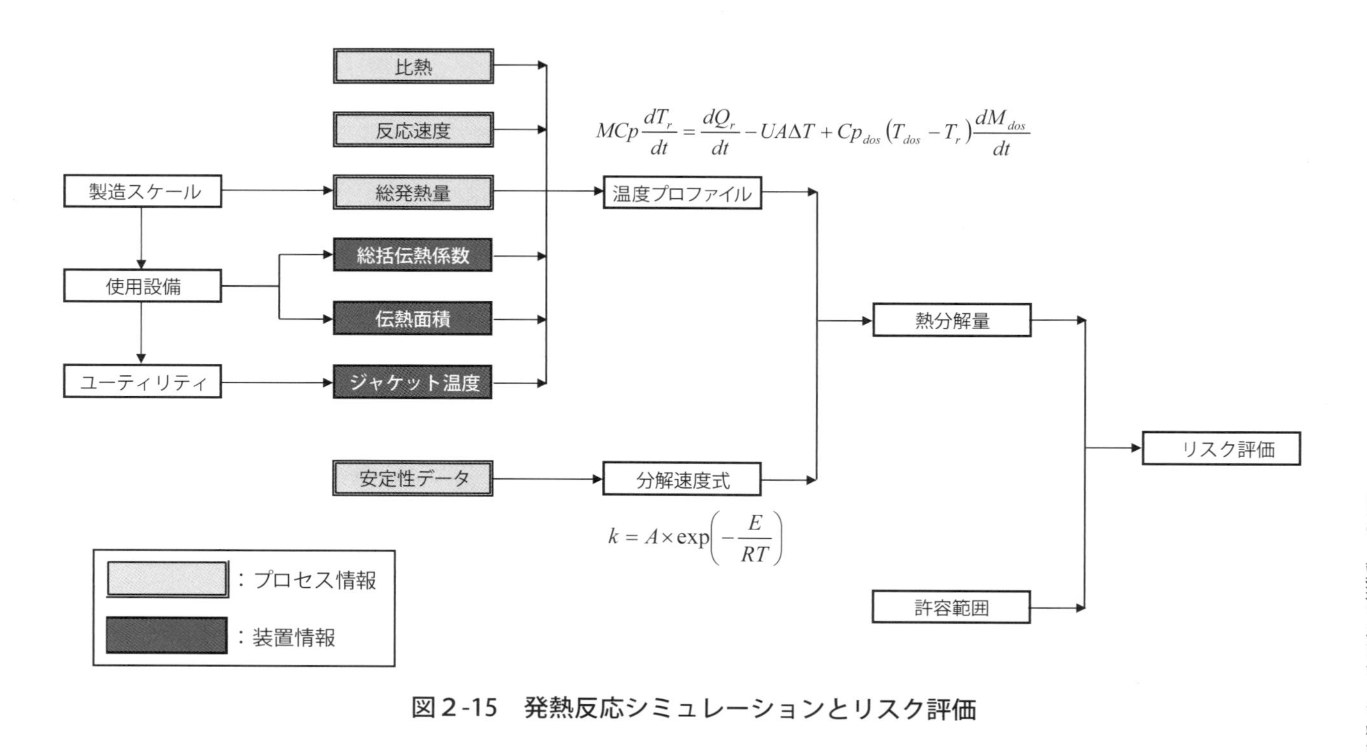

図2-15　発熱反応シミュレーションとリスク評価

第 3 章

混 合 ・ 撹 拌

3．1　攪拌の目的

医薬原薬、中間体の製造プロセスに代表されるファインケミカルプロセスでは、多くの攪拌槽(反応釜)を使用して、反応、洗浄・分液、抽出、吸着、濃縮、晶析などの操作を行い製品が製造されている。

攪拌槽で混合される流体は、均相系、不均相系(液－液、固－液、気－液、気－固－液系など)の混合系と、低粘度、高粘度、ニュートン性、非ニュートン性の特性を持つ流体が混合されている。これらが複雑に組み合わさった流体をプロセスの各操作の目的に合った、例えば、良好な「混合状態」「反応成績」「洗浄効果，分液速度」「伝熱状態」また「晶析で目標粒子径」などを得るために攪拌条件を設定する必要がある。

最近は自社内の既設設備を使用した製造に加え、社外のメーカに製造を委託することが増加しているため、多種多様な攪拌翼を使用することが多い。一般的なスケールアップは実機想定の攪拌翼を使用しラボ実験(Glass製フラスコ)を行い、パイロットで再現性を確認した後実機で製造を行う。グラスライニング(GL)攪拌槽は相似形状にできないことが多いため、そのことによりトラブルが発生している場合もある。スケールアップは単位容積当たりの攪拌動力Pv一定で行うことが多いが、その場合攪拌槽の動力数Npを把握する必要があり、動力数Npを理解することがスケールアップを成功させる一つのポイントと考えている。

3．2　攪拌機の種類と用途

攪拌槽は金属製(ステンレス材料他)とライニング製(グラスライニング他)に大きく分けることができる。

3．2．1　一般攪拌翼[1)]

汎用的に使用されている翼としてパドル翼、タービン翼、それらの傾斜翼、プロペラ翼、３枚後退翼、アンカー翼などがある。

パドル翼は翼径／槽径比（d/D＝0.5～0.9）を変えることで低粘度からある程度高粘度液の混合に用いられる。設置位置（皿底）翼高さ／槽径（C/D＝0.2～0.5）が C/D＝0.2 で動力数Npは最大になる。

タービン翼は翼径／槽径比（d/D＝0.3～0.5）は翼中央のディスク部分で気体を受ける機能があるので、気－液系や液－液系の攪拌に使用されることが多い。設置位置（皿底）、翼高さ／槽径（C/D＝0.2～0.5）がC/D＝0.5 で動力数Npは大きくなる。パドル翼、タービン翼の吐出流は翼と平行に放出されるため放射流に分類される。

傾斜翼はスラリー系の攪拌に多く用いられている。傾斜パドルの吐出流は軸流と放射流の混合的なフローパターンを持つ翼である。設置位置（皿底）翼高さ／槽径（C/D＝0.2～0.5）がD＝0.2 で動力数Npは最大になる。

３枚後退翼は翼径／槽径比（d/D＝0.5～0.7）を変えることで低粘度からある程度高粘度流体（懸濁重合、乳化重合）の混合に幅広く用いられている。設置位置は翼高さ／槽径 C/D＝0.1 の釜底に設置されている。

プロペラ翼は翼径／槽径比（d/D＝0.2～0.4）が小さく、その吐出流は軸と平行に放出されるため、軸流翼に分類される。設置位置（皿底）翼高さ／槽径（C/D＝0.2～0.5）で動力数Npはほとんど変化しない。

アンカー翼は高粘度流体、スラリーの攪拌に用いられている。

３．２．２　大型攪拌翼[1)]

大型翼（マックスブレンド翼、フルゾーン翼、Super Mix203翼・205翼、Hi-Fミキサー翼、ベンドリーフ翼など）は、低動力（高トルク型翼なので回転数を低く抑えることができる）で広い粘度範囲において適用可能な、２枚羽根、２段パドル翼を基本とした独特な形状の攪拌翼が開発されている。これらの翼は下側の翼から放射状に強い吐出流が出る構造になっており、上側の翼はそれを補助する役目をしている。用途として、気液反応（水添反応、バイオ反応）、高粘度反応（懸濁重合など）、晶析操作などに用いられている。また、攪拌翼と槽底の隙間が小さく釜底に固体の沈降が少ない構造になっている。

3.2.3　GL製の翼

従来、攪拌翼は３枚後退翼(汎用的に使用)、アンカー翼(高粘度流体、晶析など)が多く使用されてきた。３枚後退翼は翼釜底のクリアランスが大きく、液量が少なくなると混合できなくなり、沈降性の良い固体は羽根と釜底の間に沈降し混合不良トラブルが発生することがある。アンカー翼は晶析操作に多く用いられているが、一般に邪魔板が設置されていないため、沈降性のある結晶は上下混合が悪く、混合不良が発生し、実機製造時にラボ、パイロット結果を再現しないことがある。

最近では、釜底との隙間の小さく、混合性能の良い２枚羽根、または３枚羽根のパドル翼(ツインスター翼、モールポー翼、ツーブレンド翼など)、また大型翼が実機に導入されている。邪魔板は主流であったフィンガーバッフルからビーバーテールバッフルの採用が多くなったことにより、液深の変化による動力数Npの推定が容易になっている。ただ、フィンガーバッフルとビーバーテールバッフルの混合状態が少し異なるので、このことにより影響がある混合系もあるのでスケールアップには注意を要する。

3.3　攪拌効率

攪拌効率の良い攪拌翼とは、①同一の攪拌動力Pvを低い回転数で得られる、②同一攪拌動力Pvで混合した時の「混合時間が短い」「固－液、液－液分散状態が良い」「結晶の破砕が少ない」「酵素の死菌率が少ない」「気液物質移動容量係数K_Laが大きい」など、③広い粘性範囲を効率よく均一に混合させる、などが考えられる。混合系によって最適な攪拌翼は変わってくるので、市販されている攪拌翼を比較し判断する必要がある。

3.4　撹拌槽のスケールアップ

3.4.1　撹拌のスケールアップ因子

撹拌・混合のスケールアップは撹拌動力Pv一定で行うことで、多くの混合系でラボと実機の結果が相関されている。反応、抽出、晶析操作など通常の混合では、撹拌動力Pvは200～400W/㎥の範囲で回転数を設定することが多い。伝熱特性、物質移動特性（気液撹拌）は撹拌動力Pvとの相関式が提案されおり、また、固－液撹拌（Zwieteringの相関式）、液－液撹拌（Sauter平均液滴径）は撹拌動力Pv一定で相関できる。

懸濁重合反応、晶析など粒径制御を行う場合では翼先端速度u［m/s］で行うと良好なスケールアップができる場合もある。また、撹拌翼から吐出される吐出流量q_d［㎥/s］を反応液量V［㎥］で割ることで循環回数（pass数）［1/s］を算出して混合状態の指標とすることもあり、所要動力Pvと循環回数または翼先端速度uと組み合わせてスケールアップを行っている事例もある。

撹拌動力Pは**式3-1**、撹拌動力Pvは**式3-2**、翼先端速度uは**式3-3**、吐出流量q_dは**式3-4**、循環回数（Pass）は**式3-5**に示す。

なお、動力数Np［-］、液密度ρ［kg/㎥］、回転数n［1/s］、翼径d［m］、反応液量V［m］、吐出流量数N_{qd}［-］

$P=Np\cdot\rho\cdot n^3\cdot d^5$　［W］　**（式3-1）**

$Pv=Np\cdot n^3\cdot d^5/V$　［W/m³］　**（式3-2）**

$u=\pi nd$　［m/s］　**（式3-3）**

$q_d=N_{qd}nd^3$　［m³/s］　**（式3-4）**

循環回数（$Pass$）$=q_d/V$　［1/s］　**（式3-5）**

3．4．2　動力数Np

撹拌槽のスケールアップで重要なことは、ラボ実験で実験した結果を実機スケールで再現させることである。撹拌動力Pv一定でスケールアップするためには撹拌槽の動力数Npを把握する必要がある。間違ったNp値を使用することで、撹拌動力Pvが変化し混合状態が変わってくる。動力数Npは撹拌槽の槽形状、翼の種類・寸法・設置位置、バッフルの種類・寸法・設置位置などにより変化する。そのために、動力数Npの推算または測定が行われている。動力数NpはRe数の関係としてNp-Re曲線として表され、**図3-1** [1]に一例を示す。

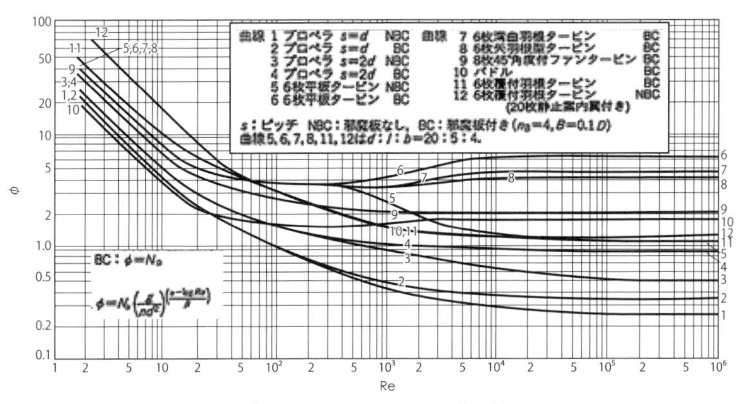

図3-1　Np-Re曲線

撹拌槽の動力数Npが分かれば、撹拌動力Pが計算できることになる。また、動力数Npが分かれば**式3-6** [2]より吐出流量数N_{qd}が推算可能である。さらに、動力数Npと吐出流量数N_{qd}が分かれば乱流下での混合時間θ_M〔無次元混合時間に関する相関式（**式3-7**）[1]〕、層流下〔相関式（**式3-8**）[1]〕で混合時間の推算が可能となる。

$$N_{qd}=0.32\,(Np^{0.7}b/d)^{0.25}\,(D/d)\,0.34Np^{0.5} \qquad \text{（式3-6）}$$

$$\frac{1}{n\theta_M}=0.092\left\{\left(\frac{d}{D}\right)^3 N_{qd}+0.21\left(\frac{d}{D}\right)\left(\frac{Np}{N_{qd}}\right)^{1/2}\right\}\left\{1-e^{-13(d/D)^2}\right\} \quad \text{（式3-7）}$$

$$\frac{1}{n\theta_M}=(9.8\times10^{-5})\left(\frac{d^3}{D^2H}\right)(Np\cdot\mathrm{Re}) \quad \text{（式3-8）}$$

３．４．３　動力数Npの推算方法

動力数Np推算式は、金属製の代表的なラシュトンタービン翼、パドル翼、傾斜パドル翼などについては邪魔板なし、邪魔板ありとも推算式[3),4),5)]が提案されている。なお、永田の式は邪魔板がない場合に適用する方がよく、亀井・平岡が提案した式では邪魔板なし、ありとも適用可能である。また、プロペラ翼・GL３枚後退翼[6)]、大型翼[7)]についても提案されている。動力数Npは提案された推算式の前提となる装置の違いにより変わってくるので使用に際して注意が必要である。メーカ独自の特殊翼、大型翼、GL翼は推算できない場合があるので、製作メーカに確認するか、使用者が実測する必要がある。その他に、多段翼の動力数Npの推算[8)]方法もメーカから提案されている。

３．４．４　動力数Npで知っておくべきこと

ラボ実験結果がパイロット、実機スケールで再現できないことがよくある。その一つの要因として動力数Npの設定値の違いが挙げられる。

１）ラボからパイロット、実機撹拌槽スケールアップ時の動力数Np

パイロット、実機と幾何学的に相似形のフラスコを使用した場合は、同一の動力数Npとなるといわれている。ラボ、パイロット、実機ともステンレス製フラスコを使用すると相似形で撹拌槽が製作できるので動力数Npは概ね同じ値になる（スケール効果で、大きくなると動力数Npが低下気味になる）。しかし、ラボではガラス製、パイロット、実機で

はGL撹拌槽の場合、製作上相似形で撹拌槽を作ることができないので動力数Npが異なってくる。ラボフラスコ、パイロット・実機撹拌槽の動力数Npを実測することが望ましい。

2）機械メーカ提示の動力数 Np

機械メーカは「モーター設計」「適切な混合を実現するための動力計算」のために撹拌槽の呼称液量での動力数Npを提示する。化学メーカは「ラボ、パイロット、実機の混合状態を同一にする」ために撹拌動力Pvの算出に動力数Npを使用する。機械メーカから提示される動力数Npがラボフラスコの動力数Npと同一レベルで使用できるか確認した上で使用することが望ましい。

3）動力数Npの変化

Np-Re線図は、一般的に液深／槽径比H/D＝１で作成されている。邪魔板の強度が弱いGL撹拌槽では、液深が低くなると動力数Npは小さくなることがある。バッチ生産では、同一製品でも生産量が変わるたびに反応液量も変わり液深が変化する。Np-Re線図から読み取った動力数Npをそのまま使用すると、液深が低くなった場合、混合強度が弱くなることがある。

4）２段翼の撹拌槽

２段翼が設置された撹拌槽では、滴下反応・滴下晶析などで液深が変化することで、１段翼または２段翼混合になることがある。混合強度、混合状態が変化するので注意が必要である。

3.4.5　スケールアップと混合速度

撹拌動力Pv一定でスケールアップすると撹拌翼先端速度は速くなり、循環回数（混合速度）は低下する。**表3-1**にラボ１Lのフラスコから実機にスケールアップした場合の混合状態を示す。循環回数が１m³で１/

表３-１　スケールアップと循環回数（混合速度）変化

			ラボフラスコ	実機撹拌槽	
容量	V	［㎥］	0.001	1	10
翼径	d	［m］	0.0606	0.75	1.1
撹拌動力	P	［W］	1	1000	10000
循環流量	qd	［㎥/s］	0.000517	0.148	0.531
循環回数	qd/V	［１/s］	0.517	0.148	0.053
翼先端速度	u	［m/s］	2.76	5.17	8.62
回転数	n	［1/s］	14.52	2.19	2.49
撹拌動力	P/V	［W/㎥］	1	1	1
循環回数	qd/V	［１/s］	1	0.29	0.10
翼先端速度	u	［m/s］	1	1.87	3.12

※Np＝0.4、N_{qd}＝0.16使用、ρ＝1000kg/㎥

※1L：フラスコ d/D＝0.53、1.10㎥槽：GL標準釜

３、10㎥で１/10になることが分かる。

３．５　撹拌に使用される無次元数[1)]

３．５．１　Reynolds数とFroude数

撹拌系の代表寸法として撹拌翼径dを用い、撹拌系のReynolds数、Froude数は$Re \equiv d(nd)\rho/\mu = nd^2\rho/\mu$、$Fr \equiv (nd)^2/dg = n^2d/g$のように定義される。Re数は混合液の流れ状態、Fr数は液表面の流れ状態を表す。

３．５．２　層流と乱流

Re数が小さいとき、撹拌槽内の流れは層流状態にあり、Re数が大きいとき乱流状態にある。層流から乱流への遷移は撹拌槽径と翼径の比D/dによって異なるが、だいたい$Re = 10 \sim 10^2$の範囲である。

3．6　撹拌操作とトラブル

3．6．1　ラボ1Lから実機へスケールアップ時の収率低下

ラボ、実機とも3枚後退翼を使用してある滴下反応を行ったところ、実機で大幅な収率低下が発生した。解析の結果、実機の循環回数が低下し滴下液の混合状態が悪くなったことが原因であることが判明した。ラボ検討では滴下時間を変化させて、撹拌動力Pvを変化させた実験を行うことで、実機での収率低下が予測できた。

3．6．2　沈降性の良い固体のラボフラスコでの混合

実機で3枚後退翼を使用して固液反応(金属)を行うため、ラボで幾何学的に相似なフラスコを使用して実験を行った。ラボでは撹拌翼を沈降した固体の内部に入れた状態や固体が混合されない上部に設置して行ったが、いずれも反応が進行し終点に達した。しかし、実機では翼下に沈降した固体の混合・浮遊が悪く、反応途中から反応が進まなくなった。このように、ラボ実験は実機撹拌槽より混合が良いことを理解した上で行う。

実機では3枚後退翼は翼下のクリアランスが大きいために、密度差の大きな固体の浮遊が困難な構造である。多目的な反応を行うためには、翼と釜底のクリアランスの小さい翼の導入が望ましい。

3．6．3　非ニュートン流体のラボスケールでの混合

実機で混合できている流体を、実機と幾何学的に相似なフラスコを使用し撹拌動力Pv一定でラボフラスコの回転数を設定して混合を行うと、実機に比較し剪断速度が遅くなり液が流動しないことがある。このような場合、幾何学的に相似なフラスコにこだわらず、ラボの翼径/槽径比

を大きくする。また、スケールを大きくするなどすることで、液が流動する条件で実験を行う必要がある。

3.6.4　非ニュートン流体のスケールアップ

パイロットスケール（200～500L）で3枚後退翼を使用し晶析検討を行いスケールアップ因子は翼先端速度uであることが分かった。パイロット平均粒子径8.1μm（u＝3.3 m/s）、実機5㎥平均粒子径7.5μm（u＝5.4 m/s）粒子が得られた。この晶析操作を混合能力の高いフルゾーン翼（Pv＝500W/㎥，u＝2.1 m/s）で行ったところ翼先端速度は遅いにもかかわらず粒子径6.3μmを得ることができた。

このことから、混合状態（粘度の違い、撹拌翼の違い）によって撹拌動力Pv一定、翼先端速度u一定、撹拌動力Pv－翼先端速度uの間でスケールアップ因子が変わってくることが分かる。実験結果をよく解析してスケールアップ因子を見極める必要がある。

3.6.5　GL撹拌槽の静電気による破損[9)]

通常の液－液混合ではGL撹拌槽が破損するほどの静電気蓄積はない。固－液混合では、撹拌動力Pvが弱くてもGL撹拌槽が破損した事例が多くある。最近は導電性GL撹拌槽を使用して固－液混合槽内に静電気が蓄積しにくい対策が取られている。しかし、導電性のGL撹拌槽を使用できない場合、下記の事前確認を行い、破損を防止することが望ましい。

- 固液混合の、液体、固体の体積抵抗率を測定し導電性を判断する。
- 体積抵抗率が高い溶媒を使用している場合は、体積抵抗率が低い溶媒に変更できないか検討する。
- その他、界面活性剤を添加して体積抵抗率が下がるか（製品への影響確認）、撹拌翼の回転数を低くするなど対策を検討する。

参考文献

1）加藤貞人. 撹拌槽の操作・設計のための計算方法と実験方法. 情報機構. **2009**.

2）Hiraoka et al. *J. Chem. Eng. Japan*, **2003**, *36*, p.187.

3）Rushton, J.H.; E.W.Costich and H.J.Everett. “Power Characteristics of Mixing Impellers part 1”. *Chem. Eng. Prog*, **1950**, *46*, p.395-406.

4）Nagata; S. Yokoyama and H. Maeda. “Studies on the Power Reguirement of Paddle Agitators in Cylindrical Vessels”. *Kagaku Kogaku*, **1956**, *20*, p.582-592.

5）Kamei, N.; S. Hiraoka; Y. Kato; Y. Tada; K. Iwata; K. Murai; Y. S. Lee; T. Tamaguchii and S. T. Koh. “Effects of Impeller and Baffle Dimensions on Power Consumption under Turbulent Flow in an Agitated Vessel with Paddle Impeller”. *Kagaku Kogaku Ronbunshu*, **1996**, *22*, p.249-256.

6）加藤貞人ほか. “撹拌槽の設計・操作における撹拌動力の重要性”. 化学工学論文集. **2009**, 第35巻, 第２号, p.211-215.

7）加藤貞人ほか. “種々の大型２枚パドル翼の撹拌所要動力”. 化学工学論文集. **2012**, 第38巻, 第３号, p.139-143.

8）神鋼ファウドラーニュース. **1980-01**, Vol 24, No.1, p.1-7.

9）高橋邦壽. “グラスライニング（GL）晶析釜の静電気破損と対策”. 分離技術. **2003**, 第33巻, 第６号, p.32-33.

第 4 章

晶　　　　　　析

4．1　晶析の目的

晶析とは溶液に溶けている着目成分を固体（結晶）として析出させる、古くから用いられてきた分離操作の一つである。最近では、最終製品を単に固体として得るだけでなく、晶析操作特有の特質、すなわち結晶およびその表面がもつ機能の創製を活かした、機能性を付与する技術として活用されている。結晶の評価技術の著しい発展に伴い、製品結晶に求められる特性も多様化・高度化してきており、そのような要望に応えるためには、晶析槽内で起きている現象をマクロな視点で把握する一方、分子レベルでも考察することが大切である。筆者は長く医薬品の原薬製造プロセス開発に従事してきたことから、その立場から晶析現象について述べたいと思う。ここでは、溶液からの晶析を取り挙げ、基本的な事項に触れた後に、特性の中でも特に重要と思われる純度（不純物）、粒径・粒径分布、および結晶形の制御について述べる。

4．2　晶析の基本的事項[1)]

4．2．1　溶解度線図

着目成分を結晶として析出するためには、まず、未飽和の溶液を過飽和状態として核発生を起こさせ成長させる必要がある。**図4-1**に溶解度と温度との関係を示す。溶解度曲線より低い濃度域Ⅰにあるa点を冷却すると、溶解度曲線と交わるb点で結晶が析出するはずであるが、より過飽和なc点で結晶が析出し始める。このようなc点を溶液濃度を変化させて求め、これらの点を結んだ曲線が過溶解度曲線である。過飽和状態にありながら結晶が析出しない領域Ⅱを準安定域、過溶解度曲線よりもさらに過飽和となる領域Ⅲを不安定域と呼ぶ。過飽和の生成法としては、冷却、濃縮、貧溶媒添加、pH調整がよく用いられるが、特殊な

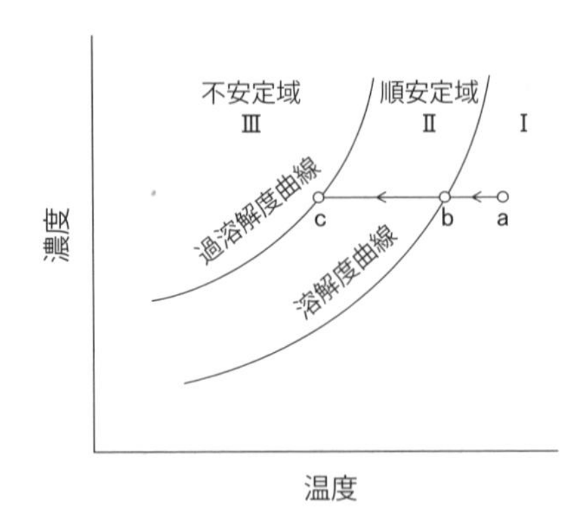

図4-1　溶解度と温度との関係

例として、反応晶析、圧力晶析、超臨界流体中での晶析なども行われている。溶解度曲線は対象物質と溶媒によって決まるが、過溶解度曲線は撹拌速度、冷却速度などの操作条件によって変動するため、一義的に決定できない。なお、晶析の推進力は原則として溶液濃度と溶解度との濃度差(過飽和度)である。

4.2.2　核発生および成長

1）核　発　生

図4-2に示すように、核発生は目的物質が結晶として存在しない溶液から核化する一次核発生と、すでに溶液に存在する結晶によって誘起

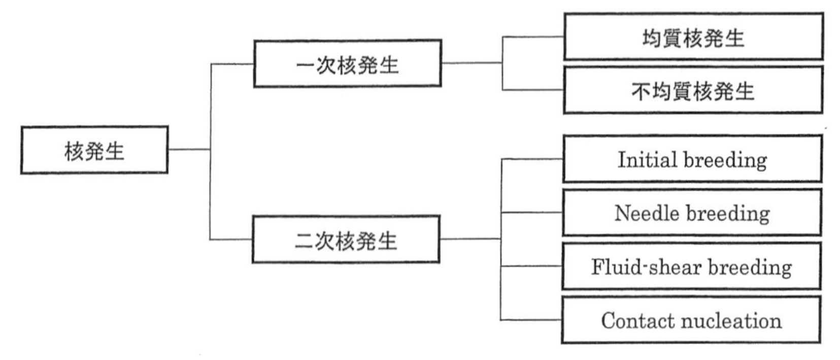

図4-2　核発生の分類

されて核となる二次核発生に分類され、一次核発生は均質核発生、不均質核発生に、二次核発生は誘起の仕方によって、Initial breeding, Needle breeding, Fluid-shear breeding, Contact nucleationに細分される。

一次核発生速度Jは**式4-1**で表される。

$$J = A \cdot \exp\left(\frac{-16\pi\sigma^3\nu^2}{3(kT)^3\ln^2 S}\right) \quad \text{(式4-1)}$$

ここで、Aは頻度因子、σは界面エネルギー、νは固体モル濃度、Sは飽和度（＝C/C_s）、Tは絶対温度、kはボルツマン定数である。

二次核発生速度B^0は$\varDelta C$のn乗、M_tのj乗に比例し、**式4-2**の実験式で表される（理論式は存在しない）。

$$B^0 = k_1(\varDelta C)^n M_t^j \quad \text{(式4-2)}$$

ここで、$\varDelta C$＝は過飽和度、M_tは結晶懸濁密度である。

2）成　　長

拡散モデルと吸着層モデル（Kosselモデル）に大別される。

・拡散モデル

成長が結晶表面への溶質の移動と溶質が結晶表面に組み込まれる表面集積からなるとするモデルである。結晶成長速度R_mは$(C-C_s)$のg乗に比例し、総括成長速度係数Kを用いて**式4-3**で表される（**図4-3**参照）。

図中、Cは溶液濃度、C_iは結晶表面の溶質濃度、C_sは飽和濃度（溶解度）である。

$$R_m = K(C-C_s)^g \quad \text{(式4-3)}$$

・吸着層モデル（Kosselモデル）

図4-4に示すように、テラスに吸着した溶質（もしくは溶質の凝集体）

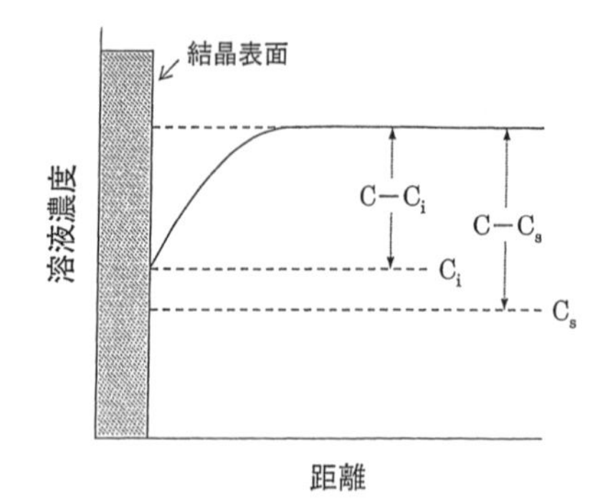

図4-3　拡散モデル

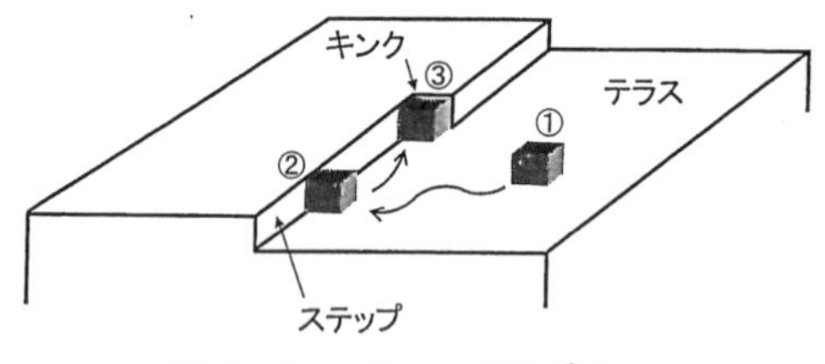

図4-4　Kosselモデル

はテラス上を表面拡散しながら結合エネルギーの差異に基づきステップに移動し、さらにキンクに移動する。つまり、表面形成はテラスへの吸着、テラスからステップさらにキンクへの吸着によるキンクの前進、ステップの完成と前進、分子層の完成、表面二次元核の形成という逐次過程からなる。ところが、ステップ上のキンクに分子が組み込まれてステップが前進し、結晶面の端まで移動すると、それ以上、結晶は成長できなくなる。これを避けるために、らせん転移によってステップが前進し成長するとするBCF理論が提案されている。

4.3　不純物の取り込みおよびその制御

不純物の結晶中への取り込み機構には2種類あり、その一つは結晶格子の中に他の成分が取り込まれる場合で、これは両者の結晶学的特性が近似していることに起因するために、晶析条件を選定することによって取り込みを抑制することは困難である。もう一つの取り込み機構は結晶成長過程において表面荒れが起こり、結晶中に空孔ができ、その中に母液や不純物が取り込まれるものである。以下、不純物の結晶への取り込み機構について述べる[2)]。

4．3．1　不純物吸着によるステップ形態の変化

結晶表面におけるステップの高さはKosselモデルに示されているように均一ではなく、数Å～数十Åの凸凹のあるステップで構成されているものと考えられる。しかし、ステップ高さとして数百Å～数千Åのような値が得られており、このように高くなったものをマクロステップと呼んでいるが、その成因としてステップに不純物が吸着されることにより成長が抑制されて、マクロステップが形成される機構が考えられている。**図4-5**(a)のようなステップ列による成長を考える場合、右側の低いステップほどその形成時期が早いので、溶液との接触時間が長く、溶存する不純物の吸着量も多くなる。その結果としてステップの成長速度が低下し、(b)のようにステップが重畳してマクロステップが形成されることになる。マクロステップの形成は結晶表面の荒れをもたらすので、母液の取り込みが起こりやすくなる。

不純物のステップ吸着によって起こるもう一つの現象は(c)のようなオーバーハングであるが、これは溶液中の不純物が特定のステップに集

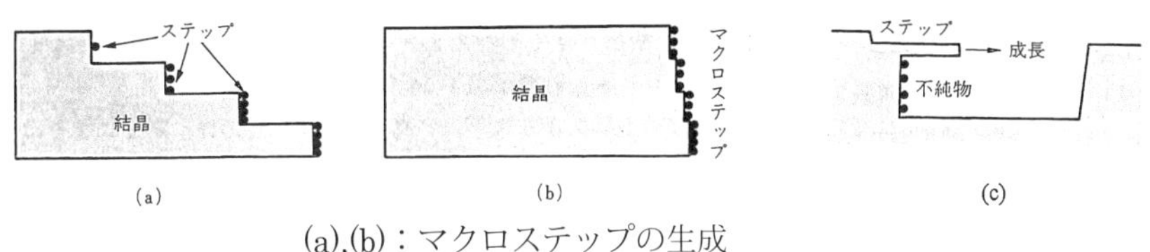

(a),(b)：マクロステップの生成
(c)：オーバーハングによる母液取り込み

図4-5　不純物のステップ形成に及ぼす影響

中的に吸着されることにより成長が止まって空隙ができ、その中に母液が多量に取り込まれることによって起こる。オーバーハング現象は精製晶析における最大の問題点である。

4.3.2　不純物の結晶表面への吸着

不純物が結晶表面に吸着すると、成長単位が吸着される有効表面積の減少により、成長単位のステップへの移動速度も低下して成長速度が低下する。しかし、不純物と結晶との相互作用は弱いので、ステップ、キンクに移動してより強固な吸着状態になるか、または溶液中に離脱するので、結晶表面に吸着された状態で不純物が結晶中に取り込まれることはない。

ステップに吸着されるとその部分の成長が止まるのでステップの形状は**図4-6**のように変化するが、ab間の距離が大きいと不純物の影響が小さく、aの不純物は結晶中に取り込まれる。be間は不純物濃度が高く不純物間の距離が短いためにステップ表面は半円形状になり、成長速度も低下する。不純物間の距離がもっと狭くなるとステップの成長は停止する。

キンクは結晶表面上で最も活性をもっているので不純物が吸着されやすい。不純物がキンクに吸着されると脱着されにくいので、結晶中の不純物量が増えるとともに表面荒れによる空孔も生成しやすくなり、このような吸着は結晶純度の観点から好ましくない現象である。

不純物の取り込みが、結晶表面への付着、あるいは結晶表面荒れによ

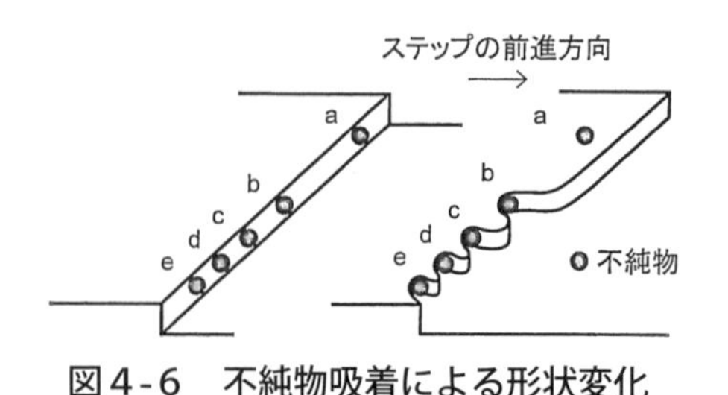

図4-6　不純物吸着による形状変化

る空孔への母液の取り込みにより生じるとすれば、まず母液中の不純物量の低減を図ることが先決である。それには、不純物の構造を解析し、その生成機構を考察し、反応条件を最適化すれば不純物の生成を極力抑制することが可能である。さらに不純物と目的物との物理化学的な性質の差を利用した効率的な分離法を見出し、その上で表面荒れを抑制する操作条件を設定すれば、含まれる不純物量は大幅に低減されるはずである。合成化学者と化学工学者との連携が特に必要な領域である。

4．4　粒径・粒径分布の制御

連続晶析における粒径・粒径分布に関しては、装置設計を含めて数多くの研究がなされ、実績も報告されているので文献を参照されたい[3)]。ここでは回分晶析について述べる。回分式晶析では濃度、温度、過飽和度が時々刻々に変化し、核発生速度、成長速度が複雑に変化するため、粒度分布を制御することは事実上難しいとされている。これは、晶析中に微結晶(二次核)が発生するためであり、種晶を添加して核発生を避ける方法が古くから研究されてきた。例えば、運転中の過飽和度が過大にならないように、析出初期においては低い結晶析出速度に見合うように冷却速度を遅くし、結晶量が多くなった後期には速くして、過飽和度が一定になるように冷却する方法などが提案されている。

一方、十分な種晶を加えることにより冷却速度を制御せずに、晶析操作中に新たな微結晶を発生させずに、種晶のみを成長させ、粒度の揃った結晶を得る方法が久保田らにより提案されている[4)]。これは十分な種晶を添加することにより、結晶総表面積を大きくし、種晶の成長による過飽和度消費速度を速くして、微結晶の発生を防止するものである。**図4-7**に自然冷却法によるカリミョウバンの回分晶析結果を示す。C_sは種晶添加比(理論収量に対する種晶添加量の比)を示し、種晶を十分に添加した場合は、種晶の成長のみが起きている。種晶が少ない場合は双峰性のピークとなり、種晶と二次核の成長がそれぞれ起こっていることを

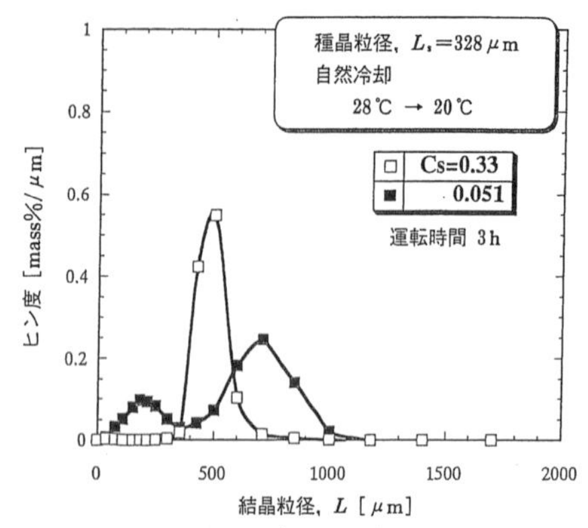

図4-7　カリミョウバンのバッチ晶析における結晶粒度分布に対する種晶添加の効果

示している。種晶添加量を増加させると核発生が全く起こらない(結晶総個数が不変の)製品結晶の体積平均径を与える理想成長曲線に近づき、種晶増加量と溶質の消費量が等しいとすれば物質収支により、**式4-4**が得られる。

$$\frac{L_p}{L_s}=\left(\frac{1+C_s}{C_s}\right)^{1/3} \qquad \text{(式4-4)}$$

ここで、L_pは製品結晶の体積平均径、L_sは種晶の体積平均径、C_sは種晶添加比(理論収量に対する種晶添加量の比)である。

理想成長曲線と一致する時の種晶添加比を臨界シード比C_s^*とすると、$C_s \geqq C_s^*$の条件を満たす種晶量を添加すれば、**式4-4**を用いて製品粒径を制御することができる。

冷却晶析法以外に、pH調整法、濃縮法、貧溶媒添加法など、種々の晶析法が適切にプロセス内に用いられているが、これらの晶析法に関する粒径制御法としては、製品粒径に及ぼす撹拌速度、撹拌翼形状などの操作因子の影響を装置容量を変化させて定量的に検討し、スケールアップ因子を決定して粒径制御が行われるのが一般的である。FBRM(インライン式粒度分布•粒子数モニタリングシステム)、NIR(近赤外分析計)

などの測定機器を用いて粒径・粒径分布や溶液濃度をin lineで測定しながら、操作条件の最適化も行われている。

4．5　結晶多形の制御

結晶多形とは同一化合物でありながら分子配列の異なるもので、溶媒分子を含む溶媒和物は擬似多形と呼び、これらの結晶多形が現れる現象を総じて結晶多形現象と呼ぶ。これらの多形は、密度、融点、溶解度や結晶形状(晶癖)、バイオアベイラビリティ、固体状態での安定性、吸湿性などが異なり、各結晶形の自由エネルギーの違いにより、準安定形から安定形への転移が起きる。溶媒媒介転移は晶析中に析出した準安定形が撹拌中に溶解度の低い安定形に転移する現象で、溶液濃度と安定形の溶解度差(過飽和度)が推進力となる。

多形を制御するには、まず晶析操作の基本となる溶解度線図(相図)を作成する必要がある。２多形系を例にとると、**図4-8**に示すように、一方の溶解度が常に低く、安定形である場合(単変系)と、ある温度を境に溶解度曲線が交差し、安定形が入れ替わる場合(互変系)がある。同じ溶質に対して溶媒や混合溶媒の組成比率が変わることで単変系と互変系が入れ替わったり、交点が大きくシフトしたりすることもある。

曲線に挟まれた部分での溶解度領域では、準安定形にとっては未飽和

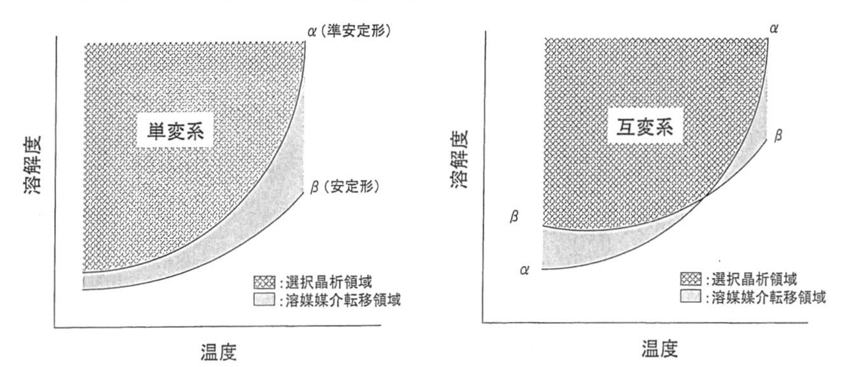

図4-8　多形の溶解度曲線と晶析操作の領域

であるが、安定形にとっては過飽和であるため、準安定形の溶解と安定形の核化、成長が同時に起きる。したがって、この領域では溶媒媒介転移が進行する。この溶媒媒介転移の速度は準安定形の溶解と安定形の成長の両速度の相対的大きさによって決まり、析出結晶の粒径、攪拌速度等の影響を受ける。

一方、両方の曲線の上部は選択晶析領域と呼ばれ準安定形と安定形の両方が析出する可能性がある。この領域では過飽和が高いほど準安定形が析出しやすいことが経験的にオストワルドの階段則として知られている。この点について核化速度と成長速度の面から論じられているが、ここでは核化速度の面から述べる。詳細は文献を参照されたい[5)]。

核発生速度Jは**式4-1**で表されるので、

$\frac{16\pi\nu^2}{3(kT)^3}=B$ とすれば、**式4-1**は**式4-5**で表される。

$$J=A\exp\left(-\frac{B\sigma^3}{\ln^2 S}\right) \tag{式4-5}$$

多形（準安定形α、安定形βとする）のA、Bが同一としてα、βの核発生速度の比をとると、

$$\frac{J_\alpha}{J_\beta}=\exp\left[B\left(\frac{\sigma_\beta{}^3}{\ln^2 S_\beta}-\frac{\sigma_\alpha{}^3}{\ln^2 S_\alpha}\right)\right] \tag{式4-6}$$

$C_{s,\alpha}/C_{s,\beta}=\zeta$、$\sigma_\beta/\sigma_\alpha=\psi$とおくと

$$\frac{J_\alpha}{J_\beta}=\exp\left[B\sigma_\alpha{}^3\left(\frac{\psi^3}{(\ln S_\alpha+\ln\zeta)^2}-\frac{1}{\ln^2 S_\alpha}\right)\right] \tag{式4-7}$$

ここで、$\zeta>1$、また一般によく溶ける結晶のσは小さい（$\sigma_\beta>\sigma_\alpha$）ので$\psi>1$である。**式4-7**から飽和度が充分高い領域では、ψ支配でJ_αが大きくなり、また、S_α（>1）が十分小さい領域ではζ支配でJ_βが大きくなることが分かる。すなわち、核化は飽和度と界面エネルギーとの相反する効果の結果として起こり、低飽和度では飽和度の影響が大きくなるため安定形が、高飽和度では界面エネルギーの影響が大きくなるため準安定形が析出しやすくなる。これはオストワルドの段階則とし

て知られ、エネルギー的に不利なものから析出し、段階的に安定形に転移していく。トリアルキルウレアの析出結晶形と飽和度との関係を**図4-9**に示す[6]。オストワルドの階段則に従い、高飽和度では不安定形Cが、中程度の飽和度では準安定形Bが、より飽和度の低い領域では安定形Aが析出している。

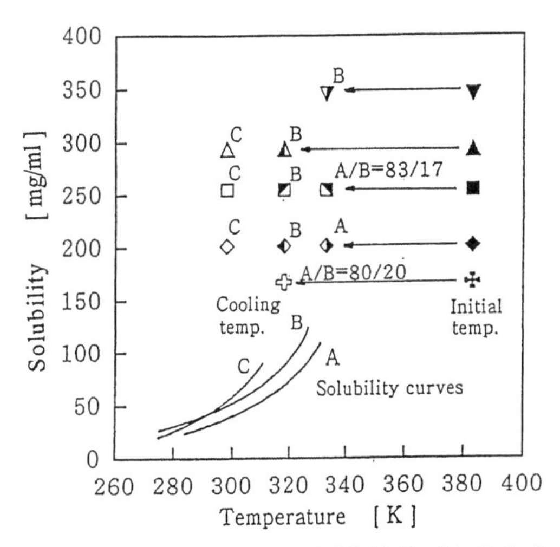

図4-9　トリアルキルウレアの析出結晶形と飽和度の関係

しかし、高飽和度で準安定形が析出せず、いきなり安定形が析出する場合もあり、オストワルド階段則に従わない例もみられる。そこで、溶液中での溶質挙動を分子レベルで解析し多形の析出挙動を解明しようとする新たな研究が大嶋らによってなされている[7]。

p-アセトアニシジド（PAC）のクロロホルム溶液からの結晶化で、未飽和および過飽和溶液中での分子間相互作用をNMRで明らかにし、**図4-10**に示すPACの結晶状態での分子配置との比較がなされた。**図4-10**の結晶構造において、各原子間の距離に注目すると、水素Dと酸素F（分子間水素結合）、水素Aと水素E、水素Aと水素Bとの結合距離が近接している。溶液中での水素A、D、Eのケミカルシフトを**図4-11**に示す。水素Dのケミカルシフトが濃度とともに未飽和から過飽和にわたり

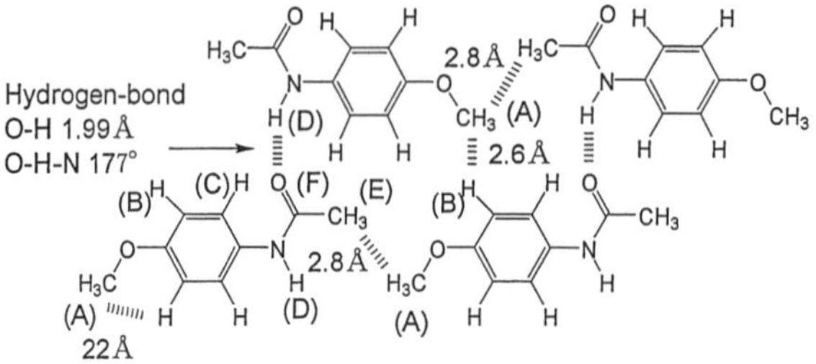

Hydrogen-bond
O-H 1.99Å
O-H-N 177°

図4-10　PACの分子配置

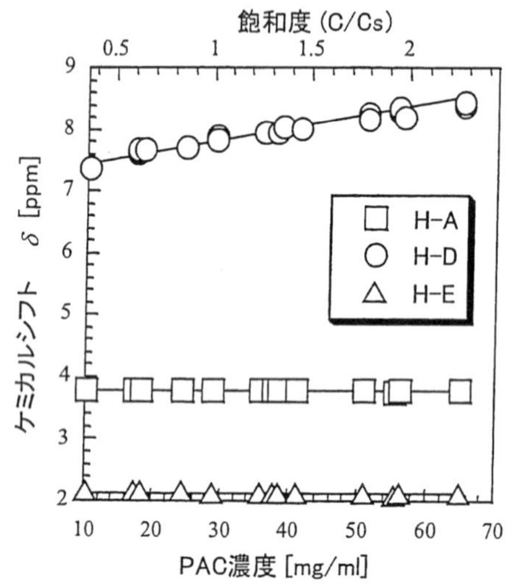

図4-11　ケミカルシフトのPAC濃度依存性

連続的に増加している。水素結合に関与している水素のケミカルシフトは低磁場側へシフトする（ケミカルシフトは大きい値となる）ので、ケミカルシフトが大きくなることは水素Dを介した分子間水素結合の形成を意味し（水素Dと酸素Fの結合距離が短くなる）、過飽和だけでなく未飽和溶液中でも水素結合による会合が進んでいることを示している。

NOEの測定結果を**図4-12**に示す。NOEは二つの水素間距離が4Å以内に接近しているときに検出される。水素BのNOEが、溶質濃度の増大とともに増大し、これは濃度増大とともに分子間で水素Aと水素Bが接近していることを示している。この両水素の接近は結晶構造中でも

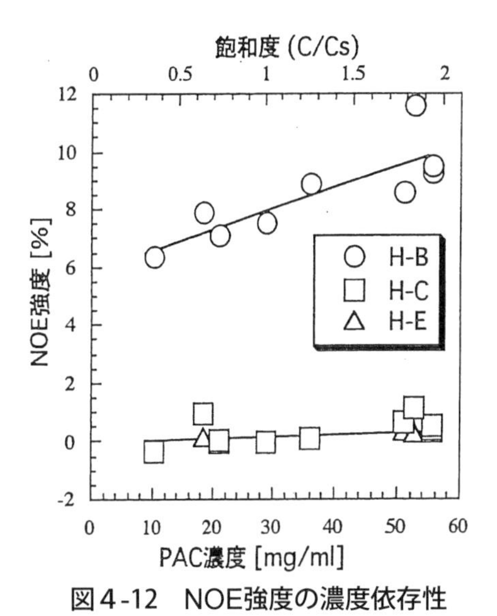

図4-12　NOE強度の濃度依存性

みられている。

緩和時間（溶液中での分子運動が速いほど緩和時間は長くなり、動きにくいほど短くなる）の測定では、すべてのH-H間で濃度の増大とともに緩和時間が減少し、飽和濃度以上でほぼ一定値に達した。この結果は未飽和から飽和までに会合体が形成され、過飽和領域では会合体のさらなる成長は起きていないことを示唆するものである。以上のNMR測定結果から、会合体の構造は結晶中の構造と同一ではないものの類似性は得られている。固相転移ではFT-IRやXRPD等を用いて転移の過程を分子レベルで解明することが古くから行われている[8)]。溶液中での分子のコンフォメーションの解析が進めば析出結晶形の予測が可能となり、その制御に大きく貢献できることから、溶液中での分子構造の分析法と併せて今後の研究が待たれる。

結晶転移は晶析液の撹拌中のみではなく、乾燥中、粉砕中、保管中にも起きるので、得られた結晶の安定性についても評価を行う必要がある。特に保管中に生じる結晶転移は製品価値に結びつくことから、温度・湿度による影響は少なくとも検討しておく必要がある。

4.6 スケールアップにおける結晶形制御・粒径制御

ビーカースケールで確立した操作法を再現性よくプラントで適用できるように、まず、

・制御すべき特性を明確にしておく
・特性の評価法を確立する
・スケールダウンした実験装置を用い、操作パラメータを変化させて特性との関係を明らかにする
・再現性を確認する

以下、溶媒媒介転移の抑制、および粒径制御についてのスケールアップ実験について述べる。他にもケーススタディが報告されているので文献を参照されたい[9)]。

4.6.1 溶媒媒介転移の抑制[10)]

テトラリン誘導体はイソプロピルアルコール水溶液（以下IPA水溶液）から再結晶して製造されるが、晶析液を長時間攪拌すると所望の無水和物のB形晶から0.5水和物のA形晶に転移することが認められた。そこで、DSCの融解熱から多形の検量線を作成し、溶媒媒介転移に及ぼす晶析温度、溶媒組成、攪拌速度の影響を検討し、所望の無水和物であるB形晶を準安定形として製造する操作条件を確立した。

1）転移の解析

図4-13にIPA水溶液中における溶解度を示す。溶解度からA形晶が安定形であった。晶析液の攪拌中に転移が起きることから、1L-円筒型晶析槽を用いてIPA水溶液にテトラリン誘導体を懸濁させ、晶析温度、IPA濃度、攪拌速度を変化させて溶液濃度と結晶形比率を経時的に測定した。**図4-14**に転移の経時変化の一例を示す。

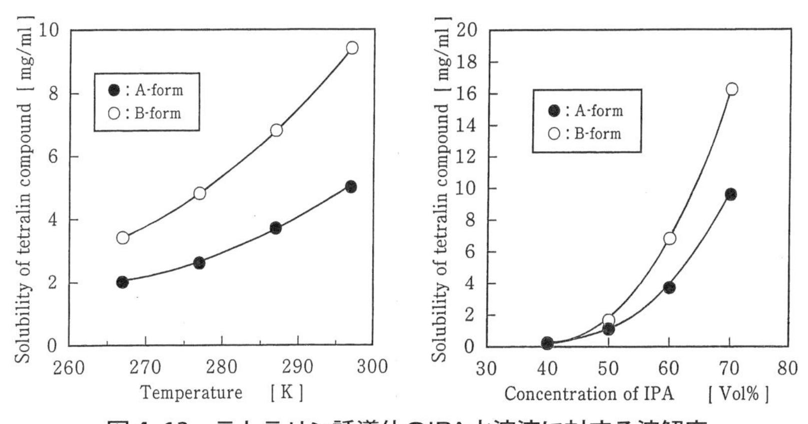

図4-13　テトラリン誘導体のIPA水溶液に対する溶解度

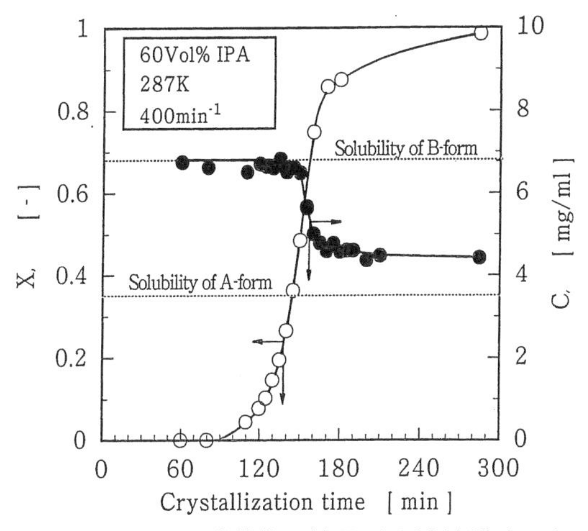

図4-14　テトラリン誘導体の結晶形と溶液濃度の経時変化

転移の解析法として溶液濃度が一定の領域、すなわち過飽和度一定の領域に限定して、A形晶への転移速度式として**式4-8**を適用した。

$$dX/dt = K_0 X^{2/3} \varDelta C^n \qquad \text{（式4-8）}$$

$$X^{1/3} = k(t - \theta) \qquad (k = K_0 \varDelta C^n / 3)$$

$$0 \leqq t \leqq \theta \text{ の場合、} X = 0 \qquad \text{（式4-9）}$$

ここで、Xは懸濁結晶に含まれるA形晶の比率、⊿Cは濃度差（＝溶液濃度－A形晶の溶解度)、tは撹拌時間、θはA形晶が析出するまでの待ち時間である。

tと$X^{1/3}$をプロットした結果を**図4-15**に示す。直線の傾きから転移速度定数kを、t軸との切片からθを求め、kおよびθに及ぼす晶析温度、IPA濃度(IPAと水との組成)、および撹拌速度の影響を調べた。

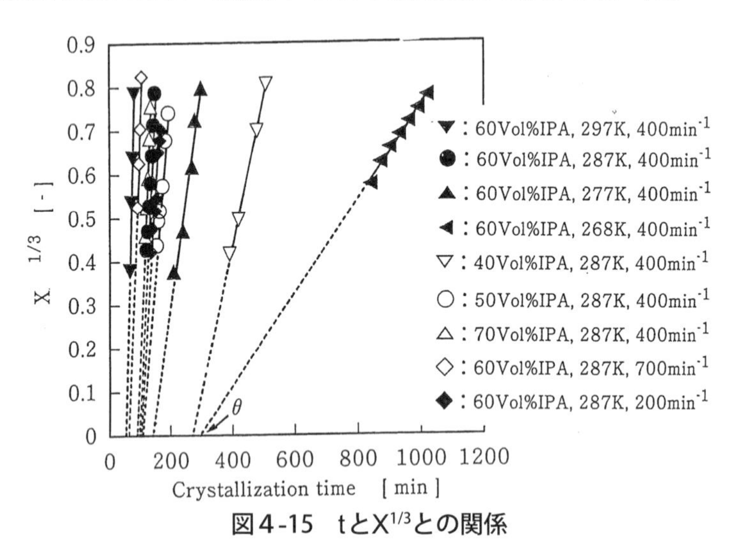

図4-15　tと$X^{1/3}$との関係

2）温度の影響

温度が低いほど転移速度は遅くなり、アレニウスプロットから転移の活性化エネルギーとして73kJ/molが求められた。**図4-16**に待ち時間θと晶析温度TおよびTに対応して変化する過飽和度Sとの関係を示す〔θは**式4-1**において、$\theta=1/J$で表される〕。よい相関性が得られ、**式4-1**が成り立つことを示している。268Kで晶析を行ってもA形が析出する待ち時間は5時間であり、生産スケールで晶析～ろ過までの一連の作業を5時間以内で終了することは難しいと判断し、IPA濃度について検討した。

3）ＩＰＡ濃度の影響

溶解度データから、IPA濃度が低くなると、B形晶、A形晶との溶解

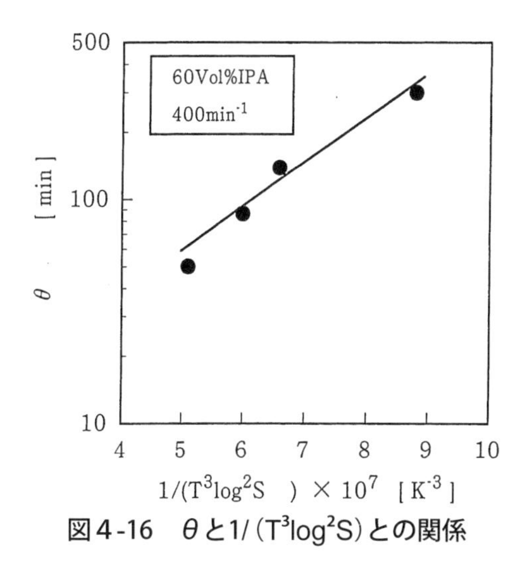

図4-16　θと1/(T³log²S)との関係

度差が小さくなるので、kは小さく、θは長くなると考えられる。種々のIPA濃度における⊿Cとkとのlog-logプロットから、**式4-10**が得られた。

$$k = 8.5 \times 10^{-3} \varDelta C^{0.32} \qquad \text{(式4-10)}$$

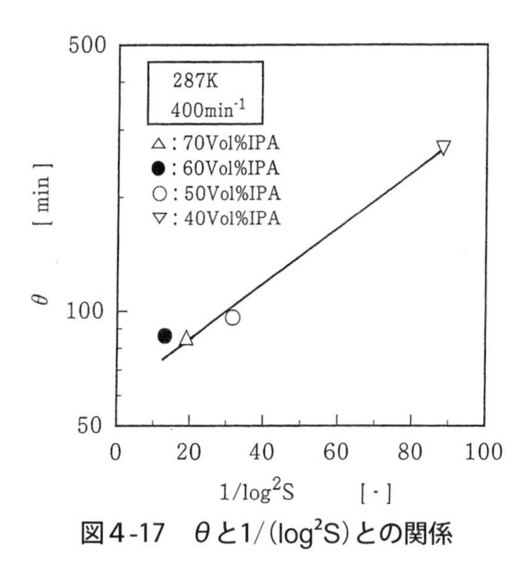

図4-17　θと1/(log²S)との関係

さらに、待ち時間θと過飽和度Sとの関係を**図4-17**に示す。IPA濃度を低くすれば、Sが小さくなり、転移が抑制され待ち時間も長くなるが、IPA濃度が60V/V%以下になると不純物の除去効果が低下したので、IPA濃度は60V/V%に設定した。

4）撹拌の影響

撹拌速度の影響を**図4-18**に示す。k（転移速度定数）は撹拌速度の増加により増大しているが、これはB形晶の溶解速度およびA形晶の析出速度が促進されたためと考えられる。θ（A形晶析出待ち時間）は200rpm以上でほぼ一定であったが、撹拌を停止した場合、A形晶への転移率は287K、4～5時間後で0%、6時間後で12%、277K、24時間後で0%と著しく抑制された。これは撹拌を停止するとB形晶の溶解速度およびA形晶の核発生が著しく抑制されたためと考えられ、撹拌の停止は溶媒媒介転移を抑制する重要な操作因子であることが明らかになった。

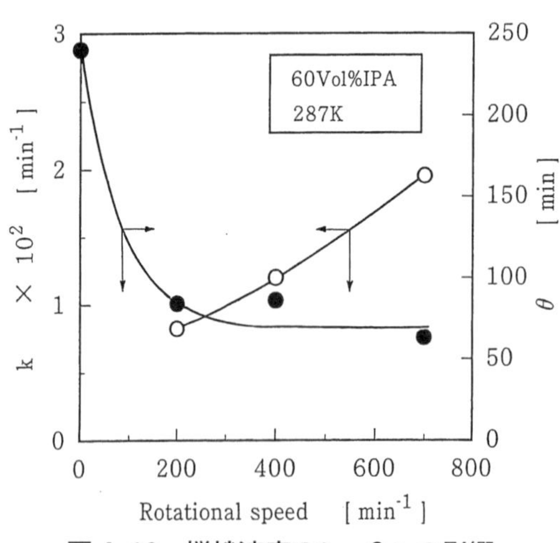

図4-18　撹拌速度のk、θへの影響

5）スケールアップ実験

以上の結果、スケールアップを行うための晶析条件を下記のように設定し、500Lスケールでパイロット実験を行った結果、再現性よくB形晶を製造することができた。

晶析温度；273〜278K

IPA濃度；60V/V%-IPA水溶液

撹拌時間；IPA-水を加えて30分撹拌後静置

4.6.2　粒径コントロール[11)]

フォスミドマイシン（FMM）は水にのみ可溶で、ほとんどの有機溶媒に不溶な化合物である。本剤は無菌状態で製造した原薬を粉砕せずに、そのままバイアルに粉末充填する製剤化法が採択されたので、粒径・粒径分布を制御するためのスケールアップ因子を設定した。

1）晶析法の開発

FMMのエタノール水溶液を種晶が懸濁しているエタノール中に還流下滴下してFMMを結晶化させる晶析法を開発した。FMMのエタノール水溶液をエタノール中に滴下すると、分散オイルとなり、そのオイルに種晶が付着し、1〜2分後には結晶化した。FMM水溶液の滴下時間は器壁への付着状態から1時間とした。得られた結晶は純度が高く、流動性に優れ、吸湿性のない結晶であったが、10〜30μmの一次粒子からなる200〜600μmの凝集晶を形成し、撹拌状態によって粒径が大きくばらついたので、粉末充填精度のよい粒径・粒径分布に制御するため、スケールアップ因子の検討を行った。

2）粒子径制御のためのスケールアップ因子の選定

5L晶析槽を用いて撹拌翼（櫂型）形状（d/D＝0.3〜0.6、ϕ＝45〜90°）、回転数（100〜600rpm）、仕込み量を変化させて実験を行った。さらにパイロット室内の200L晶析槽を用いて撹拌数を変化させて実験を行った。得られた結晶は篩分けして、Rosin-Rammler分布式を用いて重量基準の粒径分布関数を求め、粒径分布関数の最大頻度である

Max・$f(D_p)$値、およびそのときの粒径を代表粒径D_pとして結晶特性を表す指標とした。

５L晶析槽での実験結果の代表例を**図4-19**に示した。Run1,2,3,4は撹拌数を変化させた結果で、撹拌数の増加によりD_pは小さくなった。Run5は仕込み量をRun4の1.5倍（溶液量が1.5倍）とした結果で、Run4のほうが単位容量当たりの撹拌エネルギーが大きいので、D_pは小さくなった。Run13はRun３と同一条件で晶析を行った後、さらに撹拌を１時間継続した結果である。晶析後の撹拌時間を長くすると結晶粒子の破砕が進み、粒径・粒径分布は大きな影響を受けた。この結果から、すべての実験はFMMエタノール水溶液の滴下からろ過までの撹拌時間を2.25時間に設定して行った。

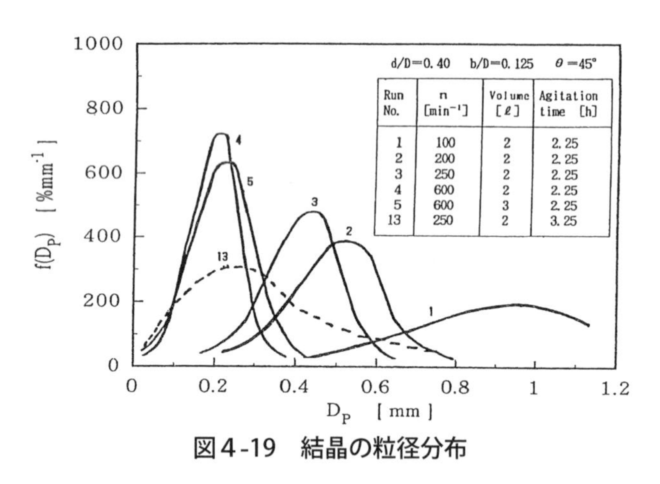

図4-19　結晶の粒径分布

粒径に関するスケールアップ因子

単位体積積当りの撹拌所要動力n^3d^5/Vと代表粒径D_pをプロットしたのが**図4-20**である。撹拌翼の形状、装置容量によらず、よい直線性が得られ、**式4-11**が求められた。

$$D_p = 0.20 \times (n^3d^5/V)^{-0.21} \qquad \text{(式4-11)}$$

ここで、nは回転数、dは撹拌翼径、Vは晶析液量である。

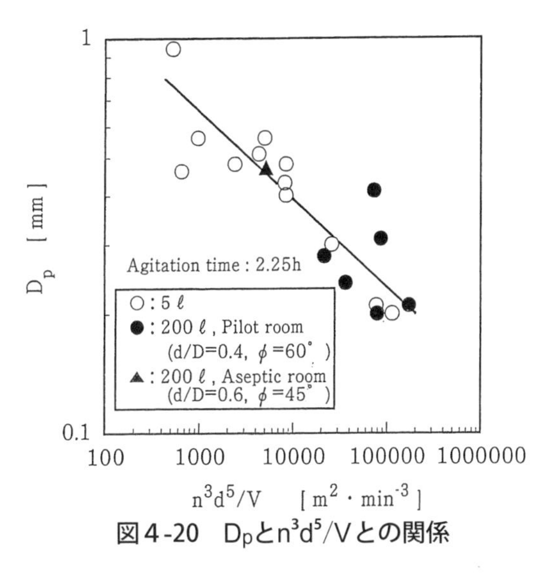

図4-20　D_pとn^3d^5/Vとの関係

粒径分布に関するスケールアップ因子

単位時間当たりの流体の平均循環回数nd^3/VとMax・f(D_p)をプロットしたのが**図4-21**である。撹拌翼の形状、装置容量によらず、よい直

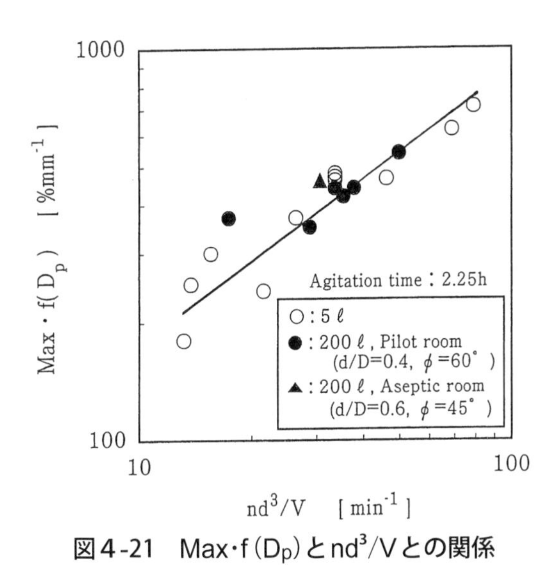

図4-21　Max・f(D_p)とnd^3/Vとの関係

線性が得られ、**式4-12**が求められた。

$$\mathrm{Max}\cdot f(D_p)=614\times(nd^3/V)^{0.66} \qquad \text{(式4-12)}$$

上記スケールアップ因子に基づき、無菌室内の200L晶析槽（d/D＝0.6、ϕ＝45°）で晶析実験を行った結果、**図4-20、21**にプロットしたように**式4-11、12**の適用性が確認された。

おわりに

筆者は長期にわたり医薬品の製造プロセス開発に従事してきた経験から、晶析操作は合成技術と分離技術の融合、すなわち合成化学者と化学工学者が協同して、はじめて付加価値のある製品の晶析法が創製されると確信している。皆様の今後の晶析研究でなんらかのお役に立てれば幸甚です。

4.7　アスパルテームの工業晶析プロセス

4.7.1　はじめに

本節では、晶析対象物質の特異的な物性を利用した工業化の成功例として、アスパルテームの晶析について紹介する。

アスパルテーム[12]（aspartame、構造式を**図4-22**に示す、以下APM

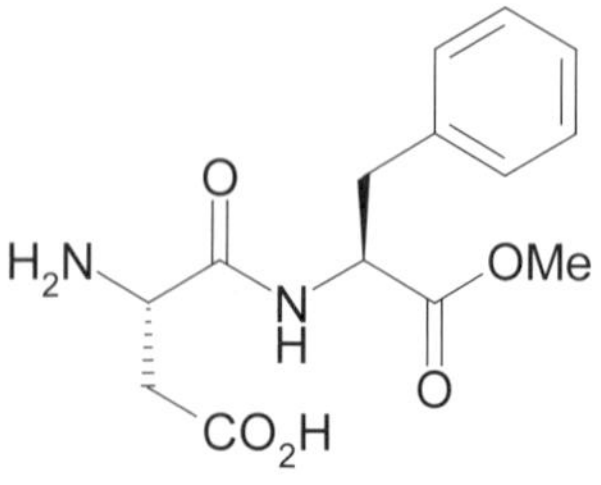

図4-22　アスパルテームの化学構造式

と称する）は、化学名をα-L-Aspartyl-L-phenylalanine methyl esterといい、動植物中のタンパク質を構成している約20種類のアミノ酸のうちL-アスパラギン酸とL-フェニルアラニンからなるもので、砂糖の約200倍の甘味を有する。現在は低カロリー飲料・食品の原料として、広範な用途で使用されている。

APMは晶析分離で得られた結晶を乾燥させることにより得られる。国内では1969年に製法検討が開始され、1974年に最初のコマーシャルプラントが稼働したが、そこでのAPMの晶析は一般的な撹拌槽を用いて撹拌条件下で行われており、微細晶析出によるスケーリングや分離・乾燥負荷の増大などの問題に悩まされた。これらの問題はパイロットプラント運転時に顕在化していたが、種々の条件検討にも関わらず根本的解決に至っていなかった。

その頃すでに、撹拌を行わない晶析、すなわち「静置晶析」を行ったときだけ大きな結晶が得られることが分かっていたが、それが「束状晶」と命名された特異な結晶形態を有し撹拌条件下ではその形態の結晶は得られないことが判明したことにより、静置晶析の工業化検討が本格的に推進され、1982年の量産用コマーシャルプラントにて実現するに至った。以下その技術内容と工業化実現までの検討経緯について述べる。

4.7.2　技術内容

1）束状晶の特異性

撹拌下で大きい結晶を得るために、結晶成長の原理に基づいて基礎データをとり、さらに一般的に知られている手法を応用して、緩やかな冷却速度、様々な過飽和生成法、媒晶剤添加等を試みたが、どれもうまくはいかなかった。ただ一つの例外は実験室で静置晶析を行った場合であった。

そこで静置晶析により得られた大きな結晶を種晶に用いて、撹拌下で結晶成長実験を行った。APM低過飽和溶液をゆっくりと撹拌しながら種晶を添加した。しかし、それらは数時間後には半径方向に成長するところか、すべて縦軸方向にばらばらに壊れてしまった。さらに、固定層・分級層を用いた結晶成長実験でも同様の結果となった。

このように、静置下で得られるAPM結晶は、一種の異常な結晶成長現象によるものと考えられ、前述した通り、「束状晶」と命名されたその特徴的な形態(**写真4-1**)を有するものである。

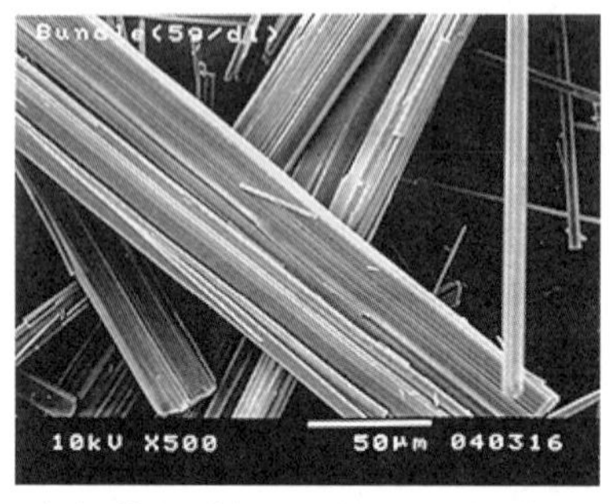

（A）静置晶析により得られた「束状晶」　（B）撹拌晶析により得られた「針状晶」

写真4-1　アスパルテーム結晶の電子顕微鏡写真

さらに、X線回析実験を行った結果、回析データにすべて二重のスポットが見い出された。このことは、束状晶は単なる凝集物でも単結晶でもないことを意味する。つまり、結晶格子は、同じ平面上の多くの方向にランダムに向いているのではなく、むしろ互いに相反する方向性を持つ２つの結晶格子からなると考えられる[13),14)]。

2）工業的静置晶析プロセスの開発

① 冷却理論の適用性、残存過飽和の程度および取得結晶の均質性の確認

束状晶の発見により、大きなAPM結晶は静置晶析によってのみ得られるという結論に至り、工業的量産を前提とした静置晶析プロセスの開発に着手した。

しかしながら、APMの場合、静置晶析を行うと溶液中わずか数%という溶質濃度であるにもかかわらず、析出結晶の絡み合いによって全体

がシャーベット状に固まってしまうという特性がある。このため、静置晶析法を工業化しようとした場合、まず、撹拌がないための速やかな冷却の困難性、残存過飽和の程度および冷却速度の不均一による生成結晶の不均一が懸念された。

そこで、**図4-23**に示す実験装置を用いて基礎検討を行った。冷却は、容器を氷水に浸漬して行った。さらに**図4-23**には、晶析時のAPM溶液の温度の時間依存性プロファイルも示した。**図4-23**より、冷却速度は時間および場所により一定ではないが、溶液の冷却工程は伝導伝熱支配であることが分かる。したがって、操作条件、つまり被冷却液と伝熱面

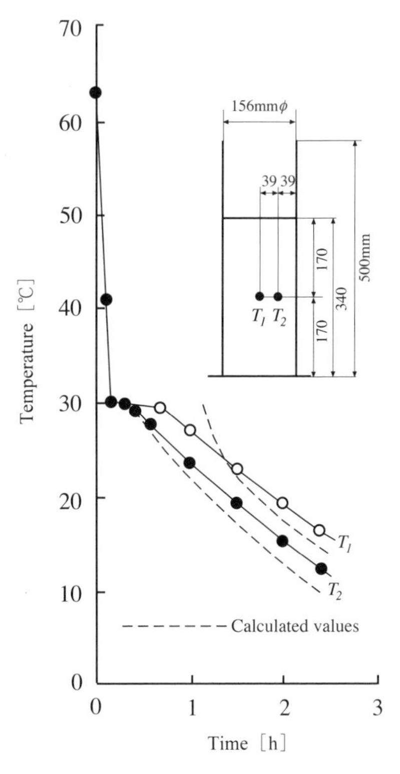

注　点線で示された計算値は、Gurney-Lurieのチャート[16)]より計算

図4-23　アスパルテーム溶液（濃度44g/L）**中の温度の時間依存性プロファイル**

との最大距離、フィード液の濃度、冷媒の温度および冷却時間が決まれば、シャーベット状疑似固相(以下、単にシャーベットとする。)を解砕した後のスラリーの平均温度は理論的に計算が可能である。そこで、スケールアップに際しては、伝熱面積を増やし、被冷却液と伝熱面との最大距離をできるだけ小さくすることにより冷却の問題を解決できると判断した。さらにこの実験によりAPMの特性として、撹拌を行わないにもかかわらず残存過飽和が小さいことおよび取得結晶も均質であるということが確認され、工業晶析法としての可能性が立証された。

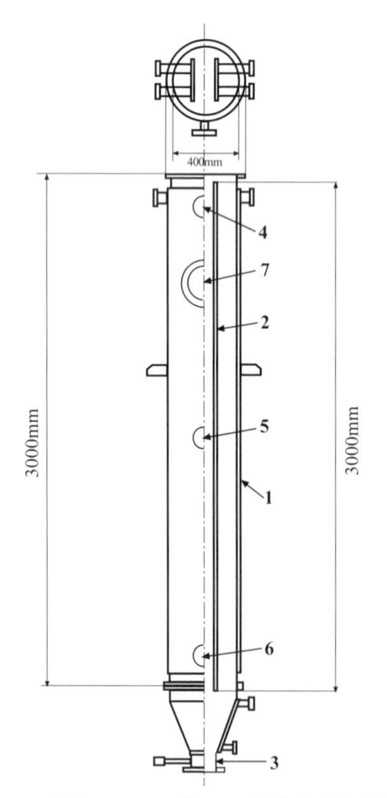

1．ジャケット
2．内部冷却板
3．排出バルブ
4．温度計-1
5．温度計-2
6．温度計-3
7．サイトガラス

図4-24　バッチ式静置晶析装置の概略図

② 晶析装置からシャーベットの排出性検討

静置晶析により形成されるシャーベットは、例えばビーカー内で生じると、容器を逆さにしても落ちてこない程に強固であり、工業的生産に向けての次の課題は晶析装置からのシャーベットの排出性の検討であった。

図4-24に示すような、冷却用ジャケットと内部冷却板を有する円筒形の実験装置を用いて検討を実施した。徐々にスケールアップしていったところ、シャーベットはある大きさ以上になると晶析装置から自重で排出でき、伝熱面への結晶の固着が全くなく、さらにシャーベットは排出されると同時に自動的にスラリーに変わってしまい、機械的な破壊や撹拌を行う必要がないことも明らかとなった。

③ 静置晶析と撹拌晶析の生産性比較

APM工業晶析プロセスの概略図を**図4-25**に示す。静置晶析法を工業プラントに採用することにより、撹拌晶析法と比較して、晶析装置内の

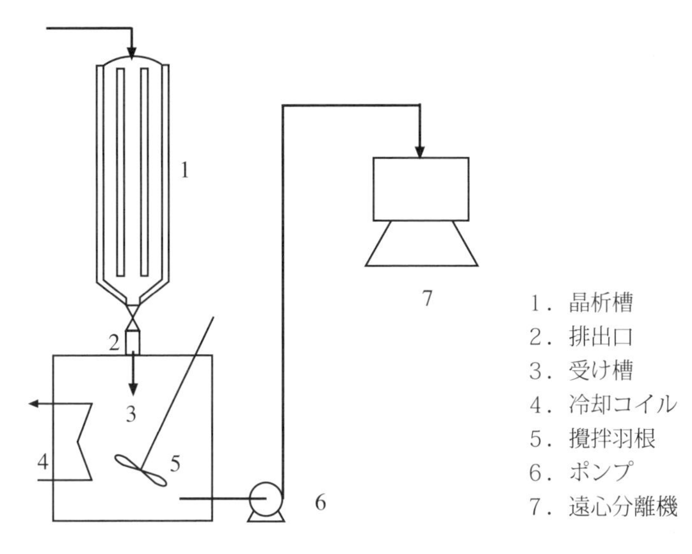

図4-25　工業プラントにおけるアスパルテーム静置晶析プロセスの概略図

スケーリングを回避することができ、さらに分離負荷が1/10に、乾燥負荷も1/3に激減し、大幅な投資削減と作業性の改善を実現した。

また粉体物性についても、束状晶は従来の撹拌下で得られた結晶に比べ、比容が約半分、溶解速度が1/3程度と、生産性のみならず品質の大幅な改善をもたらしたのである。

3）おわりに

本晶析プロセスは1982年の量産プラントへの導入後、大きなトラブルもなく順調に運転が行われている。今日では年間数千トン規模での生産が行われており、本プロセスは、低コストでの高品質製品の安定生産に大きく寄与している。

系の特性を応用した新しい晶析操作として、詳細な技術内容は国内外の学会でも発表されている[13)～15)]。今後もこのような新技術の工業化により工業技術と産業の発展に寄与すべく、鋭意努力していく所存である。

参考文献

1）久保田徳昭, 松岡正邦共著. 分かり易い晶析操作. 分離技術会, **2003**, p.9-29.；第16回実践化学工学講座. 化学工学関西支部編. **2010**, p.113-130.

2）中井資. 晶析工学. 培風館, **1986**, p.105-171

3）日本粉体工業技術協会晶析分科会編. 晶析プロセス・装置設計理論の応用と実践. 化学工業社, **2001**, p.1-110.

4）新版工業晶析操作. 分離技術会編. 分離技術会, **2006**, p.1-15.；N.Doki; N. Kubota; M.Yokota. *J.Chem.Eng.Japan*, **2002**, *35*, p.1078-1082.

5）山本英二, 原納淑郎. 分離技術. **1995**, *25*(5), p.381-386.

6）加々良耕二, 家田成, 安田広宣, 生島宗治, 五島俊介. 化学工学論文集. **1995**, *21*, p.257-263.

7）A. Saito; K. Igarashi; M. Azuma and H.Ooshima. *J. Chem. Eng.*,

Japan. **2002**, *35*, p.1133-1139.；松岡正邦監修. 結晶多形の最新技術と応用展開. シーエムシー, **2005**, p.150-163.

8）大塚誠, 金庭延慶. 粉体工学会誌, **1986**, *23*, p.63-67.

9）久保田徳昭. 分かり易い貧溶媒晶析. 分離技術会, **2013**；分離技術, **2006**, *36*（1）, p.2-36; ibid, **2012**, *42*（6）, p.2-29; ibid, **2013**, *43*（1）, p.8-41；ibid, **2013**, *43*（6）, p.22-27；ibid, **2014**, *44*（1）, p.3-37.

10）加々良耕二, 町谷晃司, 高須賀清明, 河合伸高. 化学工学論文集. **1995**, *21*, p.437-443.

11）加々良耕二, 山崎広志, 矢澤久豊. 化学工学論文集. **1994**, *20*, p.604-609.

12）例えば、湯川利秀. 化学工学. **1995**, *36*（6）, p.435；L. O. Nabors *et al*. "Alternative Sweeteners". New York, *Marcel Dekker Inc.*, **1986**；岸本信一. 化学工学, **1994**, *58*（7）, p.519.

13）S. Kishimoto et al. *Chem. Ind.*, **1998**-Feb., *16*, p.127.

14）S. Kishimoto et al. "Industrial Crystallization '87". *Etsevier, Amsterdam*. **1989**, p.511

15）S. Kishimoto et al. *J. Chem. Tech. Biotechnol.* **1988**, *43*, p.71.

16）Gurney, H. P. & Lurie, J., *Ind. Eng. Chem.* **1923**, *15*, p.1170.

第5章

ろ過

5.1　ろ過の目的

医薬原薬、中間体の製造プロセスでのケーキろ過操作は、①反応・後処理後の溶液中の粕取りろ過、②活性炭処理後の活性炭ろ過、③中間体・製品ケーキのろ過が行われている。別途、溶液中の微細異物を除去するためにカートリッジフィルター、メンブレンフィルターを使用した清浄ろ過も行われている。

5.2　ろ過の方法

機械的分離はろ過式と沈降式に分類され、ろ過式は遠心式、加圧式、減圧式、重力式がありファインケミカルプロセスで多く使用されている。また、沈降式は磁気式、静電気式、遠心式、重力式があり、遠心式は微細物質の分離に使用されている。

5.3　ろ過機の種類と運転上の留意点

遠心、加圧、減圧ろ過ともバッチ式・連続式のろ過機がある。ここでは、バッチ式ろ過機について説明する。

5.3.1　遠心ろ過機

遠心ろ過機は竪型（上排式、底排式）、横型（ケーキ掻き取り式、ろ布反転式）が使用されている。

1）竪型遠心ろ過機

＜上排式＞

バスケットにスラリーを供給すればトラブルもなく容易にろ過できる。ろ過後、湿潤ケーキを人手で取り出すことになり、ケーキに可燃性溶媒が含有されている場合は、着火の危険性があるので避けるべきである。空気輸送で湿潤ケーキを安全に排出する方法もあるので、安全な取出し方法を選択する必要がある。

<底排式>

・スラリー供給時にケーキの片付き、振動、液だれ、洗浄不足など多くのトラブルが発生するので、これらが発生しないような運転を行う必要がある。排出した湿潤ケーキは直接ハンドリングすることなく、可燃性溶媒を乾燥した後乾燥粉体として排出される。

・ケーキのろ過面への貼り付けは、重力の影響で大きな結晶は下部に多く付き、微細な結晶は上部に付くことが多い。このことで、ケーキの洗浄ムラが発生することがある。

・底排式の掻き取り残ケーキの剥離方法は加圧窒素噴射、ろ床掻き取り機(レジスタンスリムーバーなど)、および、ろ床掻き取り機+加圧窒素噴射でほとんどの残ケーキは剥離させることができる。

2）横型遠心分離機

・バスケットは片持ちであり、ろ過機の種類、運転方法によっては振動が発生することがあるので注意が必要である。

・ケーキのろ過面への貼り付けは重力に影響がなく均一に付けることができるため、洗浄効果も竪型に比較し良好に行われる。

・掻き取り式遠心ろ過機の残ケーキの剥離方法は、バスケット内およびバスケット背面側から加圧窒素噴射で残ケーキを剥離させる方式があるが、ろ過性が悪い場合、残ケーキが剥離できない場合がある。メーカーによりろ床掻取り機(スクリュー)が設置されたろ過機があるので比較されたい。ろ布反転式ろ過機は、ろ布面にケーキが残存しないため繰り返しろ過でろ布面でのろ過性低下の心配がない。

5．3．2　加圧ろ過機

ヌッチェ式の無撹拌式、撹拌式ろ過機が使用されている。

・原液ろ過後に液切れすることでケーキの割れが発生する。ケーキ割れが発生すると、無攪拌ろ過機は洗浄液が割れた部分をショートパスするため洗浄不良が発生する。給液ろ過後液切れさせないで洗浄を行うとケーキ割れが防止できる。
・攪拌式はろ過後湿潤ケーキを乾燥後とり出すことができるために、製品ろ過に多く使用されている。
・可燃性溶剤を含有する湿潤ケーキの排出時に有機溶媒に引火する危険性があるので、窒素シール下または安全な溶媒に置換してから排出することが望ましい。
・乾燥ケーキの排出は、粉体の物性（最小発火エネルギーが低い、微量の溶媒を含むなど）によっては着火する危険性がある。
・ろ過乾燥後の残ケーキが残存した状態でろ過操作を行うとろ過性が低下することがあるので、事前に確認しておくことが望ましい。

5．3．3　減圧ろ過機

ほとんどの減圧ろ過機は、空気を吸い込む可能性があるため可燃性溶媒のろ過に使用されていない。水溶媒系では回分、連続とも多く使用されている。

5．4　ろ過操作の種類[1)]

5．4．1　デッドエンドろ過とクロスフローろ過

1）デッドエンド（行き止まり）ろ過

ファインケミカルプロセスで行われている中間体・製品ろ過がデッドエンドろ過である。スラリーをろ材面に垂直に流し、液をろ材面を通してろ液として抜き出し、ろ過面でケーキを捕捉するろ過である。

2）クロスフローろ過

精密ろ過で多く使用されている。ろ材面に対して平行な流れと垂直な流れがあり、この二つの流れ方向がクロスしていることから、そのように呼ばれている。デッドエンドろ過にはないろ材面との平行な流れによって、ろ材上の粒子が掻き取られてろ材が目詰まりにくいという特徴がある。

クロスフローろ過におけるろ材に垂直な流れが透過液となり、ろ材面と平行な流れが循環流となる。循環液中で粒子が濃縮されていく。

図5-1に両者における流れを示す。

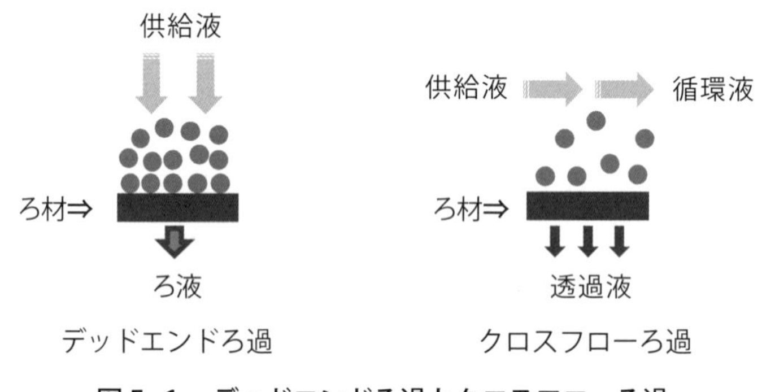

図5-1　デッドエンドろ過とクロスフローろ過

5.4.2　シングルパスろ過と循環ろ過

1）シングルパスろ過

流体を1度だけろ材に通すことによりろ過を行う方法で、例えば、溶液の中の異物のろ過、製品の晶析スラリーろ過などである。

2）循 環 ろ 過

活性炭のろ過、ラジオライトなどろ過面にプリコートする場合、ろ過初期に微細ケーキがろ液側に漏れる。また、溶液中の異物を除去する場合など、ろ液を循環させ、ろ材上にケーキ層を形成させ、ろ過を行う方法である。

5.4.3　バッチろ過と連続ろ過

1）バッチろ過

1回のろ過操作(給液－ろ過－洗浄－脱液－ケーキ排出)が繰り返し行われる。例えば、ヌッチェ型加圧・減圧ろ過、遠心ろ過(竪型底排式・上排式、横型)などである。

2）連続ろ過

遠心式、加圧式、真空式ろ過いずれのろ過でも行われている。ろ過操作が同時にろ過機内で連続的に行われるろ過である。ろ過のポイントは、ろ材の詰まりがなく、ろ過速度低下もなく、安定した運転を行うことである。そのために、安定した晶析スラリーの取得、ろ過性の良いケーキのろ過、プレコートろ過、定期的にろ布の洗浄などを行いつつ運転されている。

5.5　スケールアップを考慮したラボでの実験ポイント

5.5.1　ラボでのスケールアップの実験ポイント

1）スケールアップ時同等のろ過性が得られる晶析処方を確立

・ろ過性評価はろ過テストで平均ろ過比抵抗α_{av}、圧縮性指数nを測定

実機でラボと同様のろ過性のケーキが得られれば、ラボで平均ろ過比抵抗α_{av}を正確に測定することで、加圧、減圧、遠心ろ過の給液、洗浄時間は推定可能である。

・条件検討時のろ過データ取得(ヌッチェろ過)

同じ圧力で平均ろ過比抵抗α_{av}を求めろ過性の評価を行う。

・スケールアップのろ過データ取得(加圧ろ過)

ろ過圧力と平衡なケーキ圧密状態を作り、ろ過圧力と平均ろ過比抵抗α_{av}の関係データを得る(原ろ過および洗浄とも測定する)。このデータから圧縮性指数n(平均ろ過比抵抗の圧力の影響)を得る。

2）遠心ろ過の場合

・晶析ろ過フィードマスの安定性

温度、保温時間変化で不純物が生成されることがある。また、凝集晶は撹拌・混合により破砕されやすい。ラボ実験で確認しておく。

・遠心ろ過実験で確認すべきこと

ろ過・洗浄ケーキの硬さ、ろ布からのケーキ漏れ・ケーキ剥離性、ケーキ割れ状態(加圧ろ過でも確認可能)など。

5.5.2　Ruthのろ過理論による平均ろ過比抵抗α_{av}、圧縮指数n測定

定圧ろ過ではろ過速度qは下記の式が成り立つ。

$$q=(1/A)(dV/d\theta)=dv/d\theta=p(1-ms)/[\mu\rho\alpha_{av}(v+v_m)]$$

(θ：ろ過時間[s]、V：ろ液量[cm³]、A：ろ過面積[cm²]、μ：粘度［Pa]、ρ：液密度[g/cm³]、p：ろ過圧力[Pa]、m：ケーキ湿乾質量比、s：スラリーの固体質量分率、α_{av}：平均ろ過比抵抗[1/m]、v：ろ材単位面積当たりの量[cm³/cm²]、v_m：ろ材抵抗[cm³/cm²])

Ruthの定圧ろ過式$(v+v_m)^2=K(\theta+\theta_m)$を変形、$\theta/v=v/K+2v_m/K$とし、Ruthの定圧ろ過係数K〔$\equiv 2p(1-ms)/(\mu\rho s\alpha_{av})$〕を求める。Kよりろ過比抵抗$\alpha_{av}$を求める。以下に具体的算出手法を示す。

① ラボ実験により、ろ過時間θとろ液量Vを測定する。

② 積算ろ液量V[cm³]をろ過面積A[cm²]で割り、ろ材単位面積当たり

の量 v [cm³/cm²] に換算する。次に θ/v を求める。

③ 横軸に v、縦軸に θ/v をプロットすると直線関係が得られ、傾き $1/K$、切片 $2v_m/K$ を求める。次に、計算により K 値を算出する。

④ 式 $\alpha_{av}=2(1-ms)/(\mu\rho sK)$ により平均ろ過比抵抗 α_{av} を算出する。圧縮性指数 n はろ過圧力 p を変化させてろ過データを取得し、おのおののろ過圧力で平均ろ過比抵抗 α_{av} を算出する。その結果より関係式 $\alpha_{av}=\alpha_1 p^n$ を得る。

ろ材抵抗 R_m は $R_m=\alpha_{av}\rho sv/(1-ms)$ より算出する。

5.5.3　簡便的な平均ろ過比抵抗 α_{av} の算出方法

ある圧力 p [Pa] で圧密されたケーキ層中を液が通過することを考えると、乾湿ケーキ W [g] を液（ろ液量 V [cm³]）が透過した時間 θ を求めることで、平均ろ過比抵抗 α_{av}〔$=pA^2\theta/(\mu WV)$〕を算出することができる。

5.5.4　平均ろ過比抵抗 α_{av} 測定からろ過時間 θ 算出（ろ材抵抗を考慮せず）

給液時のろ過時間 θ は $\theta=\mu\alpha_{av}WV/(2pA^2)$、洗浄時のろ過時間 θ は、$\theta=\mu\alpha_{av}WV/(pA^2)$ から求めることができる。

5.5.5　平均ろ過比抵抗 α_{av} 測定上の留意点

1）実機で使用するろ材を使用する。

2）金属ビームろ材を使用する場合は、結晶形状によっては漏れることがあるので事前テストを行っておく。

3）ろ過テスト機はろ材と密着しない構造とする。

4）ろ過圧力 p でのろ過ケーキの圧密が行われた状態でデータを取得する。そのためには、低い圧力でろ過テストを行う方がよい。

5.6 遠心ろ過へのスケールアップ

5.6.1 加圧ろ過と遠心ろ過の違い

1）加圧･減圧ろ過はスラリーを1回のろ過で処理することが多いが、遠心ろ過は数回に分割してろ過を行う。

2）加圧・減圧ろ過と遠心ろ過は圧力pの算出式が異なる。

$p=\rho_L\cdot\omega^2\cdot(r_o^2-r_L^2)/2$　［Pa］（ρ_L：液密度、$\omega=2\pi n$［Rad/sec］、r_o：バスケット半径［m］、r_L：液面半径［m］、n：回転数［1/s］）

3）ろ過面積A

原ろ過時 $A=2\pi\{(r_o+r_c)/2\}h$、洗浄時$A=2\pi r_c h$（r_c：ケーキ面半径［m］、h：バスケット高さ［m］）

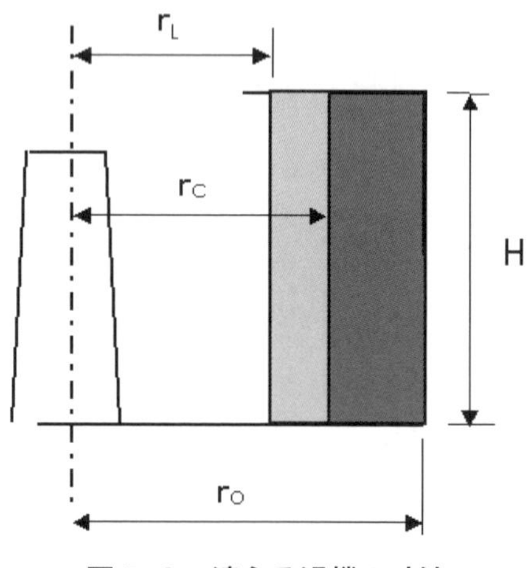

図5-2　遠心ろ過機の寸法

5.6.2 実機遠心ろ過のろ過時間

遠心ろ過の1回のろ過サイクルは、「起動→給液→脱液→洗浄→脱液→振り切り→制動→ケーキ掻き取り→ろ床剥離→制動」で行い、これを数回行って晶析マスのろ過を終了する。

給液、洗浄時間は平均ろ過比抵抗α_{av}から算出できる。脱液時間は遠心ろ過実験結果θ/t（脱液時間θ、ケーキ厚みt）より算出する。また、振り切り時間は卓上遠心機により実機と同様の見かけ圧力p'（湿潤ケーキ密度を液密度ρと仮定して計算）となる回転数に設定し振り切り実験を行い、θ/t（脱液時間θ、ケーキ厚みt）と含液率の関係を求め、目標とする含液率になる振り切り時間を算出する。これらの時間とその他遠心ろ過機運転時間を考慮して1回ろ過当たりのろ過時間を求める。ろ過回数を考慮し晶析マスのろ過時間を算出する。

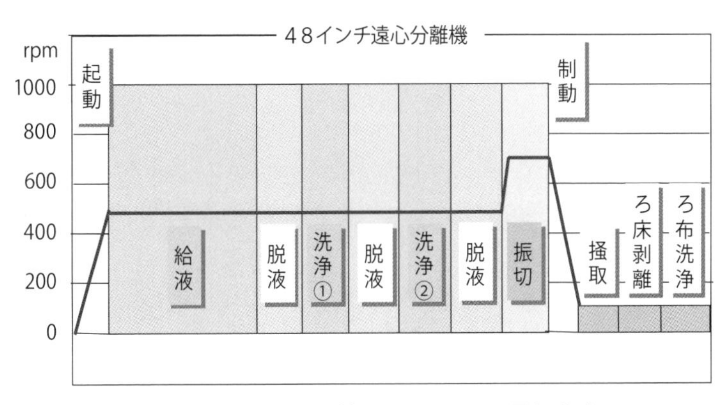

図5-3　遠心ろ過機の1回ろ過の運転内容

5.7　ろ過トラブル

多くのろ過トラブルは、①スラリーのろ過性がラボ結果を実機で再現できなかった（晶析結果の振れ、凝集晶の分散、結晶破砕などでろ過性が低下）、②ろ過運転条件の設定不具合、③ろ過設備の不具合、で発生している。

表5-1、2には竪型遠心ろ過機のトラブルを記載している。

表5-1　竪型遠心ろ過機のトラブル（1）

	操　　作	トラブル内容	発生原因、対策
反応〜晶析	各単位操作 （反応〜晶析）	◇ 結晶粒子径の振れ	☆ 晶析マスの組成変化最適化 ☆ 晶析操作条件の振れ安定化
晶析〜遠心ろ過	スラリー供給槽	◇ 結晶破砕 ◇ スラリー濃度変化 ◇ GL槽の静電気破損 ◇ 不純物の析出 ◇ 品質低下	☆ 混合条件の最適化 ☆ 混合and供給条件の最適化 ☆ 槽内への静電気蓄積防止対策 ☆ 不純物の析出防止対策 ☆ スラリーの保存安定性
	供給	◇ 結晶破砕	☆ 供給方法最適化 「ポンプ」「圧送」「ヘッド」
遠心ろ過操作	給液・脱液	◇ 不均一貼付け →竪型遠心ろ過機 ・上下ケーキ厚み違い ・上部微細ケーキ多い	☆ 供給ノズル形式選定 ☆ 運転条件と供給速度の最適化 ☆ ろ過速度制御対策 ☆ 粒子径の最適化
		◇ 液ダレ ◇ ろ過速度低下	☆ ろ過ケーキへの液混入防止 ☆ 供給速度の最適化 ☆ ケーキのろ過性変化→粒子径安定化 ☆ 微細ケーキのケーキ表面付着 → 微細ケーキ減少 ☆ ろ材の目詰まり→運転条件最適化 ☆ ケーキ剥離不良→運転条件最適化

表5-2　竪型遠心ろ過機のトラブル(2)

	操　作	トラブル内容	発生原因、対策
遠心ろ過操作	給液・脱液	◇ ろ材トラブル	☆ 微細ケーキの漏れ →ろ材選定,縫製方法の検討 ☆ ろ布、ネットの変形→ろ材選定
		◇遠心ろ過機の揺れ・振動	☆ ケーキ不均一貼付け→運転最適化 ☆ 竪型液面厚みが厚くなる→運転最適化 ☆ 横型遠心機振動→運転最適化 ☆ 建屋と共振→運転・設備最適化
	洗浄・脱液	◇ 洗浄効果低下 ◇ ケーキの締り	☆ ケーキ不均一貼付け ☆ 洗浄ノズル形式選定 ☆ 運転圧力(回転数)の最適化
	掻取・排出	◇ ケーキ剥離性低下 ◇ ケーキの掻き取り不可 ◇ 異物混入	☆ 運転圧力(回転数)の最適化 ☆ 剥離設備・運転の最適化 ☆ 粒子径の最適化 ☆ ろ材選定(残ケーキ厚を薄くする) ☆ 運転圧力(回転数)の最適化 ☆ ろ材選定
ろ床剥離操作	剥離作業	◇ 発火 ◇ 酸欠	☆ 完全なろ床剥離条件設定 → 水溶性溶媒洗浄、水洗による 危険物の除去 ☆ ろ床剥離可能な遠心ろ過機選定 ☆ 保護具着用

1）ラボろ過速度から推定したろ過時間より実機のろ過時間が長くなった

・ケーキ圧密状態をろ過圧力 p に対応した状態にしないまま測定したため、平均ろ過比抵抗 α_{av}、圧縮性指数 n が正確に測定できていなかった。

・ろ過速度を測定したラボ晶析スラリーより実機の晶析スラリーのろ過性が低下していた。

ことなどが考えられる。

2）実機でヌッチェ式ろ過機を使用したろ過において、想定時間よりろ過時間が延びた

グラスライニング製ヌッチェ式加圧ろ過でろ過性が悪いケーキをろ過すると巣板とろ材が密着しろ過面積が低下し、想定よりろ過時間が非常に長くなることがある。ろ材と巣板の密着するのを防止するために、目の粗いろ材をろ布と巣板の間に敷くことがある。

3）原液ろ過時にケーキが圧密しすぎてろ過性が低下した。

圧縮性が大きいケーキをろ過初期より高い圧力でろ過すると、ろ布面近くでケーキが圧密されろ過速度が急激に低下する。圧密性が大きいケーキは低い圧力でろ過を行うと安定してろ過を行うことができる。

4）ろ過ケーキが固くなり掻き取り羽根（遠心）、スコップ（加圧）が入り難くなった

ケーキによっては高い圧力でろ過を行うとろ過ケーキが圧密されて固くなる。ろ過性の良いケーキでも固くなることがある。ラボ実験でケーキが固くなるかどうか確認をしておくとよい。

5）ろ布からのケーキ漏れ

竪型遠心ろ過機で微細ケーキをろ過すると、ろ布の目が広がった部分、ろ布とろ布の張り合わせ部分、ろ布とバスケット隙間部分、ろ布の縫い目部分などから漏れることがある。加圧ろ過機でも同様にケーキ漏れが発生する。低いろ過圧力でろ過を行うとか、ろ布の漏れ部分を特定しろ布の選定をするとともに目盛れしないような対策を行う。

6）遠心ろ過機（竪型、横型）は掻き取り残ケーキがバスケット内に残る

有機溶媒含有の残ケーキを人力で落とす場合、空気の混入により発火することが考えられる。残ケーキが残らない対策、水溶性の溶媒で洗浄した後水置換で発火しない対策が必要である。また、残ケーキが残りにくい設備の導入をも考える必要がある。

参 考 文 献

1）塩尻, 岡橋, 高橋, 岩田. “遠心分離機における脱液操作のスケールアップ”. 世界濾過工学会濾過分離シンポジウム. **2001**-11.
2）高橋. “遠心分離機による固液分離操作”. 化学工学会関西支部. 医薬品製造における分離技術のフロンティア, **2004**-11.
3）高橋, 塩尻. “遠心分離機による固液分離操作のスケールアップ”. 住友化学誌－Ⅱ. **2008**-08.

第 6 章

乾　燥

6.1　乾燥の目的

ファインケミカルプロセスでは、晶析したスラリー液をろ過機（遠心式、加圧式、減圧式ろ過機）でろ過・洗浄し湿潤粉体（以下、材料）を得る。ろ過機より取り出された材料中の溶剤（揮発成分）を規格値以下の含量にするために蒸発させる操作が乾燥である。

乾燥をラボから実機にスケールアップするためには、乾燥の基礎知識、乾燥装置の選定と設計、スケールアップのための実験（ラボ・パイロット）、実機設備の運転方法・トラブルシューティングなどの知識を身につけておく必要がある。

実機乾燥操作では、乾燥装置また乾燥条件によって、乾燥機への材料の付着、材料の破砕、溶融・“ダマ”状物（塊）の生成、材料中への溶剤の残存、材料の色相変化・品質低下などのトラブルが発生する。トラブルが発生しないように乾燥装置の選定、乾燥条件の最適化を行いながら運転を行う必要がある。

6.2　乾　燥　法

乾燥方法を大きく分類すると、材料に熱風を直接接触させ熱を与えて乾燥する「熱風受熱型」と温水、スチーム蒸気などの熱媒から伝熱面を介して間接的に熱を与えて乾燥する「伝導受熱型」に分けられる。その他に「赤外線加熱型」「高周波加熱型（マイクロ波）」「超音波加熱型」などがある。

熱風受熱型は材料静置（箱型、ろ過乾燥）、材料搬送型（トンネル、バンド）、材料撹拌型（連続回転、溝型撹拌、流動層）、熱風搬送型（噴霧、気流）に分けられる。伝導受熱型は熱安定性の悪い材料を真空下低い温度で乾燥を行うことが多い。乾燥装置としては材料静置（箱型、凍結乾燥）、材料搬送型（バンド、ドラム、ディスク、多円筒）、材料撹拌型（円錐、振動、撹拌、逆円錐)に分けられる。

なお、「乾燥技術実務入門」(田門 肇 著)[1)]には乾燥の基礎知識、乾燥のメカニズム、乾燥装置の選定・設計、乾燥操作のトラブルが詳細に掲載されているので参考にされたい。

6.3　乾燥機の種類、構造および特徴

医薬品をはじめとするファインケミカルプロセスで多く使用されている乾燥機として、熱風受熱型は流動層・噴霧乾燥機、伝導受熱型は凍結・箱・円錐・振動・撹拌・逆円錐・ろ過乾燥について以下に紹介する。

6.3.1　流動層乾燥機

1）乾燥方法

熱風を通気して材料を流動・分散させ、材料中に含有される溶剤を除去乾燥する装置である。乾燥方法は連続または回分で行われ、生産量の少ない医薬品は回分式で乾燥が行われている。材料の流動方法は熱風、振動、撹拌によって行われる。

2）構　　造

装置は、①熱風発生、供給部分(送風機、加熱装置、熱風分散装置)、②乾燥部分(乾燥室、気固分離)、③製品排出部分、および、④制御装置で構成されている。

3）特徴、運転ポイント

流動層乾燥は水分を乾燥させるためには効率の良い乾燥機であり、幅広い分野で使用されている。

・材料をいかに熱風中に分散させるかが、乾燥のポイントである。

・空気で材料を流動させて乾燥させるので保安防災上の対策が必要である。事前に材料の危険性評価が必要である(熱分解・熱安定性、

爆発性、着火・燃焼性、静電気特性、機械的感度)。

・運転上のトラブルとして材料の流動不良、装置への材料の付着、夏場、冬場で乾燥条件の変動(外気取り入れ)、粉塵飛散が発生している。

・品質面のトラブルとして製品の水分ムラ、含水率変動、変色などが発生している。

6．3．2　噴霧乾燥機[2),3)]

1）乾燥方法

噴霧乾燥機(スプレードライヤー)は、溶液またはスラリー液等の液体原料を微粒化し、熱風に接触させることにより、液滴を瞬時に空間で乾燥させ、粉体製品を得る装置である。

2）構　　造

噴霧乾燥装置は、①原液供給、微粒化部分(原液供給ポンプ、噴霧微粒化装置)、②熱風発生、供給部分(送風機、加熱装置、熱風分散装置)、③乾燥造粒部分(乾燥室)、④気液分離、製品回収部分、および、⑤制御装置で構成されている。

噴霧乾燥用の微粒化装置(アトマイザー)として、実用的には回転ディスク式、加圧ノズル式、二流体ノズル式がある。

回転ディスク式は、ディスクと呼ばれる円板を高速で回転させ、液膜を作り、ディスクの先端から空中に分散させる方式である。この微粒化方式ではディスクの回転によって容易に微粒化制御が行えるため、小型機から大型機まで、ノズル方式と比較して幅広く使われている。

加圧ノズルは、加圧した液体をノズルから噴出させ、外気との相対速度によって微粒化させる方式である。加圧旋回ノズル〔液に強い旋回流れを与えてノズルオリフィス(加圧ノズルの先端部分)から噴出させる〕は、空円錐型の噴霧パターンとなり、単純噴流式の加圧ノズルと比較して液滴径が均一で熱風との接触がよい。

二流体ノズル式は、原液を高速気流と衝突させ微粒化する方法である。圧縮空気の圧力(速度)で液滴径を調整できる。圧縮空気を作る動力費が高いため、一般には小型機または高粘性液の微粒化、非常に微細な顆粒を作りたい場合に使用される。医薬品用で微粒子化、アモルファス化、高純度化を目的とする場合は二流体ノズル式が採用される。

二流体ノズルの微粒化特性を改善したノズルがRJ、TJノズルである。RJノズルは第1段階として、二重円環状のスリットに原液と微粒化エアを供給して気液接触により微粒化を行う。さらに第2段階として、噴

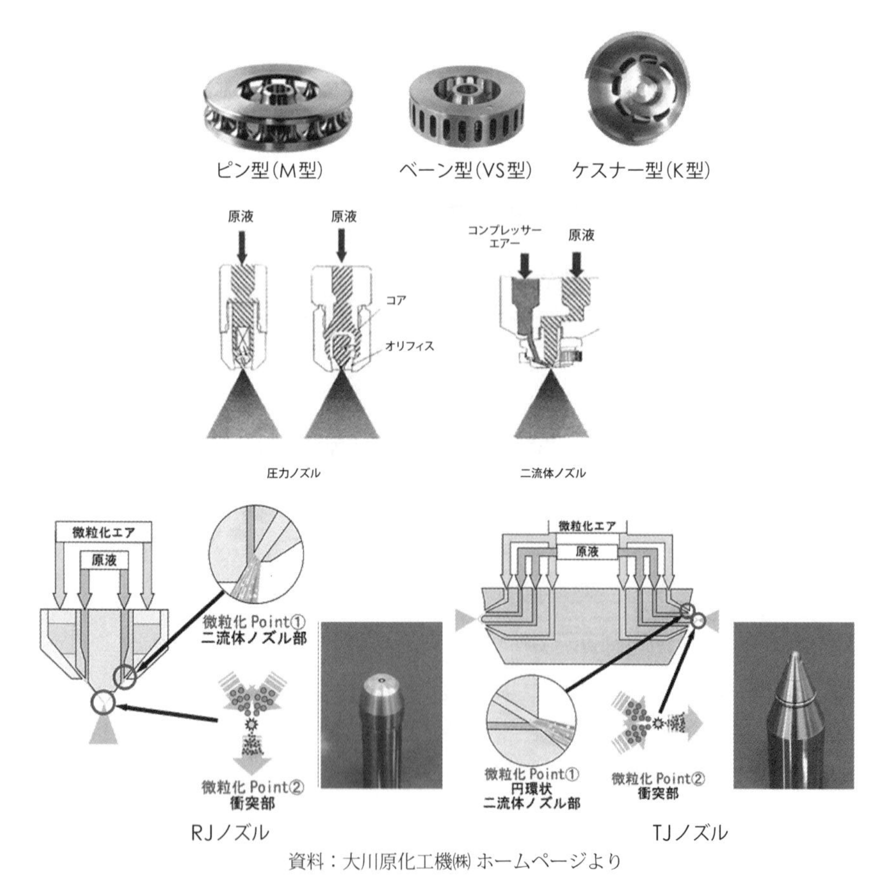

資料：大川原化工機㈱ ホームページより

図6-1　スプレードライヤのノズル

霧流同士を衝突させ再度微粒化を行う。TJノズルは大処理向け、複数の液体もしくは気体を独立に供給できる。水噴霧液滴径は10μm以下が可能である。

3）特徴、運転ポイント

噴霧乾燥機は各種分野に導入されているが、医薬品分野ではエキス製剤、抗生物質、胃腸薬の乾燥造粒に多く導入されている。また、難溶性経口医薬品の溶解性を改善する方法として、噴霧乾燥による非晶質化が実用化されている[4)]。

・乾燥の運転上のポイントは、第一には出口熱風温度の管理で運転状態を把握することが行われる。

・トラブルの例としては次のようなことが挙げられる。

　側壁面に乾燥材料のこびりつき滞留により、付着材料の熱による渇変が出る。この原因として、①熱風の吹き込みに偏りがある、②液滴(製品粒子径)が大きい、③圧力ノズルでの噴霧で詰まりがある、④ノズルやコアの溝が摩耗している、⑤溶解度の高い（潮解性のある）材料の乾燥において塔壁面の温度が高い、⑥製品水分が高い、外気の絶対湿度の変化で乾燥材料の水分が上昇する、⑦供給液量が過多、⑧液濃度が高い(液粘度が高い)などが考えられる。

・空気中で材料を浮遊させて乾燥させるので保安防災上の対策が必要である場合がある。特にサイクロン捕集部、バッグフィルター部、材料濃度が高くなるので注意を要する。事前に材料の危険性評価が必要である(熱分解･熱安定性、爆発性、着火･燃焼性、静電気特性、機械的感度)。

4）スプレードライヤのスケールアップ

より確実にするためには、

・「試験」を実施して確認することが、とても重要な要素になる。

・テーブルトップのような小型機ではなく、実装置を見越したパイロット機でデータ収集することができれば、より精度の高いスケールアップデータを収集できる。

・目的に応じた各種試験装置を保有する専門メーカでの試験を行うことが望ましい。

6.3.3　凍結乾燥機[5)]

1）乾燥方法

凍結乾燥（freeze dry）は、水分を含む原料を凍結させて、真空中で液相を経ず固相（凍結相）から直接「昇華」により水分を蒸発させて乾燥する方法である。

2）構　　造

凍結乾燥装置は、①棚段乾燥庫、②コールドトラップ、③真空ポンプ、④冷却装置、および⑤制御装置で構成されている。基本性能は、棚温度性能（冷却速度、冷却到達温度、昇温速度、最高温度、乾燥時昇温制御棚温度、棚温度制御精度）、コールドトラップ性能（凝結量、到達温度、温度制御精度）、真空性能（初期排気速度、到達真空度、リーク量）、真空制御方式（コンダクタンス制御、リーク制御）であり、試験製造時には生産設備の能力を考えた条件で行う必要がある。次に乾燥プログラム例を示す。

・予備凍結：棚温度ca.−40℃、品温度ca.−38℃

・一次乾燥：棚温度ca.−10℃、品温度ca.−38℃→−20℃、乾燥庫真空度20→5 Pa（コールドトラップ温度ca.−65℃、真空度5 Pa）

・二次乾燥：棚温度ca.13℃→0℃、品温度ca.−20℃→0℃、乾燥庫真空度5 Pa
（コールドトラップ温度ca.−65℃、真空度5 Pa）

3）特徴、運転ポイント

・熱に弱い色、味、香り、ビタミン、ホルモン、血清、微生物、抗生物質、タンパク質等の変化を極力抑えることができる。
・凍結状態で乾燥されるため組織や成分の劣化が少なく、常温でかなりの長期保存ができるようになり、多孔質のポーラス状になるため、水を加えると内部に水分が浸透して簡単に元の状態に戻すことができる。
・原型に近い状態で質量は数分の１になるなど運搬にも極めて便利である。
・他の乾燥機と比較すると乾燥効率が低い。

6．3．4　箱型乾燥機

1）乾燥方法

ろ過された材料を、人力によりろ過機より取り出しトレー上に広げ、トレーを棚段式箱型乾燥機に入れ、伝熱面から温水などで加熱して真空下で乾燥を行う。

2）特徴・運転ポイント

・比較的生産量が少なく、各種性状の材料を乾燥する場合では、加熱温度、真空度を設定すれば簡単に乾燥できるので使用頻度が高い。
・引火性のある有機溶媒が存在する場合、防災面、安全面から材料ハンドリング上、十分な安全対策が必要である。

6．3．5　円錐型乾燥機（ダブルコーン型、コニカル乾燥機）

1）乾燥方法

ダブルコーン型の容器を回転下で材料を混合し、伝熱面から温水などで加熱して真空下で乾燥を行う。乾燥機の内部は、バッグフィルターが設置されているだけで、洗浄・切り替えが容易な乾燥機であり、医薬品の乾燥に多く使用されている。

2）特徴・運転ポイント

・乾燥中の結晶破砕は結晶形状によって異なるが、比較的結晶破砕が少ない乾燥機である。

・排出部のコーン半頂角は45°で、粉体物性によっては自然排出できない場合がある。

・回転数が速い場合、微細結晶の乾燥などでスケーリング（壁面への結晶の付着）が発生しやすい。

・結晶破砕が少ない乾燥機であり、塊りの材料を投入すると、破砕されずそのままの状態で排出される。

・グラスライニング（GL）された乾燥機は、静電気帯電によりGLが破損することがある。体積抵抗率が大きい乾燥材料の乾燥は回転数の適正化または導電性GLの採用が望ましい。

6.3.6　円筒振動式乾燥機

1）乾 燥 方 法

容器（竪型、横型）を振動させ材料を流動・混合しながら、伝熱面から温水などで加熱して真空下で乾燥を行う。バッグフィルターは容器の外付け（円筒上部直付け他）のため、洗浄・切り替えが容易な乾燥機である。

2）特徴・運転ポイント

・乾燥中の結晶破砕は、結晶形状によって異なるが結晶破砕が起こりやすい乾燥機である。振動を間欠に行うことで結晶破砕が低減できる場合もある。

・材料の流動状態が悪いと壁面に材料が付着する。

・乾燥材料の排出は、流動が可能な乾燥材料であれば振動下良好に排出される。

6．3．7　円筒撹拌式乾燥機

1）乾 燥 方 法

円筒容器（横型）内部に撹拌羽根（リボン、パドル、スキなど）が設置され、羽根により材料を混合しながら、伝熱面から温水などで加熱して真空下で乾燥を行う。

2）特徴・運転ポイント

・このタイプの乾燥機は羽根と容器壁との隙間があり、乾燥材料を排出後、隙間に乾燥材料が残るため、洗浄・切り替えに時間が必要である。
・乾燥中の結晶破砕は、羽根の形状、結晶形状によって異なるが、結晶破砕が起こりやすい乾燥機である。発生したダマ状物は使用する羽根により解砕され細かい粒にすることもできる。結晶破砕が低減するために、間欠撹拌下で乾燥することもある。
・撹拌により混合し難い硬く塊状材料の乾燥では、撹拌負荷が大きくなり混合できない場合があるので不向きである。
・羽根で混合することで材料にせん断力をかけることになるので、材料が変質することもある。
・乾燥材料は撹拌下容易に排出される。

6．3．8　逆円錐型乾燥機（ナウターまたはSV乾燥機）

1）乾 燥 方 法

円錐容器中で材料を下部から上部に搬送させるための羽根が回転（自転）し、その羽根をゆっくり容器内で回転（公転）させ、材料を混合しながら伝熱面から温水などで加熱して真空下で乾燥を行う。

2）特徴・ポイント

・乾燥機は羽根と容器壁との隙間があり、乾燥材料を排出後、隙間に乾燥材料が残る。

・撹拌羽根の裏側に乾燥材料が残るので洗浄・切り替えに時間が必要である。

・乾燥中の結晶破砕は、羽根の形状、結晶形状によって異なるが、結晶破砕が起こりやすい乾燥機である。

・搬送させる羽根を乾燥機下部で支えているタイプは、支え部分で発熱があり材料が溶融することがある。窒素冷却、間欠運転などで対応している。

・真空下で乾燥しているが、真空から急激に常圧に戻すと材料が加圧され撹拌負荷が大きくなるので注意が必要である。

・乾燥材料は撹拌下で容易に排出される。なお、メーカから「SVミキサーの乾燥性能とスケールアップ」[6)]として報告されている。

6.3.9　ろ過乾燥型乾燥機

1）乾 燥 方 法

加圧ろ過機（撹拌機付き、撹拌機なし）でろ過した材料をろ過機の中で乾燥を行う。

撹拌機のないろ過乾燥機は、①真空下で容器を回転しながら材料を混合し、伝熱面から熱を与えて乾燥するタイプ、②静置下材料に加熱窒素を通気し乾燥するタイプがある。

撹拌機付きろ過乾燥機は、①ろ過機の上部にバッグフィルターを設置し、真空下材料を撹拌しながら、伝熱面から熱を与えて乾燥する方法、②静置下材料に加熱窒素を通気し乾燥する方法（乾燥中、撹拌機はケーキ割れ防止に使用する）で乾燥が行われている。

2）特徴・運転ポイント

撹拌のないタイプのろ過乾燥機は、比較的ろ過性が良く、材料の流動性が良い場合に適している。撹拌機付きろ過乾燥機は、比較的ろ過性が悪い結晶の乾燥にも適用されている。

6.4 乾燥実験

6.4.1 乾燥特性

乾燥条件の乾燥環境内に材料を置くと、一般に、(Ⅰ)材料予熱期間、(Ⅱ)恒率乾燥速度期間、(Ⅲ)減率乾燥速度期間が存在する。材料温度は恒率期間中ほぼ一定で、流入熱量はすべて水蒸発に費やされる(含水率が低い材料では、恒率区間がなく乾燥初期から減率期間になることが多い)。減率期間に入ると材料温度は上昇し、内部に温度分布が生じる場合が多い。乾燥特性は乾燥時間と含水率・材料温度変化、乾燥特性曲線〔含水率 w kg/kg－無水材料と乾燥速度 R kg/(h・m²－乾燥面積)〕で表される。

1) 限界含水率Xc

ⅡとⅢの境の含水率が限界含水率であり、含水率は乾燥法によって著しく変わる。例えば、堆積された状態で15～20%のものが、撹拌もしくは熱風中に分散された状態で乾燥されると、1.0～0.5%程度まで一挙に低下する。乾燥時間を短縮するには、限界含水率を小さくできる乾燥法を選択すべきである。

2) 平衡含水率Xe

熱風受熱乾燥では材料特有の値で特に、細胞質材料は値も高く外部条件の影響を受けやすい。湿度が高く、温度が低いほどこの値は大きくなるが、湿度の影響の方が著しい。

真空下での伝導受熱乾燥では、真空度と材料温度で平衡含水率が決まる。ただし、乾燥速度、乾燥温度など乾燥条件で変化することがある。

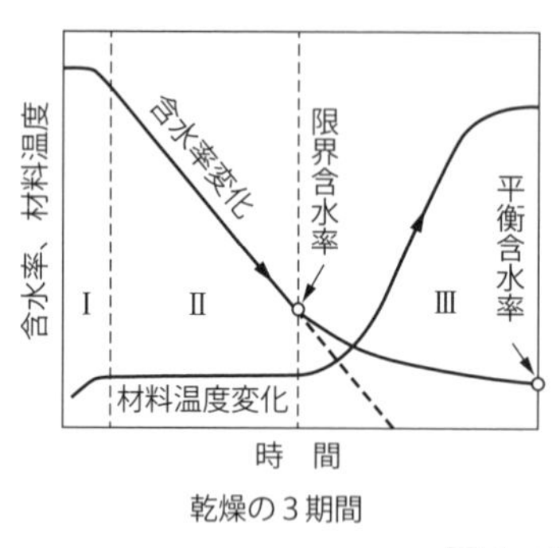

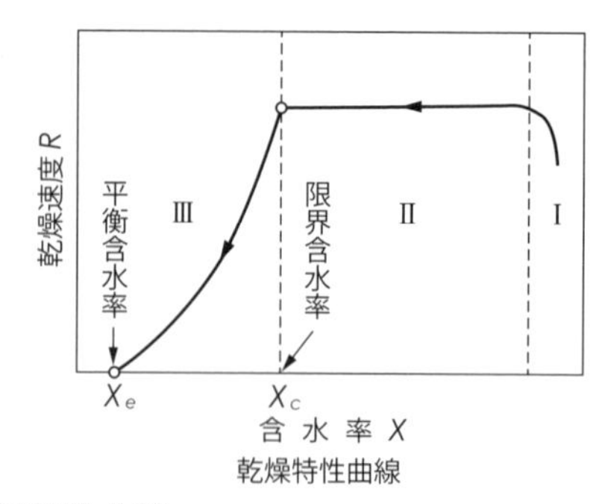

図6-2　乾燥特性曲線

6.4.2　乾燥のスケールアップ

乾燥実験は実機と同機種の乾燥機で行うことで乾燥特性および付着、塊の生成などのトラブルの原因となる状態把握ができる。したがって、乾燥のスケールアップはパイロットスケールで実機と同機種の乾燥機を使用しデータを取得、スケールアップすることが多い。そのために、メーカが保有している乾燥機でテストをすることも多い。

6.4.3　ラボ実験

実機で材料撹拌型乾燥機を使用する場合、ラボ実験はロータリーエバポレータを使用して行うことが多い。ロータリーエバポレータ実験で確認する内容は、①乾燥現象把握（ダマ生成状態、溶融物付着状態、昇華状態）、②平衡含液率、③乾燥特性などである。

ロータリーエバポレータ実験方法として、ドライ真空ポンプを用い、装置形内に窒素を導入し蒸発溶媒を希釈（20～30倍）して未飽和状態とする。ポンプの排気口から排出されるガス組成をガスクロにより連続的に自動サンプリングすることにより、多成分の溶媒を正確かつ極微量まで測定できた事例[10]が紹介されている。

6．5　乾燥時間の推算

6．5．1　ろ過乾燥機での乾燥時間θ_T

ろ過乾燥機の使用時間（タイムサイクル）はろ過操作時間と乾燥時間の合計時間となる。

熱風通気による乾燥は、ろ過操作終了後に熱風を通気して乾燥を行う。タイムサイクルは、①ろ過時間、②材料表面付着溶剤蒸発時間、③材料温度上昇時間、④乾燥後の材料冷却時間、⑤乾燥材料充填時間を合計することで算出できる。②、③、④を計算することで乾燥時間θ_Tが算出できる。②材料表面付着溶剤蒸発時間は、加熱された熱風の熱量と付着溶剤の蒸発熱量が等しくなる温度を算出し、熱風通気量から熱量計算により乾燥時間θ_Tを求める。③、④は熱風・冷風通気量から材料の加熱・冷却時間を算出する。

真空下間接加熱によるタイムサイクルは、①ろ過時間、②真空時間、③材料表面付着溶剤蒸発時間、④材料温度上昇時間、⑤乾燥後の材料冷却時間、⑥乾燥材料充填時間を合計することで算出できる。③、④、⑤を計算することで乾燥時間θ_Tが算出できる。

6．5．2　撹拌型乾燥機による間接加熱による真空乾燥時間θ_T

タイムサイクルは、①材料仕込み時間、②真空時間、③材料表面付着溶剤蒸発時間、④材料温度上昇時間、⑤乾燥後の材料冷却時間、⑥乾燥材料充填時間を合計することで算出できる。③、④、⑤を計算で算出することで乾燥時間θ_Tが算出できる。①、②、⑥は製造工場ごとに異なるので、製造工場に確認することになる。

6.5.3　伝導受熱型乾燥機の乾燥時間算出

1）伝 熱 量 q

q＝U・A・Δt　[kJ/h]

U：kJ/(㎡•s•K)、A：㎡、Δt：K

2）伝熱面積A

① コニカルドライヤーは全伝熱面積(カタログ値)または静置伝熱面積使用

② ナウタードライヤー、振動ドライヤー、撹拌式(円筒)ドライヤーは静置伝熱面積使用

3）総括伝熱係数U

4）温 度 Δ t

恒率期：算術平均　Δt＝T－ジャケット温度

乾燥機内は溶媒の沸点温度T

減率期：対数平均　$\Delta t_{lm}=(\Delta t_1-\Delta t_2)/\ln(\Delta t_1/\Delta t_2)$

5）溶媒蒸発熱量Q

Q＝蒸発熱量＋ケーキ顕熱量　[kJ]

＝(蒸発量)×(潜熱)＋(ケーキ量)×(比熱)×(温度変化)

6）溶媒蒸発時間θ

θ=乾燥熱量Q／伝熱量q　[h]

7）乾燥時間θ_T

θ_T＝(仕込)＋(蒸発)＋(昇温)＋(保温)＋(冷却)＋(排出)

6．6　伝導加熱型乾燥機のトラブルと防止対策

6．6．1　製品の安定性

医薬品は安定性が悪い場合が多い。ラボ検討段階で材料の安定性を確認し運転条件を設定する。多くの場合、真空下で加熱温度を低くして乾燥することが多い。

6．6．2　ダマ状物の生成

材料の含液率が高い状態で混合下乾燥を行うとダマが生成しやすい。含液率が高い状態では弱い混合条件（間欠混合など）で運転を行い、含液率が低下したころから連続回転で乾燥が行われている。

6．6．3　スケーリングの生成

1）材料を静置状態で乾燥すると材料の周りの蒸気密度が高くなり、材料が溶融しやすくなる。
- ・真空度を高くし蒸気密度を低くし（乾燥温度も低くなる）、ジャケット温度も低く行うことで、静置乾燥でもスケーリングが防止できる。
- ・回転下で乾燥することでスケーリングを回避できる。
- ・エバポレータ実験でも確認できる。

2）微細結晶（10μ以下）を乾燥すると付着により発生する。

3）乾燥機の回転数が速いと、材料がコニカルの壁面に押し付けられる。これにより結晶が溶融しやすくなる。
- ・結晶内から結晶表面に移動した溶媒により、結晶が溶融し装置壁面へ付着する。また、装置壁面の熱により結晶表面が溶解し毛細管を塞ぐことにより、乾燥を阻害する。

6.6.4　材料の溶融

1）乾燥温度が高いと材料が溶融する。予め湿潤粉体の溶融温度を確認し乾燥温度を設定するとよい。

2）混合溶媒（アルコール－水系）で静置乾燥を行うと、軽沸で溶解度の高いアルコールが蒸発し、粉体内で凝縮することで溶融が発生することがあるので注意が必要である。この場合でも、混合下乾燥することで溶融を防止できた事例がある。

3）原薬の乾燥方法を棚式通気乾燥から容器回転式真空乾燥機に変更した結果、スケールアップ時に残留溶媒が規格に到達しない問題が発生した事例が報告されている[7)]。

容器回転式真空乾燥機での乾燥中に、装置壁面に付着する現象が確認された。棚段通気乾燥に比較して、原薬の結晶表面の凹凸や隙間がなく、結晶表面が溶けているような状況が観察された。この状況から、結晶内から結晶表面に移動した溶媒により装置壁面へ結晶が付着するとともに、装置壁面の熱により結晶表面が溶解し毛細管を塞ぐことにより、乾燥を阻害したと推定されている。

6.6.5　乾燥材料の排出

攪拌式乾燥機は攪拌下乾燥材料を排出するので乾燥材料はスムーズに排出されることが多い。容器回転式乾燥機は乾燥材料の流動性が悪いと排出できないことが多い。これを解決するためには、乾燥材料の流動性を改善する、機械的に乾燥材料を流動させて排出させる方法が採られている。

6.6.6　乾燥圧力が下がらない

1）蒸発した蒸気を凝縮させないで排気する場合、真空ポンプ能力が高くないと乾燥機内の圧力を保つことができない。

・ポンプ能力に見合った蒸発をさせる。

・蒸発した蒸気をコールドトラップで凝縮する。

2）乾燥機の排気ラインの径が小さいため、配管で圧損を生じている。
⇒乾燥機内は蒸焼状態（ご飯の蒸焼同様な状態）

・ジャケット加熱温度を低くし蒸発量を少なくする。

・配管径を大きくする。

3）蒸発した蒸気が配管で凝縮し配管内に溜まる。

・配管で凝縮しないように断熱施工を行う。

・配管に溜まりができない構造にする。

6.7　伝導加熱型乾燥の知見

6.7.1　乾燥速度と溶媒残存の影響

同じ製品で異なる乾燥機で乾燥を行ったところ、乾燥速度が速くなると残存溶媒含量が多くなった事例である[9)]。この現象を、ラボ実験により乾燥時間を変えて検討したところ、同様の結果が得られたことが報告されている。このことは、ラボ実験では乾燥材料当たりの乾燥速度を考えて乾燥実験を行う必要があることを示唆している。

なお、乾燥速度が速くなったことで溶媒が残存した原因を推定してみると、①結晶の細孔が収縮した、②排ガスラインの圧力損失により乾燥機内の蒸気密度が高くなり結晶表面が溶融した、などが考えられる。

6.7.2　粉砕して溶媒残存の低減

乾燥材料に溶媒が残存したので粉砕を行った。その結果、溶媒含量を低くすることができた事例が報告されている[9),11)]。この事例では、結晶間に存在する溶媒が表面積を増やすことで飛びやすくなったと考えられる。別途、乾燥後の溶媒和物中の溶媒含量が高かったので粉砕をしたが、溶媒含量を低くすることができなかった事例もある。結晶内の溶媒の状態（フリーまたは結合溶媒）によって差が出たと思われる。

6.7.3　溶媒和物の乾燥[1),8),9)]

アルコール、酢酸エチルなど親水性溶媒の溶媒和物は、水を調湿したN_2を通気することで溶媒を除去することができる。水分は吸着されるので溶媒除去後の付着水分は乾燥によって除去可能である。また、トルエン、ヘキサンなど疎水性溶媒は疎水性溶媒と馴染みやすい溶媒を調湿したN_2を通気することで溶媒を除去できる。疎水性溶媒は吸着されるので、これを乾燥除去するのは難しい場合がある。

6.7.4　水和物の乾燥[9)]

以前は、目的の水和物結晶を得るために水和および付着水を蒸発させ無水物まで乾燥し、その後に調湿した空気中に置いて吸湿させて水和物を得ていた。最近は、水和物の吸脱着平衡データ（温度と湿度－水の吸脱着）を取得して水和物からの水分の吸脱着状態を確認する。このデータをもとに、材料温度と操作圧力を設定することで水和物からの水の脱離を防止制御して目的の水和物が得られている。

6.7.5　乾燥での不活性ガスの影響[1)]

1）実機の真空乾燥で窒素ガスなどの不活性ガスを通気して溶剤の分圧を下げることで、材料中の溶剤量を低減できる（結晶表面の溶媒濃度を低くすることで蒸発が推進される）[1)]。

2）不活性ガスを通気しながら乾燥した事例[12)]によると、溶媒が多く蒸発しているときは不活性ガスの有無で乾燥速度への影響はほとんどないが、溶媒蒸発量が減少した時点では、不活性ガスの効果があると報告されている。

3）実機の真空乾燥で不活性ガスを通気することで、乾燥機内での蒸発ガスの凝縮を防止し、乾燥がスムーズに行える。

4）ラボで少量（数g）の材料を乾燥するとき、空気の漏れ込みがあると溶媒が飛びやすくなり、目標含量に速く到達する。その結果を基に実機にスケールアップすると、実機では空気の漏れ込量（対乾燥材料量当たり）がほとんどないため、ラボ実験より多くの溶媒が残存することになる。空気漏れ込のない装置で実験することが重要である[10]。

⑤ 水和物を得る乾燥の場合、ラボ装置、実機装置で空気の漏れ込量が多い場合、また、サンプリングのための真空－ブレークを繰り返すと、水和物の水分が過蒸発し目的の水和物が得られにくくなる。ラボ実験はサンプリングをなくし実験条件ごとにデータを取得する。実機ではサンプリング回数を少なくすることが必要である[10]。

参 考 文 献

1）田門 肇.（現場の疑問を解決する）乾燥技術実務入門. 日刊工業新聞社, **2012**.

2）大川原正明ほか. 噴霧乾燥技術 - プロセスと粒子加工の視点から. 分離技術, **2009**, 第39巻, 第６号, p.25-29.

3）製造プロセスのスケールアップの正しい進め方とトラブル対策　事例集. 技術情報協会, **2012**, p.294-302.

4）石津 洋. 噴霧乾燥による難溶性医薬品の非晶化. 分離技術. **2009**, 第39巻, 第６号, p.36-40.

5）製造プロセスのスケールアップの正しい進め方とトラブル対策　事例集. 技術情報協会, **2012**, p.283-293.

6）和田雅之. “SVミキサーの乾燥性能とスケールアップ”. 神鋼パンテック技報, **1994**-03, Vol 38, No.1.

7）小山嘉一郎. “医薬品原薬の乾燥トラブル事例と原因究明”. 分離技術. **2009**, 第39巻, 第６号, p.41-43.

8）水谷栄一ほか. “粉体中の残留溶剤分離装置の開発”. 分離技術. **1994**, 第24巻, ４号, p.1-5.

9）向井浩二. “医薬品の乾燥における諸検討について”. 分離技術. **2004**,

第34巻, 第6号, p.23-27.

10) 向井浩二. “水和物原薬の真空乾燥での取得法の理論的考察と生産への適用”. 分離技術. **2013**, 第43巻, 第6号, p.28-31 (372-375).

11) 竹本奈都記ほか. “粉砕を利用した高効率および高機能的な乾燥技術について”. *J. Soc. Powder Technol, Japan*. **2012**, *49*, p.216-220.

12) 太田幹子ほか. “SVミキサーのテスト事例報告 (その1)”. 神鋼パンテック技報. **1997**-03, Vol 40, No. 3.

第 7 章

粉　　　　　碎

7．1　粉砕の目的

粉砕操作で最も重要なことは、要求された粒子径、または粒度分布を満たすことである。医薬品を錠剤などにする場合において、原薬の粒子径は体内での溶出性に大きく影響する。そのため、粒子径を小さくすることによって表面積を増加させ、溶出性を向上させる必要があることが多い。したがって原薬の粒子径は重要な品質の一つであり、製造工程の中でも粒子径をコントロールするための粉砕工程は重要工程と考えられる。また、溶出性向上以外にも、製造操作において溶媒への溶解性や粉体ハンドリング性の向上を目的として粉砕する場合もある。粉砕機には多くの種類があり、目標粒子径や粉体物性に適合する機種の選定、粉砕条件設定、分級機などの付帯機器の採用を考慮して目的を達成していく。

7．2　粉 砕 原 理

粉体を細かくするためには力学的エネルギーが必要である。主に以下の力を粉体に加えて目的の粒子径に粉砕する。これらの力は単独ではなく複合的に用いられており、粉砕機によって主にどの力が働いているか異なる。

1）衝　撃　力

粒子と粒子の高速での衝突や、粒子と高速回転するハンマーなどとの衝突時の垂直方向の力によって粉砕する。

2）摩　擦　力

粉体表面への水平方向のすりつぶす力によって粉砕する。

3）圧　縮　力

粉体の中心方向に衝撃力と比較して緩やかに押しつぶす力を加えて粉砕する。

4）切　断　力

カッターやナイフなどでせん断力を加えて粉砕する。

7．3　粉砕機の種類および注意点

粉砕機は多くの種類があり、明確な分類基準はないが代表的なものを以下に示す。

1）ジェットミル

チャンバー、ノズル、分級機などから構成され、ノズルから噴出する高圧気流で、粉体同士あるいは衝撃板との衝突による衝撃力および摩擦力により粉砕する。気流中で粉砕するため発熱が小さく超微粉砕が可能である。

2）高速回転ミル

主にモータの回転動力により機械的に外力を与える粉砕機で、ハンマー、ピン、チャンバー、ライナー、分級機などから構成される。ハンマーミルやピンミルなどがあり、粗砕から微粉砕まで幅広く使用される。供給された粉体は高速回転する円盤に取り付けられたハンマーやピン、または粒子同士の衝突により粉砕する。

3）切断式ミル

往復、あるいは回転刃と固定刃とのせん断力により粉砕する。

4）媒体式ミル

ボールミル、振動ミルなどがあり、媒体を使用して摩擦力などで粉砕する。

粉砕機を選定する際には、目標粒子径や処理能力のみならず粉体物性を十分把握し、以下の点に注意する必要がある。

1）付着、固着

最も多いトラブルの一つであり、粉体物性や静電気などが原因である。粉砕するためのエネルギーを大きくすると固着が増加するため、粉砕条件にも注意が必要である。

2）熱分解、非晶質化

粉砕エネルギーによる非晶質化などの物性変化や、粉砕エネルギーが熱に変換して粉砕温度が上昇することによる熱分解の恐れがある。物性変化を生じさせない粉砕条件の設定や、冷却機能がある粉砕機の選定が必要となる。

3）爆発、発火

粉塵爆発などに注意し、必要に応じて除電、不活性ガスの使用などの対策が必要である。

4）金属の混入

医薬品原料では少ないが、磨耗性のある原料の場合は粉砕機自体の金属が混入する恐れがある。ステンレス製の粉砕機を使用することが多いが、磨耗対策としてセラミック製の粉砕機もある。

7.4　粉砕仕事量

医薬品では粒子径はもちろん熱分解、非晶質化などの品質コントロールが重要であり、開発段階に十分なテストを通して、それぞれの品質を満足する運転領域を把握する。また、検討の中で固着などのハンドリング上の課題や生産性も同時に考慮して、領域内の最適な運転条件を決定する。このように多面的に進める医薬品粉砕の検討において一側面のみに着眼することは少ないが、一般的に目標粒子径の達成や生産計画立案のために重要なことの一つである粉砕仕事量について紹介する。例えば、原料や粉砕品の粒子径を変更した場合には、必要な仕事量を把握することにより粉砕時間が推定できる。粉砕に使用される仕事量は粉砕前後の粒子径あるいは粒度分布の変化と関係し、代表的なものとして以下の法則が提案されている。

1）リッチンガーの法則

粉砕の前後で異なっている重要なことは表面積が増加していることで

あり、粉砕に消費される原料単位質量当たりの仕事量Eは新しく生成した表面積に比例するという概念である。

$$E = C_R (S_p - S_f)$$

ここでC_R［J/㎡］は原料の種類によって決まる定数である。この逆数はリッチンガー数と呼ばれ、粉砕効率を表す基準の一つとして使用される。S_f、S_p は粉砕前後の質量基準比表面積である。この式を粒子径x_f、x_p で表すと次式になる。C_R'［J･m/kg］は定数である。

$$E = C_R' \left(\frac{1}{x_p} - \frac{1}{x_f} \right)$$

2）キックの法則

幾何学的に相似な変形を生じさせるために必要な仕事量は、原料中の粒子の大きさに関係なく原料全体積に比例するとした。原料粒子径x_fの粒子を繰り返し粉砕し、粒子径x_p の粉砕品を得た時、単位質量当たりの仕事量Eは粉砕前後の粒子径の比で決まるという概念である。C_K［J/kg］は定数である。

$$E = C_K \ln \frac{x_f}{x_p}$$

3）ボンドの法則

リッチンガー、キックの法則では単一粒子の理想的な粉砕として考えられているが、これに対してボンドは、粉砕は無限に大きい粒子を粒子径がゼロの無限個数の粒子に粉砕する途中の現象であるという考えを示した。粉砕の初期段階では、粒子に加えられたエネルギーは体積に比例するが、粒子内に亀裂が生じた後には生成した表面積に比例し、単位質量当たりの仕事量Eとして次式を提案している。C_B［J･m$^{0.5}$/kg］は定数である。

$$E = C_B \left(\frac{1}{\sqrt{x_p}} - \frac{1}{\sqrt{x_f}} \right)$$

また、この式の実用性を高めて粉砕に要する仕事量をW［kWh/ton］

で表した次式を提案している。

$$W = W_i \left(\sqrt{\frac{100}{x_{p0.8}}} - \sqrt{\frac{100}{x_{f0.8}}} \right)$$

ここで、$x_{f\,0.8}$[μm]、$x_{p\,0.8}$[μm]は粉砕前後の80％通過粒子径である。ボンドはW_i [kWh/ton]を、1 tonの原料を無限の大きさ（$x_{f\,0.8}=\infty$）から100μm（$x_{p\,0.8}$=100μm）まで粉砕するために必要な仕事量と定義し、これをワークインデックス、粉砕仕事指数と呼んだ。この値は多くの原料において測定されており、粉砕仕事量の予測を可能にしたため、この式は広く利用されている。測定法はJISにおいて制定されている。

7．5　衝撃式粉砕機での粒子径制御および固着抑制検討事例

実際の医薬品原薬の粉砕条件検討事例を示す。本事例で用いた粉体は固着しやすい物性であり、プロセス開発段階で固着による生産性低下が懸念事項となった。目標粒子径の満足と固着抑制の両面を考慮して生産性を確保する粉砕条件を確立し、スケールアップを実施した。

7．5．1　使用した衝撃式粉砕機

本事例において粉砕機はACMパルベライザ（ホソカワミクロン製）を使用した。ACMパルベライザは分級機を内蔵した衝撃式微粉砕機であり、広範囲で目的とする粒子径が得られやすい。粉砕機本体の概略図を**図7-1**に示す。供給された粉体は気流に乗り粉砕ハンマで粉砕され、分級部へ送られ分級される。細かい粒子は分級ロータを通過し、粗い粒子は分級ロータを通過できず再度粉砕部に戻り粉砕される。また、気流に温度コントロールした不活性ガスを用いることで爆発を予防し、熱分解が起きにくくなっている。この粉砕機において、本事例では粉砕ハンマで弾かれた粉体が粉砕室壁面へ固着する現象が生じた。粉砕ハンマ回

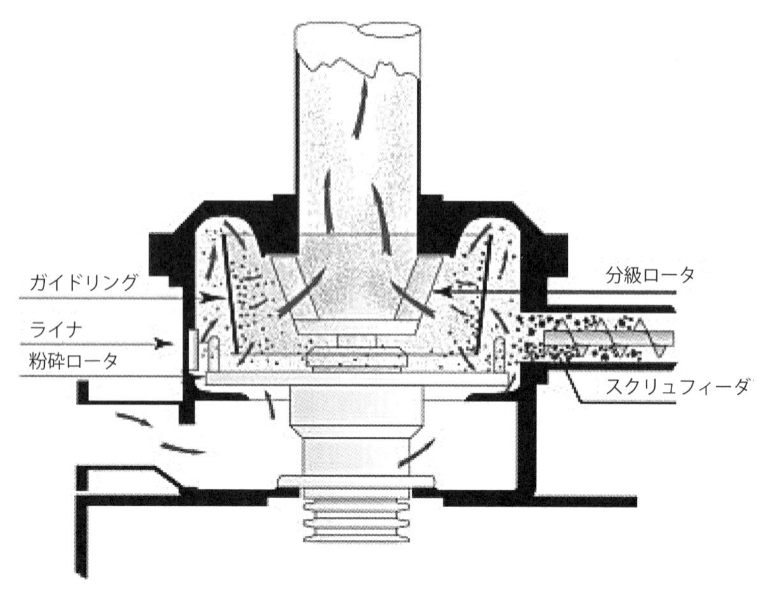

図7-1　ACMパルベライザ内部構造図

転数と分級ロータ回転数を大きく、風量を小さくすれば粒子径は小さくなるが、固着は増加する傾向にあるため目標粒子径の粉砕品獲得と固着抑制の両立は難しい。

7．5．2　粉砕条件検討

小スケールのACMパルベライザを用い、体積基準50％粒子径20μm以下に粉砕するための運転領域を把握した。**表7-1**の範囲でパラメータを変化させ、実験計画法にて得られた結果を**図7-2～4**に示す。粉砕ハンマ回転数が大きい時は十分に粉砕され、他のパラメータの粒子径への影響はほぼ見られないが、粉砕ハンマ回転数が小さい時は分級ロータ、

表7-1　実　験　範　囲

粉砕ハンマ［rpm］	分級ロータ［rpm］	風　量［㎥/min］	供給速度［kg/min］
3,500～6,800	1,550～2,950	5～11	0.3～0.9

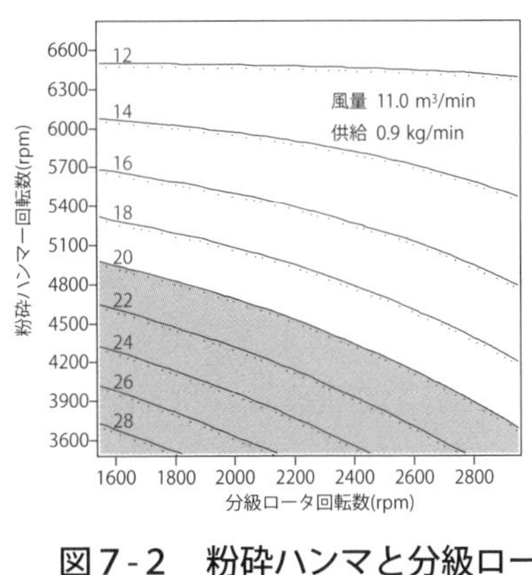

図7-2　粉砕ハンマと分級ロータの関係

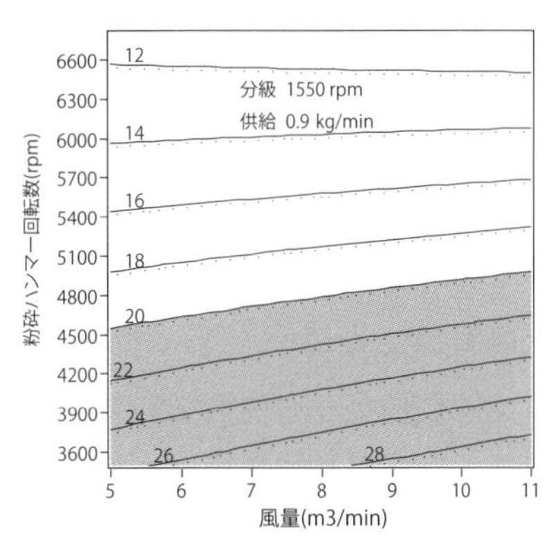

図7-3　粉砕ハンマと風量の関係

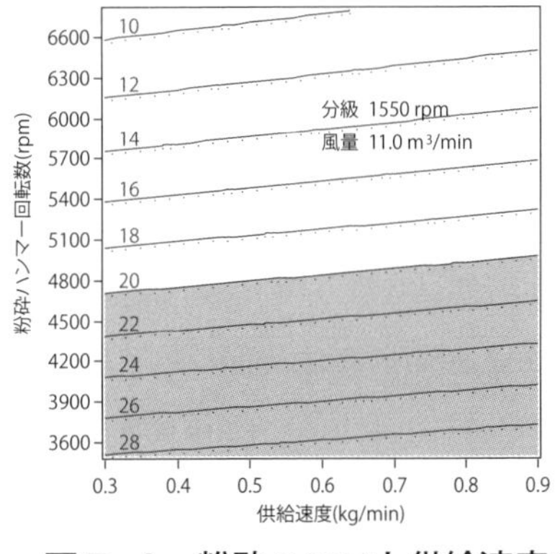

図7-4　粉砕ハンマと供給速度の関係

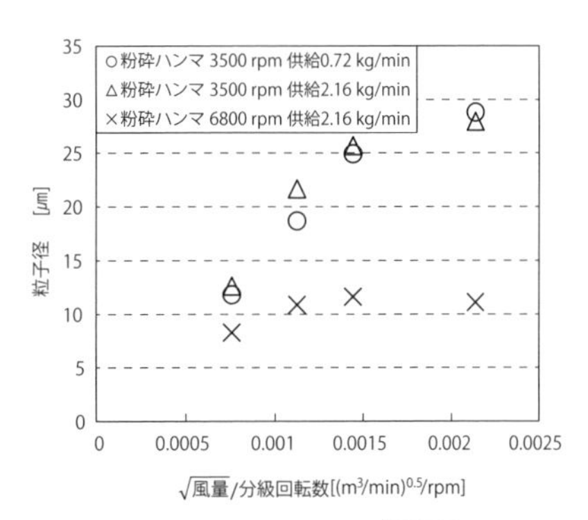

図7-5　粒子径と$\sqrt{\text{風量}}$/分級回転数の関係

風量の影響が大きくなっている。詳細は後述するが、遠心分級において粒子径は$\sqrt{\text{風量}}$/分級ロータ回転数に比例すると考えられるため、粒子径が大きくなり分級効果を得ているためだと考察できる。本事例においても、粉砕ハンマ回転数が小さい時は粒子径が$\sqrt{\text{風量}}$/分級ロータ回転数に比例していることが分かる(**図7-5**参照)。供給速度は実験範囲において粒子径への影響は小さいが、速度を大きくすると単位質量当たりの粉砕エネルギーが減ることで粒子径が大きくなる傾向が見られる。

次に粉砕品粒子径を満足しながら粉砕室壁面への固着を抑制するため

の検討を実施した。固着の直接要因は粉砕エネルギー（粉砕ハンマ回転数）であり、間接要因として分級効果（分級ロータ回転数、風量）による繰り返し粉砕される頻度や、粉砕室内の気流による壁面への衝突緩和が考えられる。影響度合いを比較しやすいよう固着成長が顕著な条件を基本として各パラメータを変動させ、壁面の固着厚みを比較した（**表7-2**参照）。その結果、検討範囲において固着成長は直接要因である粉砕ハンマ回転数よりも、間接要因である風量の影響を受けることが分かった。風量を増加させた際の固着抑制効果としては、粉砕ハンマ回転数が大きい運転領域では分級効果は小さいことから、粉砕頻度よりも粉砕室底部からの風速が増加し、壁面への衝突が緩和されたことが大きく影響したと考察する。なお供給速度の影響を調査した結果、検討範囲では固着成長への影響は見られなかった。以上のことから粒子径20㎛以下を満足する運転領域内で、固着抑制および生産性確保が可能な粉砕条件として粉砕ハンマ回転数5,750rpm、分級ロータ回転数1,550rpm、風量9㎥/min、供給速度0.7kg/minと設定した。

表7-2　粉砕パラメータと固着成長の関係（粉砕量10kg）

粉砕条件	粉砕ハンマ [rpm]	分級ロータ [rpm]	風　量 [㎥/min]	固着厚み [㎜]
固着検討基本条件	6,800	2,900	5	3.4
粉砕ハンマ条件変動	5,750	2,900	5	2.6
分級ロータ条件変動	6,800	2,250	5	1.8
風量条件変動	6,800	2,900	7	1.1

7.5.3　スケールアップの考え方と結果

これまで小スケール実験機器で粉砕条件検討を進めてきた。ここで実生産機にスケールアップするための各粉砕パラメータの考え方を示す。

1）粉砕ハンマ回転数

粉砕エネルギーを一致させるために粉砕ハンマの周速度一定とする。

2）風量および供給速度

風量は粉砕機内の線速度を一定とする。供給速度比は風量比と同様とする。

3）分級ロータ回転数

単一粒子の挙動を前提に理論分級径を一定とする。本粉砕機のように、粒子を含む流体を分級機に流入させる遠心分級タイプでは、粒子が分級された後、流体は中心部から排出される。**図7-6**に示すように、中心方向の気流速度u_gによる抗力Rと接線方向の粒子速度u_rによる遠心力Fが働く。遠心力が抗力より大きければ粒子は円周外側に移動し、粉砕されることで粒子径が小さくなると遠心力が抗力より小さくなり内側に移動する。遠心力と抗力が釣り合う粒子径が理論分級径である。

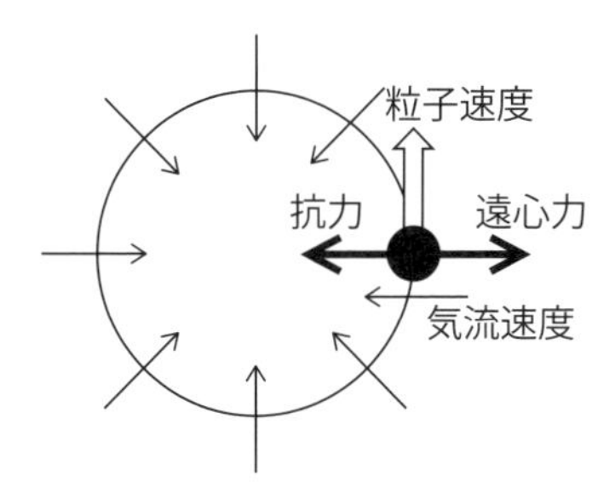

図7-6　遠心分級の原理

粒子を球と仮定すると断面積は$\pi D^2/4$であり、気流から受ける抗力は次式となる。ここでD、ρ_g、μ_gは、それぞれ粒子径、気体密度、気体粘度である。

$$R=C_D(\pi D^2/4)(\rho_g u_g{}^2/2)$$

C_Dは抗力係数であり、粒子レイノルズ数Re_pが小さいストークス域の場合、

$$C_D=24/Re_p$$

$$Re_p=(\rho_g u_g D)/\mu_g$$

となるため、抗力は次式となる。

$$R=3\pi\mu_g u_g D$$

一方、遠心力は次式となる。ρ_p、r はそれぞれ粒子密度、回転半径である。

$$F=[(\pi D^3)/6](\rho_p-\rho_g)(u_r{}^2/r)$$

したがって、$R=F$となる理論分級径Dは次のように求められる。

$$D=\sqrt{(18\mu_g u_g r)/[(\rho_p-\rho_g)u_r{}^2]}$$

ここで気流速度u_gは風量Qとロータ断面積Aから算出できる。粒子速度u_rは角速度ω [rad/s]で回転する分級機によって強制的に回転させられていると仮定し、分級ロータ回転数N[rpm]をスケールアップする。また、機器、粉体、気体が同一の場合、式を簡略化すると理論分級径は$\sqrt{Q}/N$に比例する。

$$u_g=Q/A$$
$$u_r=r\omega=2\pi rN/60$$

次に実際のスケールアップ結果を示す（**表7-3**参照）。粒子径は同等で、固着厚みは処理量に比例しており期待通りの結果が得られた。

表7-3　スケールアップ結果

粉砕機	粉砕ハンマ [rpm]	分級ロータ [rpm]	風量 [m³/min]	供給速度 [kg/min]	処理量 [kg]	粒子径 [μm]	固着厚み [mm]
実験機	5,750	1,550	9	0.7	10	15	0.5
実生産機	スケールアップ値				160	16.6	9.3

7.5.4 まとめ

小スケール粉砕実験において目標粒子径を満足する運転領域、固着成長に影響する因子を見定め粉砕条件を確立し、期待通りのスケールアップを達成した。通常、風量は分級や処理能力への影響を考慮して条件設定されるが、風量を適切にスケールアップしても、粉砕室への気体の流入方法などにより流れ状態が異なると固着トラブルが発生する恐れがあった。粉砕操作は非常に複雑で理論面から精度良く予測することは難しいのが現状である。したがって事前に粉砕テストを実施し、粉体物性や粉砕機の特性、問題点を十分に把握することと、可能な限りテスト時と粉砕条件や機器形状などを合わせた状態でスケールアップすることが重要である。また本事例にも当てはまるが、実際には粉砕機単独での粉砕操作は少なく、供給機などの付帯機器と連動させて運転することが多いため、目標となる粒子径や処理能力を達成するには構成機器全体が十分な働きをする必要がある。

参考文献

1）佐川良寿. 医薬品製剤技術. シーエムシー出版, **2002**, p.324.
2）椿淳一郎, 鈴木道隆, 神田良照. 入門 粒子・粉体工学. 日刊工業新聞社, **2002**, p.219.
3）“粉体層の操作とシミュレーション”. 粉体工学叢書 第7巻. 粉体工学会編. 日刊工業新聞社, **2009**, p.226.
4）粉砕と粉体物性. 八嶋三郎編. 培風館, **1986**, p.236.
5）ホソカワ製品ハンドブック. ホソカワミクロン㈱, **2003**, 12版, p.443.

第 8 章

蒸留・濃縮操作

8．1　蒸留・濃縮操作の目的と方法

8．1．1　蒸留・濃縮操作の原理と役割

数種の揮発性成分からなる混合液(原液)を加熱して沸騰させると、各成分からなる混合蒸気が発生するが、その組成は通常原液とは異なっており、揮発性の大きい、すなわち低沸点成分がより多く含まれている。したがって、この混合蒸気をコンデンサへ導いて冷却凝縮させれば、原液よりも低沸点成分に富んだ液体(留出液)を得ることができる(**図8-1**)。これが蒸留操作の原理であり、この技術は石油化学をはじめとする化学工業や蒸留酒製造などの食品工業など古くから様々な分野で活用されている。蒸留は、その方式において、**図8-1**に示すような沸騰と凝縮を1回だけ実施する単蒸留操作、単蒸留を多段階に行い、より低沸点成分の純度を向上させる精留操作に分類できる。また、操作様式も一定量の原液を1回ずつ処理する回分式と原液を連続的に装置に供給しながら操作を行う連続式とに分類することができる(**図8-2**および**図8-3**)。

精留装置の特徴は、精留塔を有する点であり、塔内部に多数の段を設け、**図8-4**に示すように各段上で気液を効率よく接触させるように工

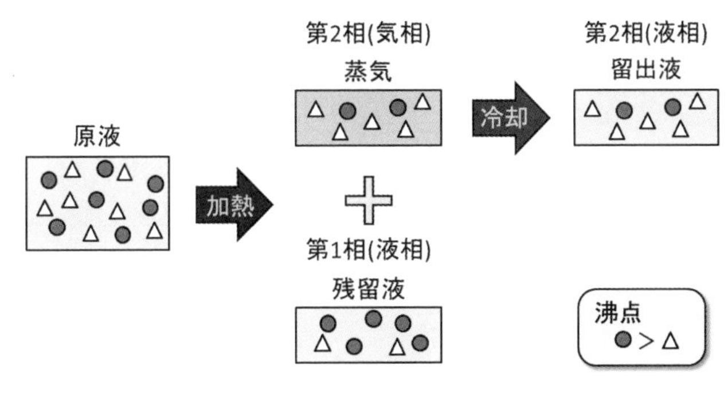

図8-1　蒸留操作の原理

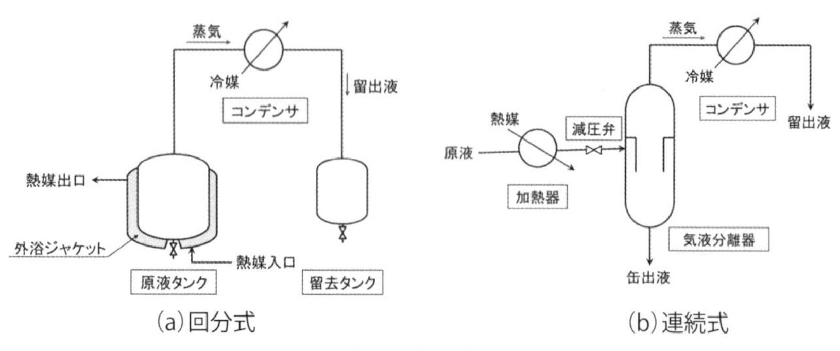

図８-２　単蒸留装置の例

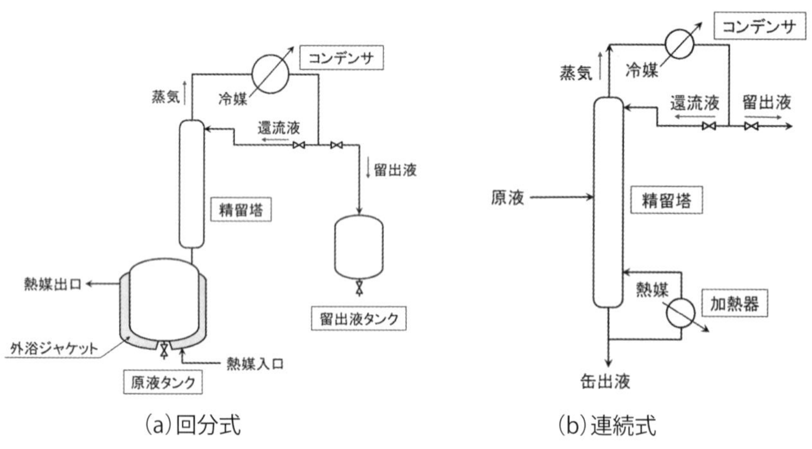

図８-３　精留装置の例

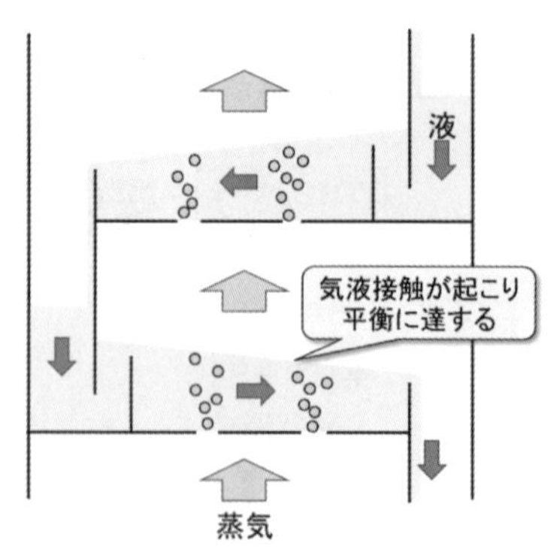

図８-４　精留塔内の構造

夫されている。気液接触によって、塔底から上昇してくる蒸気と塔頂から下降する液(留出液を一部塔頂に返送している)との間に熱交換が行われ、蒸気中の高沸点成分の一部は凝縮し、液中の低沸点成分の一部は気化する。気液接触の後、上段へ送られる蒸気と下段に送られる液体は気液平衡の関係にある。これが塔内の各段で行われることによって塔頂からは低沸点成分に富んだ蒸気が、塔底からは高沸点成分に富んだ液が取り出される。上述したような理想的な気液接触を行う仮想的な段のことを理論段、塔内の理論段の数を理論段数と呼ぶ。

精留塔の種類としては、多段塔の他、人工的に成形した充填物を塔内に詰めた充填塔がある。これは充填物の表面で連続的に気液接触を起こさせるものである。小規模な精留には充填塔方式が採用されることが多い。

濃縮操作とは、基本的に揮発性溶媒を沸騰、除去させ原液の濃縮を行うとともに、発生する蒸気を凝縮し留出液として回収する操作で、複数成分の分離を目的とする蒸留とは区別している。

8.1.2　医薬品原薬製造で用いられる蒸留・濃縮操作

原薬および中間体製造で蒸留操作や濃縮操作が用いられる例を以下に示す。

【蒸留操作の実施例】

- 溶媒回収
- 溶媒置換
- 特定成分の除去
- オイル状目的物の精製
- 並行反応において副生する揮発成分の除去

【濃縮操作の実施例】

- 溶媒量調整
- 濃縮晶析

医薬品製造は少量多品種製造という特徴を有しているため、バッチプロセスが大多数であり、そのため蒸留操作も基本的に回分式が採用されている。

また、溶媒置換や濃縮などは、反応、後処理、晶析といった一連の製造プロセスの一部として組み込まれている場合が多く、反応釜にコンデンサと留去タンクを取り付けた標準的な装置を使用しての単蒸留・濃縮操作を行うことが多い（**図8-5**）。例に挙げた、溶媒回収、オイル状目的物の精製や並行反応時の揮発性副生成物の除去などで精密な品質コントロールが必要な場合は、回分式精留装置または反応釜に精留塔を付設した装置〔**図8-3（a）**の原液タンクに撹拌装置を取り付けた装置〕を用いることもある。

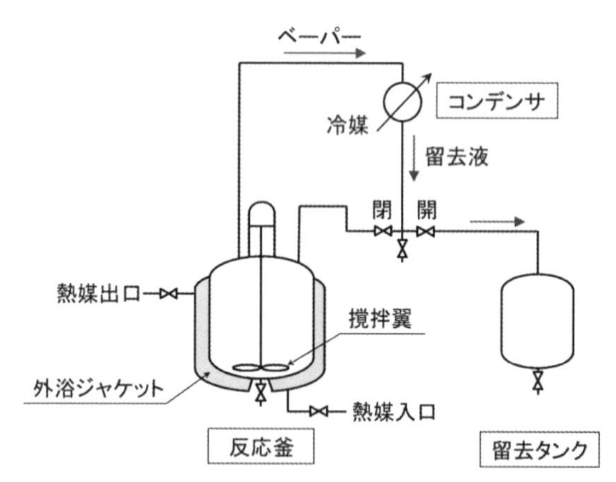

図8-5　一般的な反応装置での単蒸留・濃縮操作

8.2　蒸留の基礎

8.2.1　気液平衡

ある混合液体を加熱すると、やがて沸点に達し沸騰が始まる。この時の温度および圧力を一定に保つと、液体（液相）から沸騰で蒸発する速度と蒸気(気相)から凝縮により液化する速度が等しくなる。また、この時の気相組成、液相組成は一定値を示す。このような状態を気液平衡と呼ぶ。蒸留を考える上で、この気液平衡関係を十分に理解しておく必要がある。

気液平衡は**図8-6**で示されるような線図を用いて理解することができる。(a)沸点−組成線図は、一定圧力下での２成分系混合液の沸点と気液組成との関係を表しており、縦軸に温度、横軸に低沸点成分のモル分率をとって示す。図はベンゼン−トルエン系の線図であり、低沸点成分であるベンゼンのモル分率が横軸に取られている。この図は２本の曲線から構成されており、液体の沸騰開始温度を結んだ線を沸点曲線、気体の凝縮開始温度を結んだ線を露点曲線と呼んでいる。また、(b) x−y線図は、混合液中の低沸点成分のモル分率 x を横軸に、その液と平衡関係にある気相中の低沸点のモル分率 y をプロットした線図である。x−y線図上の曲線を平衡曲線と呼ぶ場合もある。

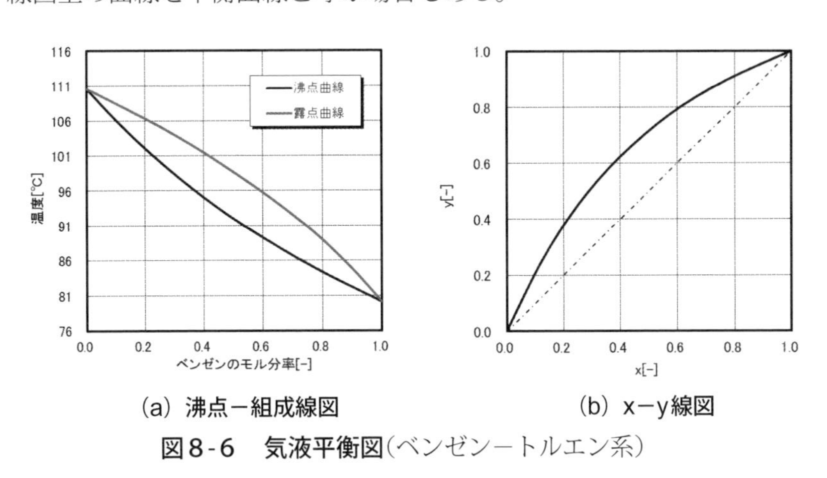

図8-6　気液平衡図(ベンゼン−トルエン系)

成分１および成分２からなる２成分系で、液相のモル分率をそれぞれ x_1、x_2、それと平衡関係にある気相の分圧を p_1、p_2とすると、各成分の液相組成−気相分圧の比を揮発度(k_i)と呼び、さらにその揮発度の比を比揮発度(α)と呼ぶ。

$$k_i = \frac{p_i}{x_i}$$ （式8-1）

$$\alpha = \frac{k_1}{k_2}$$ （式8-2）

このとき、低沸点成分の気相モル分率と液相モル分率の関係は以下のように表される。

$$y = \frac{\alpha x}{1+(\alpha-1)x}$$ （式8-3）

上記のベンゼン―トルエン系のように、構造が似通った2成分系では、気相が理想気体であるとして揮発度k_1、k_2がそれぞれ純粋な各成分の飽和蒸気圧P_1、P_2に等しいことが知られている。このような関係をラウールの法則（Raoult's law）といい、ラウールの法則が成立する混合液のことを理想溶液と呼ぶ。このような場合、**式8-1**および**式8-2**は以下のように書き換えることができる。

$$p_i = P_i x_i$$ （式8-4）

$$\alpha = \frac{P_1}{P_2}$$ （式8-5）

さらに、ラウールの法則に従う場合、各成分の飽和蒸気圧P_1、P_2は温度とともに大きく変化するが、その比であるαは温度によってはあまり変化せず、近似的には一定とみなしてよい。αの平均値として、両成分の沸点におけるαの値（α_1およびα_2）の相乗平均値α_{av}で代表することが多い。

$$\alpha_{av} = \sqrt{\alpha_1 \alpha_2}$$ （式8-6）

ここで、ラウールの法則に従わない系（非理想溶液と呼ぶ）では、理想溶液の気液平衡の挙動からずれが生じるため、**式8-4**は理想系からの補正係数である活量係数γ_iを用いて以下のように表される。

$$p_i = \gamma_i x_i P_i \qquad \text{（式8-7）}$$

ところで、**図8-7**および**図8-8**は、それぞれ二硫化炭素－アセトン系およびアセトン－クロロホルム系の気液平衡関係を表している。ともに液相組成と気相組成が一致する点が存在する（x－y線図では対角線との交点として表される）。このような組成の混合液のことを共沸混合物

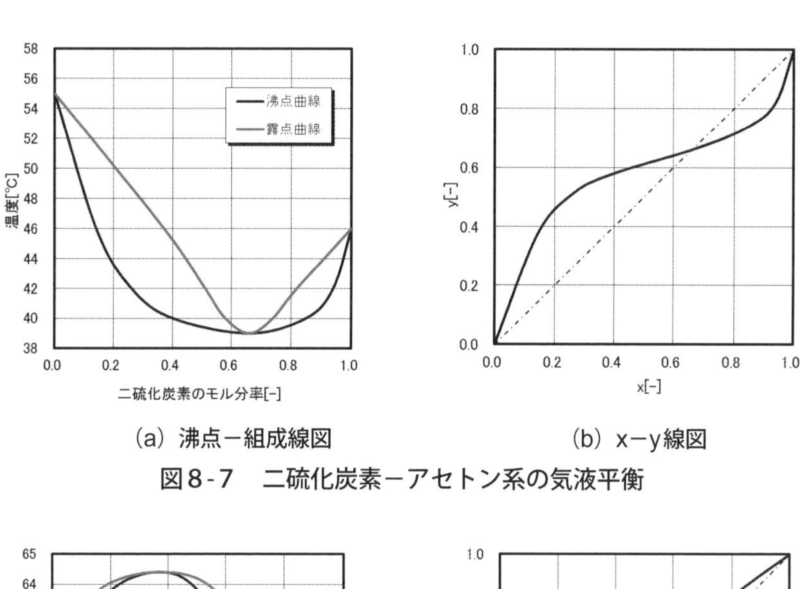

（a）沸点－組成線図　（b）x－y線図

図8-7　二硫化炭素－アセトン系の気液平衡

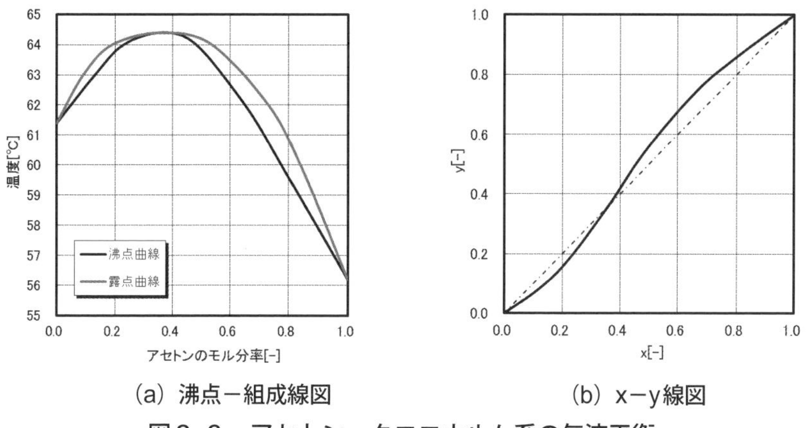

（a）沸点－組成線図　（b）x－y線図

図8-8　アセトン－クロロホルム系の気液平衡

と呼び、**図8-7**のような極小の共沸点を持つ系を最低共沸混合物、**図8-8**のような極大値を持つ系を最高共沸混合物と呼ぶ。

8．2．2　線図を使った蒸留過程の理解

ベンゼン－トルエン系の沸点－組成線図を用いて液相が沸騰に達し、すべて気相に変化するまでの組成変化を**図8-9**に示した。一定圧力下で①点の組成の液を加熱していくと、温度が上昇し②点で沸騰が始まり、②′点の蒸気が発生する（**図8-10②**）。さらに加熱すると、温度が上昇するとともに気相の容積は増大し、液相は減少していく。組成は沸点曲線、露点曲線に沿って、すなわち気液平衡関係を保ったまま変化する（例：

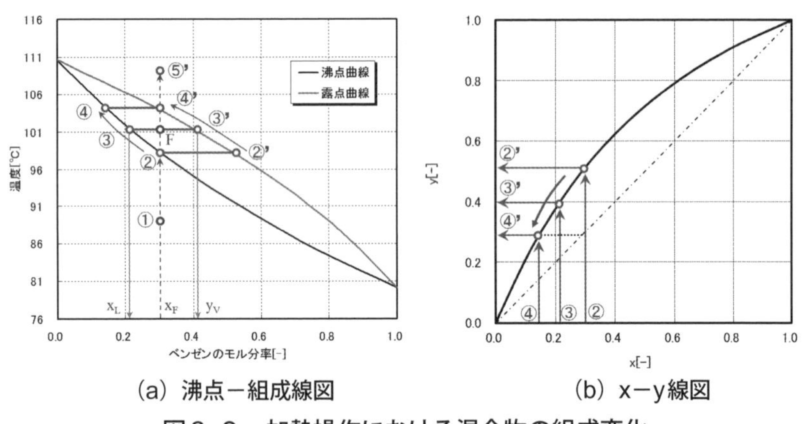

図8-9　加熱操作における混合物の組成変化

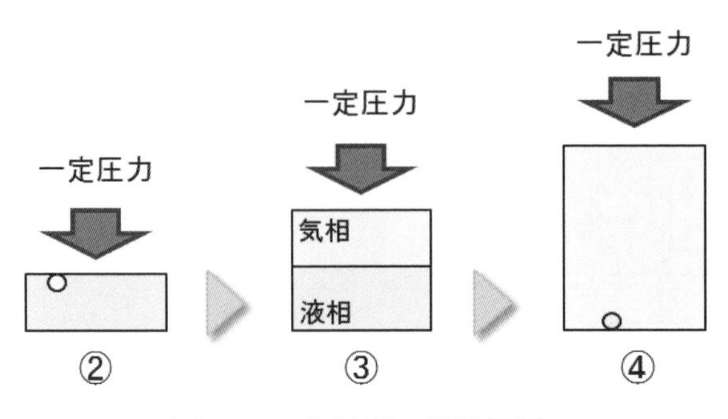

図8-10　気液相の量的関係

③－③′、**図8-10③**)。温度が④′点まで上昇すると、ほぼ気相のみとなり(**図8-10④**)、⑤′点に達すると気相のみとなる。よって、②′点や③′点での気相を取り出して、冷却し凝縮させれば原液①よりも低沸点成分(ベンゼン)の富んだ液体を得ることができる。**図8-9**および**図8-10**を見れば明らかなように、②〜④のどの点の気相を凝縮させるかによって、得られる凝縮液の組成や得量が異なってくる。例えば、加熱して③－③′の状態になったときの凝縮液(液量：V[mol]、組成：y_V[-])と残液(液量：L[mol]、組成：x_L[-])の関係は次のように表すことができる。

原液量をF[mol]、組成をx_F[-]とすると、物質収支から

$$F = L + V \qquad \text{(式8-8)}$$

$$Fx_F = Lx_L + Vy_v \qquad \text{(式8-9)}$$

両式からFを消去して整理すると

$$\frac{L}{V} = \frac{y_V - x_F}{x_F - x_L} \qquad \text{(式8-10)}$$

すなわち③－③′の線と①－⑤′の線の交点をFとした時、液量の比は③－F、③′－Fの距離の比として表される。蒸留操作を設計する際には、どのような組成の凝縮液がどの程度回収できるかを把握する必要があり、対象となる系の気液平衡関係を理解する重要性はここにある。

また、精留の原理を**図8-11**に示した。同じくベンゼン－トルエン系の同じ原液組成の加熱を考える。②点で沸騰した時、②′点の組成の蒸気が発生する。これを凝縮させると⑥の液を得る。これを再び沸騰させると⑥′の蒸気が発生し、これを凝縮させ⑦の液を得る。これを繰り返していくと原理的には純粋のベンゼンを得ることができる。この気化－凝縮の1段が、**図8-4**の精留塔の1段に相当しており、精留塔の段数設計にも気液平衡の把握が不可欠であることが分かる。

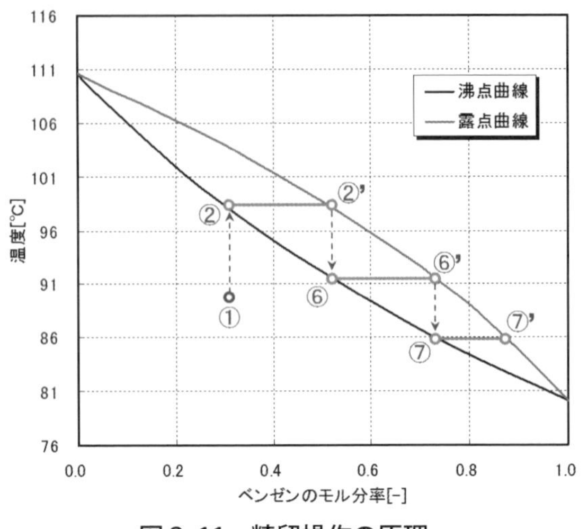

図8-11　精留操作の原理

8．3　単蒸留操作のシミュレーション

医薬品原薬における蒸留・濃縮操作は、上述したように図8-5で示すような標準的な反応装置を用いての単蒸留や濃縮が行われているケースが多い。ここでは、回分式の単蒸留における物質収支シミュレーションについて解説する。

8．3．1　物 質 収 支

全液量L[mol]、その低沸点成分の組成をx、その液から発生する蒸気の低沸点成分の組成をyとし、このあと液が微小量dLだけ蒸発し、その組成がdxだけ低下したとすると物質収支は次式で求めることができる。

$$Lx = (L - dL)(x - dx) + ydL \qquad \text{(式8-11)}$$

dLdxは無視小として、上式を整理すると、

$$\frac{dL}{L}=\frac{dx}{y-x} \quad \text{（式8-12）}$$

となり、この式を蒸留開始の状態（L_0, x_0）から蒸留終了の状態（L_1, x_1）まで積分して以下の式を得る。この式をレーリーの式（Rayleigh equation）という。

$$\ln\frac{L_0}{L_1}=\int_{x_1}^{x_0}\frac{dx}{y-x} \quad \text{（式8-13）}$$

また、蒸留して得られた留去液の組成x_Dは物質収支の関係から、

$$x_D=\frac{L_0x_0-L_1x_1}{L_0-L_1} \quad \text{（式8-14）}$$

となる。

8．3．2　シミュレーションの実際

気液平衡関係を知り、レーリーの式を用いれば、いくら留去した時に残留液あるいは留去液の組成がどのくらいになっているか？ あるいは組成X％の混合液を単蒸留して、組成Y％の留去液を得るにはどのくらいの量を留去したら良いのか？ などの諸問題が予測可能である。レーリーの式の積分は、①数値積分法、②図積分法のいずれかによって計算する。

1）数値積分法

ラウールの法則に従う系では、比揮発度αは各純粋成分の飽和蒸気圧で求まる（**式8-4**）、すなわち定数とみなして取り扱うことができることから、**式8-3**をレーリーの**式8-13**に代入して、以下のような解析解を求めることができる。

$$\ln\frac{L_0}{L_1}=\frac{1}{\alpha-1}\ln\frac{x_0(1-x_1)}{x_1(1-x_0)}+\ln\frac{1-x_1}{1-x_0} \quad \text{（式8-15）}$$

L_0、x_0、x_1 からL_1 を計算する場合は上式に値を代入すれば容易に求まる。また、L_0、L_1、x_0 からx_1 を計算する場合は、上の式を展開し、

試行錯誤法や非線形代数方程式を解くなどして、下式を満たすような x_1 を求める。

$$f(x_1)=\left(\frac{L_0}{L_1}\right)^{\alpha-1}\frac{(1-x_0)^{\alpha}}{x_0}x_1-(1-x_1)^{\alpha}=0 \quad \text{(式8-16)}$$

2）図積分法

ここでは、例題を解きながら図積分方法を解説する。

例題：メタノール40mol％の水溶液２kmolを単蒸留し、残留液のメタノール組成を20mol％としたい。この時の必要な留出液量および組成を求める。

まずは、メタノール－水系の気液平衡関係をデータ集などから入手する（**図8-12**）。

題意より、**式8-13**中のパラメータは、

L_0＝２kmol、x_0＝0.4、x_1＝0.2

である。x＝0.2～0.4間の任意の液相組成（x）に対する気相組成（y）をx－y線図より読み取り、1/（y－x）を計算する。1/（y－x）をxに対して

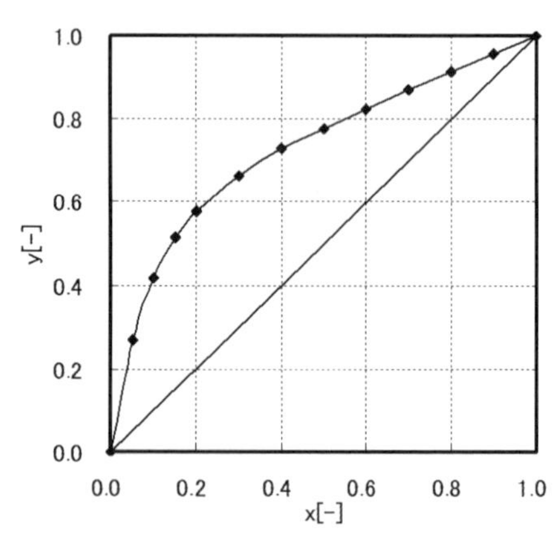

図8-12　メタノール－水系の気液平衡（x－y線図）

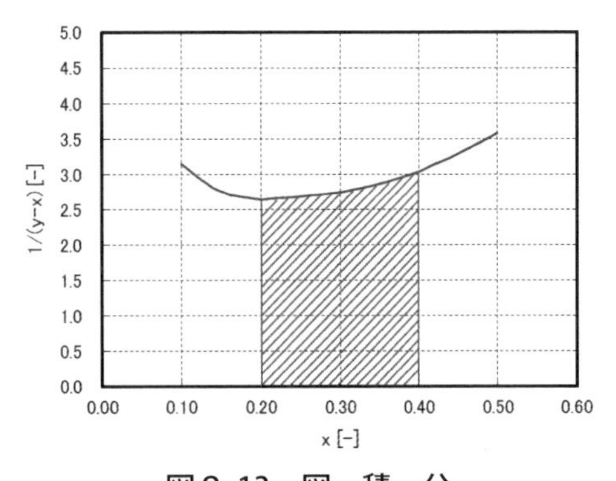

図8-13　図　積　分

プロットする(**図8-13**)。x＝0.2～0.4の範囲において、得られた曲線の下部面積(斜線部)を求める。

この面積は、**式8-13**の右辺に相当する。計算の結果、0.556が得られ**式8-13**に代入して、

$$\ln\frac{L_0}{L_1}=\int_{x_1}^{x_0}\frac{dx}{y-x}=0.556$$

L_0＝2 kmolであるから、残留液量L_1は1.15kmolを得る。よって留出液量(D)および留出液組成(x_D)は以下のように求まる。

$$D=L_0-L_1=0.85kmol$$

$$x_D=\frac{L_0x_0-L_1x_1}{L_0-L_1}=\frac{2\times0.4-1.15\times0.2}{2-1.15}=0.67$$

8．4　精留操作のシミュレーション

医薬品原薬製造において精留操作が採用されるケースはオイル状成分の精製や溶媒回収など限られている。また、プロセスの特性上、連続式の精留装置を用いることは少なく、ほとんどが回分式である。したがって、本項では回分式精留装置における物質収支のシミュレーションにつ

いて解説するにとどめる。

回分式精留装置は**図8-3 (a)**に示す通りで、精留塔の塔頂からの蒸気を凝縮させ一部（留出液）を製品として留去タンクへ送液し、残り（還流液）を精留塔へ返送する。この時、還流液量と留出液量の比を還流比と呼ぶ。精留装置では原液タンクでの熱負荷（＝蒸気発生量）および還流比をコントロールすることによって留出液組成および留出速度を制御している。また、精製能力に重要な役割を果たしているのが精留塔であり、その理論段数によって塔頂から取り出され得る製品組成が決まる。

8.4.1 物質収支

図8-14で示すような回分式精留装置を考える。第n-1段から発生する蒸気量をV_{n-1}[mol/s]、蒸気組成をy_{n-1}[-]、第n段から流下する液量をL_n[mol/s]、その液組成をx_n[-]、留出液量をD[mol/s]、留出液組成をx_D[-]とし、第n段以上の部分（図中破線部分）の物質収支を取ると次式のようになる。

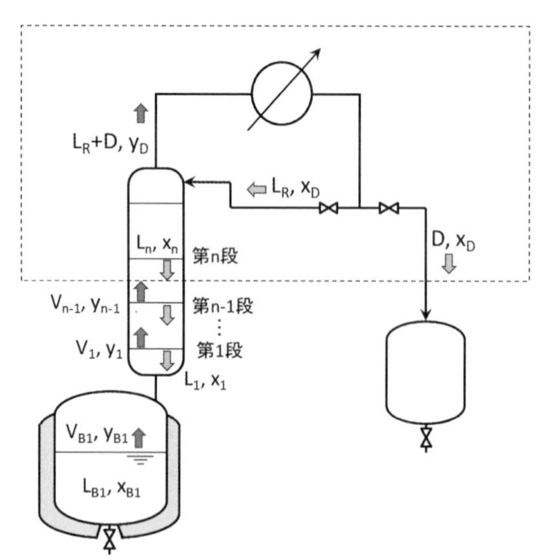

図8-14　回分式精留装置の物質収支

$$V_{n-1} = L_n + D \qquad \text{(式 8-17)}$$

$$V_{n-1} y_{n-1} = L_n x_n + D x_D \qquad \text{(式 8-18)}$$

さらに、各段から上昇する蒸気量、流下する液量をそれぞれ一定と仮定し、それらをV[mol/s]、L[mol/s]と表せば、

$$V_1 = \cdots = V_{n-1} = V_n = V = L_R + D \qquad \text{(式 8-19)}$$

$$L_1 = \cdots = L_n = L_{n-1} = L = L_R \qquad \text{(式 8-20)}$$

となるので、還流比を$R = L_R/D$と定義し、**式 8-19**および**式 8-20**を**式 8-18**に代入して、

$$y_{n-1} = \frac{R}{R+1} x_n + \frac{1}{R+1} x_D \qquad \text{(式 8-21)}$$

が得られる。この式は、任意の段の液組成x_nと下段からこの段へ入る上昇蒸気の組成y_{n-1}との関係を与える式であり、濃縮線と呼ばれx－y線図上では直線となる。

8．4．2　x－y線図を用いての精留操作の設計

1）精留塔理論段数の設計

メタノール－水系の回分式精留操作を考える。原液タンク内の液組成x_{B1}＝0.15とし、組成x_D＝0.95以上の留出液を得る精留において、仮に還流比をR＝５とした時に、所望の留去液組成を得るための精留塔の理論段数を算出する。２成分系の精留の場合は、x－y線図を用いた作図法で以下の通り理論段数を算出することができる。

図 8-15中、x_Dの垂線と対角線の交点から引かれた破線が**式 8-21**より求まった濃縮線である。この濃縮線と平衡曲線との間で階段作図（マッケーブ・シール作図）を行うことにより理論段数を求める。原液タンクから発生する蒸気組成y_{B1}と第１段から流下する液組成x_1との間には**式**

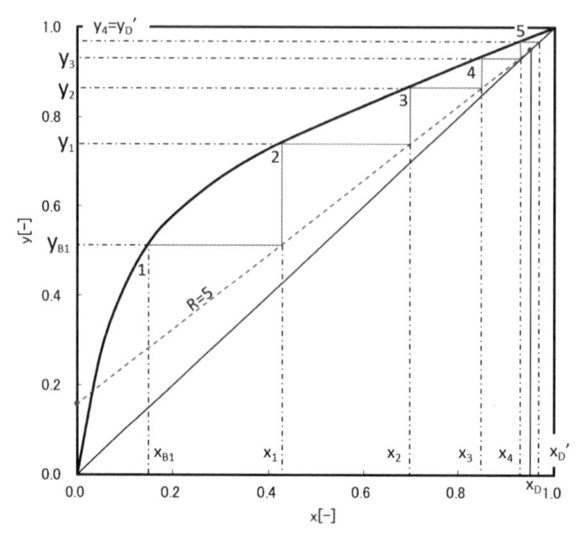

図8-15　メタノール－水系の回分精留

8-21が成立し、x－y線図上では、(x_{B1}, y_{B1})から水平に線を伸ばし、濃縮線と交わった点からx_1を読み取ることができる。第1段から発生する蒸気組成y_1は、そこから垂線を伸ばし平衡線と交わった点である。このような操作を、所望の留去液組成x_Dを超えるまで繰り返し、濃縮線と平衡線の間にできた階段の数が所要の理論段数を表すことになる。この例では、階段の数は5段であり、最初の1段は原液タンクを意味するので精留塔としては4段の理論段が必要であることが分かる。このように計算した結果、理論留去液組成は$y_D'=x_D'=0.97$となり、所望の$x_D=0.95$以上を満たすことが分かる。

2）留去液量の算出

微小時間における精留装置全体の物質収支は次のように表される。

$$dL_B \cdot y_D' = d(L_B \cdot x_B) = dL_B \cdot x_B + L_B \cdot dx_B \qquad \text{(式8-22)}$$

$$dL_B \cdot (y_D' - x_B) = L_B \cdot dx_B \qquad \text{(式 8-23)}$$

$$\frac{dL_B}{L_B} = \frac{dx_B}{(y_D' - x_B)} \qquad \text{(式 8-24)}$$

式 8-23を仕込濃度x_{B1}からある時間後の原液タンク濃度x_{B2}まで積分すれば、

$$\ln\frac{L_{B1}}{L_{B2}} = \int_{x_{B1}}^{x_{B2}} \frac{dx_B}{(y_D' - x_B)} \qquad \text{(式 8-25)}$$

より、原液タンク残量L_{B2}が得られ、L_{B1}-L_{B2}より留去液量が求まる。上式の右辺はx－y線図で階段作図を行うことによって求めることができる。**図 8-15**上の塔頂蒸気濃度y_D'より少し小さい$y_D'-\Delta y$を対角線上にとり、同じ傾斜の濃縮線を引く。$y_D'-\Delta y$から階段作図を行い、同じ理論段数まで作図した時の原液タンク濃度$x_{B1}-\Delta x$を読み取る。さらに塔頂蒸気組成を下げてこの操作を繰り返す。これを原液タンク濃度が目的とする濃度x_{B2}を超えるまで行い、それぞれのステップで求まった原液タンク濃度と塔頂蒸気濃度から$1/(y_D'-x_B)$を合算することによってL_{B2}が求まる。この時、留去タンク内の平均液組成$x_{D(avg)}$は以下の式で計算されるので、各操作で、この値が留去液の目標組成（x_D＝0.95以上）を下回っていないかどうかを確認する必要がある。

$$x_{D(avg)} = \frac{L_{B1} \cdot x_{B1} - L_{B2} \cdot x_{B2}}{L_{B1} - L_{B2}} \qquad \text{(式 8-26)}$$

3）品質のコントロール

還流比を種々変化させ、**式 8-21**に代入すると、それぞれの濃縮線は**図 8-16**のように表される。還流比を大きくとるほど、対角線に近づき、R=∞すなわち全還流状態となると濃縮線は対角線と完全に一致する。また、還流比を小さくとると、最終的にはx_{B1}からの垂線と平衡曲線との交点と交差する。ここで理論段数は無限大となり、所望の組成の留去液を取るための精留塔の高さが無限大となることを意味している。

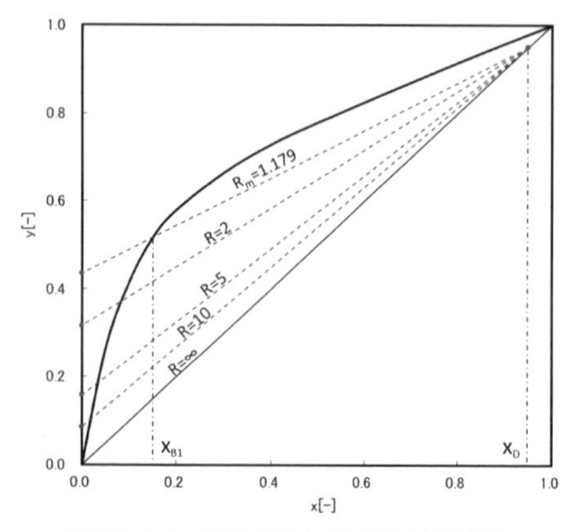

図８-16　還流比と濃縮線の関係

このときの還流比を最小還流比（R_m）と呼び、この値（図の例ではR_m＝1.179）以上の還流比で操作を行わなければならない。

上で述べたとおり、還流比は留出液組成および留出速度を制御している。原液タンクでの熱負荷を一定とすれば、すなわち発生蒸気量を一定とすれば、還流比を小さくとることにより留去速度は増す。しかしながら、**図８-17**（a）に示す通り、濃縮線は平衡曲線に近づき、同一の理論段数であれば、得られる留去液組成は低下する。逆に、還流比を大き

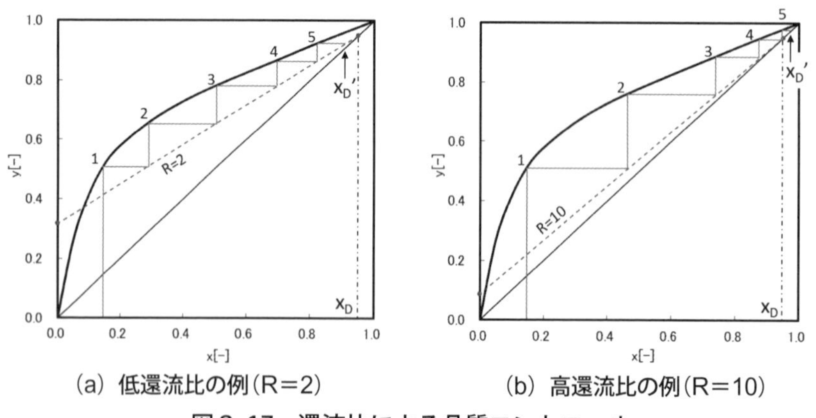

（a）低還流比の例（R＝2）　　（b）高還流比の例（R＝10）

図８-17　還流比による品質コントロール

くとれば、留去液組成は向上する〔**図8-17(b)**〕が、生産性は低下する。一方、原液タンクでの熱負荷を上げて発生蒸気量を増大させることによって、同一還流比でも品質を維持しつつ生産性を向上させることができるが、過度の蒸気量はローディング現象（塔内圧力損失が上昇する現象）やフラッディング現象（蒸気流速が大きすぎて液が流下できなくなる現象）、あるいは理論段数の低下を招くため注意深い設計が必要である。

8．5　濃縮操作のシミュレーション

濃縮操作では、所望の濃縮を行うのに要する作業時間を見積るケースがしばしばある。例えば、生産計画の立案時やプロセス検討において濃縮過程での品質低下のリスク評価時などである。濃縮速度の計算は、熱収支式から求めることができる。一般的な熱収支は以下のように表される。

蓄熱速度［W］＝発熱速度［W］＋熱流入速度［W］
－熱流出速度［W］　　（式8-27）

反応などを伴わない一般的な濃縮においては、発熱や蓄熱は行われないため、

熱流出速度［W］＝熱流入速度［W］　　（式8-28）

となり、熱流出は溶媒の蒸発に用いられる熱を表し、熱流入は外浴ジャケットからの入熱を表す。すなわち、ジャケットから流入した熱は蒸発潜熱として消費されることになり式で整理すると、

$$\frac{dD}{dt}=\frac{UA\Delta T}{\lambda}$$　　（式8-29）

D　：留去液量　［mol］
t　：時間　［s］
U　：総括伝熱係数　［W/㎡・K］

A	：伝熱面積	[㎡]
ΔT	：薬液とジャケットの温度差	[K]
λ	：蒸発潜熱	[J/mol]

となる。濃縮が進行するに従って、釜内液量とともに伝熱面積も減少する。蒸留操作の場合は、低沸点成分の減少に伴い釜内温度が上昇する。また、温度差は熱媒の選定によって、さらに総括伝熱係数は、撹拌条件や液量、薬液物性によって種々の値を取るため、ある程度の精度を求めるシミュレーションを行う場合は、伝熱の各パラメータの変動も考慮する必要がある。ジャケットからの伝熱に影響を及ぼす諸要因については第２章に解説されているので参照のこと。

参考文献

１）疋田晴夫. 改訂新版化学工学通論Ⅰ. 朝倉書店, **1982**.
２）大野光之. 化学装置の実用設計. 工業調査会, **1995**.

第 9 章
抽　　出

9.1 はじめに

石油精製、石油化学、などの化学プロセスにおける分離法の主流は蒸留であるが、この蒸留では困難な分離に対して液液抽出が適用されることがある。スルホランを抽出溶媒としたガソリン、ナフサ留分からのベンゼン、トルエン、キシレン、等芳香族成分の分離、フルフラールを抽出溶媒とした潤滑油からの芳香族成分の除去による精製、などがその例である。一方、扱う物質が熱に対して脆弱であり、分離工程の多くにに対して基本的に加熱を要する蒸留の適用が困難な食品や医薬品の製造においては、液液抽出は分離法の主流の一つである。また、各種金属の湿式製錬においても液液抽出を利用した金属の濃縮や金属間の分離が行われている。

一般に抽出といえば上に例を示した液液抽出を指すが、この他に超臨界抽出および固液抽出という抽出法も知られている。これらは、原料混合物(液体か固体)にこれとは完全には溶解しあわず不均一な２相を形成するような抽出溶媒(液体あるいは超臨界流体)を接触させ原料相－溶媒相間での成分ごとの分配の差異を利用して分離を促すという点で同様であるが、別の単位操作として取り扱われることが多い。ここでは、このような慣例にならって液液抽出(以降、抽出は液液抽出を指す)について概説する。

9.2 「分離」とは何か？

上記の通り抽出は分離操作の一つであり、以降の抽出の解説に関わる項目を中心に「分離」について簡単にまとめておく。

２成分からなる混合物をそれぞれの純粋成分にすることは、分かりやすい分離の例の一つであるが、これは特殊な例であり、このような分離をより一般的に定義するならば、２種類以上の成分を含む一つの混合物から、互いに組成の異なる（すなわち、もとの混合物の組成とも異なる）複数の混合物（純物質を含む）を得ること、である。何らかの操作により一つの混合物から複数の混合物を得たとしてもこれら得られた混合物の組成が互いに同一（すなわち、もとの混合物の組成とも同一）であれば、これは分離ではない。また、関連して回収、濃縮、除去、精製、などの用語があるが、これらも、それぞれ、（回収される）有用物－不要物間、（濃縮される）溶質－溶媒間、（除去される）不要物－有用物間、（精製される）有用物－不要物間、などの分離である。

分離を促すためには混合物に何らかの「手間」をかける必要がある。この「手間」は、エネルギー（熱など）や物質の投入であるが、これら投入されるものを分離剤という。ここで扱う抽出においては抽出溶媒が、前述の化学プロセスで多用される蒸留においては熱エネルギーが分離剤である。抽出のように分離剤が物質の場合においては、最終製品を得る段階で、原則として、製品と分離剤の間の分離も必要となる。

分離には平衡分離と速度差分離がある。平衡分離は、対象となる系における成分ごとの平衡の差異を利用する分離である。この場合、平衡状態に十分近づけることにより理想的な分離が期待できる。一方、速度差分離は、系が平衡状態に至る過程における成分ごとの平衡に至る速度の差異を利用する分離である。この場合には、成分ごとの平衡の差異がない場合でも、適当な非平衡の状態において分離が達成される。抽出は、基本的には平衡分離である。

9.3　溶媒への分配の機構

前述のように抽出は平衡すなわち平衡状態における溶媒に対する成分ごとの分配性（どれだけ溶媒中に移動するか）の差異により分離を促す。この分配性の大小が、例えば抽出対象成分Aについて、

A（原料相中）$\rightleftharpoons$ A（溶媒相中）　　　　（式9-1）

のように物理的な溶解のみで決まる場合の抽出を物理抽出という。例えば、前述したスルホランによる芳香族成分の抽出やフルフラールによる潤滑油の精製などは、物理抽出である。この場合には、好ましい分配の達成は、主に適切な抽出溶媒(純成分あるいは混合物)の選定のみによることとなる。

一方、分配性の大小に対して物理的な溶解だけでなく化学変化(反応)が関与する場合もあり、これを利用したものを化学抽出、反応抽出、などと呼ぶ。様々な反応が用いられているが、代表的なものを大まかに分類すると、原料相中の抽出対象成分Aと溶媒相中の成分BCが、より溶媒相中に溶解しやすい複合体ABCを形成しこの複合体としてAを抽出相中に得る場合〔**図9-1 (a)**〕、

A(原料相中)＋BC(溶媒相中)⇄ABC(溶媒相中)　　**(式9-2)**

このときにAとBCの一部であるCが交換されて複合体ABを形成する場合〔**図9-1 (b)**〕、

A(原料相中)＋BC(溶媒相中)⇄
AB(溶媒相中)＋C(原料相中)　　**(式9-3)**

BCが原料相中に存在する場合〔**図9-1 (c)**〕、

A(原料相中)＋BC(原料相中)⇄ABC(溶媒相中)　　**(式9-4)**

などがある。これらでいうところの成分BC(溶媒相中で利用する場合には抽出剤などと呼ばれる)やCの選定やその濃度の調整により、分離対象成分Aについての分配を制御することが可能である。本稿冒頭の例にある抽出による金属の分離などは**式9-3**〔**図9-1 (b)**〕で表される化学抽出であり、具体的には、

M^{n+}〔原料相(水相)〕+n(RH)$_m$〔抽出相(油相)〕⇄
MR_n(RH)$_{n(m-1)}$〔抽出相(油相)〕＋nH$^+$〔原料相(水相)〕　**(式9-5)**

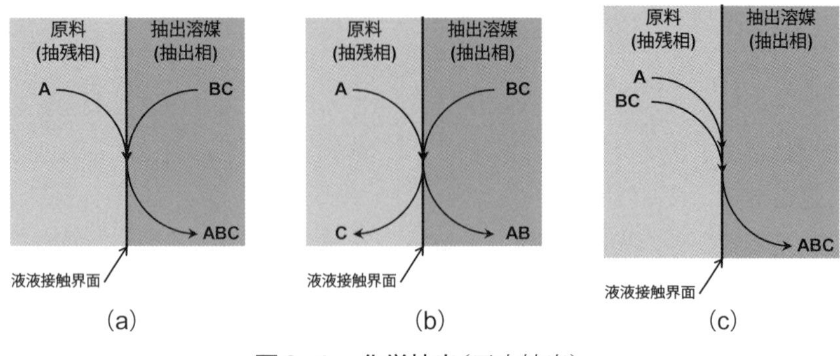

図9-1　化学抽出（反応抽出）

なる機構により複合体$MR_n(RH)_{n(m-1)}$の形で金属Mを油相中に得る。また、油相中の$(RH)_m$（抽出剤）の濃度や水相のpHにより、金属Mの分配を制御できる。したがって、好ましい分配を得るために、溶媒だけでなく抽出剤や原料への添加物、またこれらの組み合わせも含めて選択肢が豊富に存在する。

9．4　抽出による分離

9．4．1　基礎的諸関係

まず、**図9-2**(a)および(b)に示すようにある一つの成分（一般に成分iとする）が原料相から溶媒相に移動する（抽出される）様子を考える。図中のxおよびyは、それぞれ原料相（抽残相）中および溶媒相（抽出相）中の成分の濃度（次元は任意）である。抽出（接触）開始〔**図9-2**(a)〕から、原料相および溶媒相における成分iの濃度は変化し抽出後には**図9-2**(b)のような状態に至る。原料、溶媒、抽残相、および抽出相の質量R_0、E_0、R_1、およびE_1を用いると、抽出前後における成分iの物質収支関係は、

$$R_0 x_{i,0}+E_0 y_{i,0}=R_1 x_{i,1}+E_1 y_{i,1} \qquad \text{（式9-6）}$$

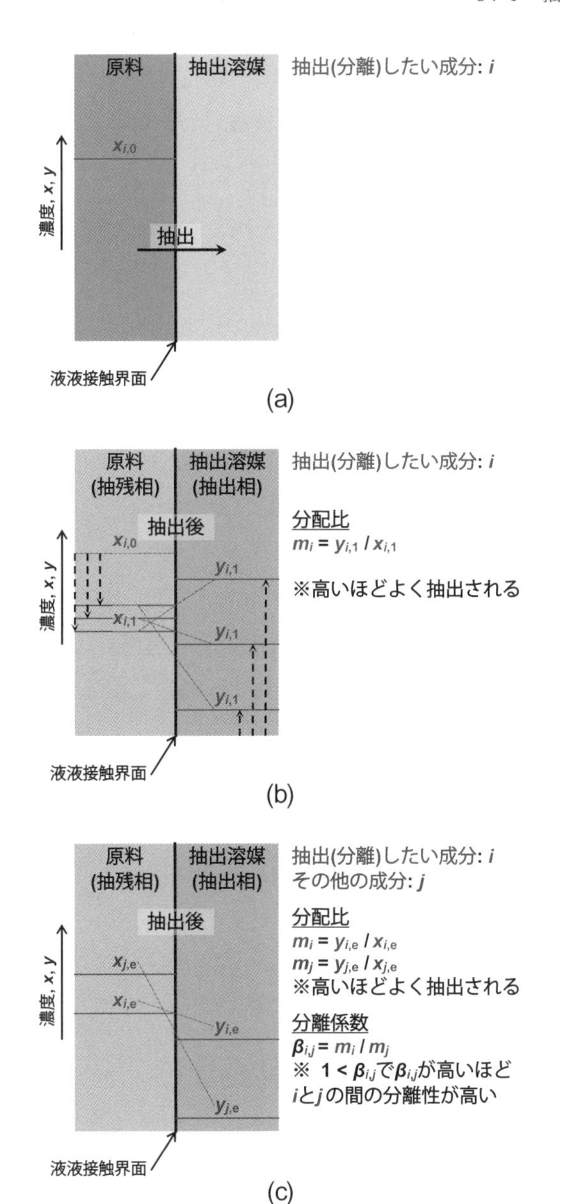

図9-2　原料相から溶媒相への成分の抽出と平衡：(a) 抽出開始時; (b) 抽出後; (c) 抽出後の2成分間の分離の様子

と表され、これを変形すると、

$$x_{i,0}+(E_0/R_0)y_{i,0}=(R_1/R_0)x_{i,1}+(E_1/R_0)y_{i,1} \quad \text{（式9-7）}$$

となる（ここでは$y_{i,0}=0$）。また、抽出後における成分iの分配比m_iを、抽残相中および抽出相中の濃度$x_{i,1}$および$y_{i,1}$を用いて、

$$m_i=y_{i,1}/x_{i,1} \quad \text{（式9-8）}$$

のように定義する。基本的に、これらの関係式に含まれる原料、溶媒両相中のそれぞれの成分の濃度$x_{i,0}$、$y_{i,0}$、原料に対する溶媒の量の比E_0/R_0の操作条件および分配比m_iにより、**図9-2（b）**の抽出後の状態が決定される。例えば、E_0/R_0つまり溶媒の量が大きいほど、m_iが高いほどよく抽出される。

このような原料相から溶媒相への移動はいずれの成分についても同様であるから、原料混合物に含まれる任意の２成分間（一般に成分iおよびjとする）の分離（成分iを溶媒相側でjを原料相側で得る）を考える場合には**図9-2（c）**のようになり、m_iが大きくm_jが小さいほど分離が進む。この二つの成分の分配比m_iおよびm_jを用いて、成分jに対する成分iの分離係数$\beta_{i,j}$を、

$$\beta_{i,j}=m_i/m_j \quad \text{（式9-9）}$$

のように定義する。これを用いれば、上記の分離については、m_iおよび$\beta_{i,j}$が大きいほど成分iとjがよく分離できることになる。

9．4．2　液液平衡と物質移動速度

このような抽出（接触）を十分に行うと抽出後の状態〔**図9-2（b）、（c）**〕は上記「９．３　溶媒への分配の機構」で述べた機構に基づいた液液平衡に至る。この平衡到達までに物質移動が起こるがこの速度を物質移動速度という。よく知られているように物質移動は分子拡散および対流により起こるため、その速度は、詳細は割愛するが、平衡関係や拡散係数

などの物性、抽出の物質系の様相を支配する各種操作条件、などの複雑な関数となり、速度差分離ではない場合においても操作条件の選定や抽出装置、プロセスの設計において重要な変数である。上記の分配比m_iおよび分離係数$\beta_{i,j}$はこれら平衡関係および物質移動速度によって決まる。また、前述の通り、抽出は平衡分離であり物質移動速度の影響は成分間で概ね相殺されるために$\beta_{i,j}$は主に平衡関係により決まる。なお、一般に分配比、分離係数といえば、いずれも平衡状態におけるものを意味する場合が多い（物理抽出の場合など一つの化学種についての平衡状態の分配比は分配係数である）。

9．5　三角図の利用

分離される原料混合物は少なくとも２成分からなり、これに少なくとも１成分からなる溶媒を添加して操作するので、最も簡単な操作は３成分系の物理抽出である。この様子を図示してみよう。

まず、一般に、系全体や不均一系の場合のそれぞれの相の組成を構成成分の分率（質量分率、モル分率、など）の組で表せば、これらの分率の総和は１となる制約がある。したがって、３成分系においては、３成分のうちの２成分の分率が決まると従属的にもう１成分の分率は決まる、すなわち、３成分系の組成は平面上の二次元座標で表すことができる。そこで成分A、B、およびSの３成分系を考え、通常の直交座標の横軸に成分Sの分率x_S、縦軸に成分Aの分率x_Aをとる。分率x_iのとりうる範囲が$0 \leqq x_i \leqq 1$であることから、縦軸および横軸をこの範囲のみで表示し、さらに$(x_S, x_A)=(0, 1)$の点と$(1, 0)$の点を結ぶと**図9-3 (a)**に示すような直角二等辺の三角図となる。例えば、図中の点Mの横軸は0.3、縦軸は0.4であるから、この点で表される３成分系混合物の組成は$x_S=0.3$、$x_A=0.4$、$x_B=1-x_S-x_A=1-0.3-0.4=0.3$の組となる。また点Mを図中のいずれの位置にとっても線分M_AM、M_SM、および$M_A'M$（$M_S'M$）の軸上での長さ$\overline{M_AM}$、$\overline{M_SM}$、$\overline{M_A'M}$（$=\overline{M_S'M}$）の和は１

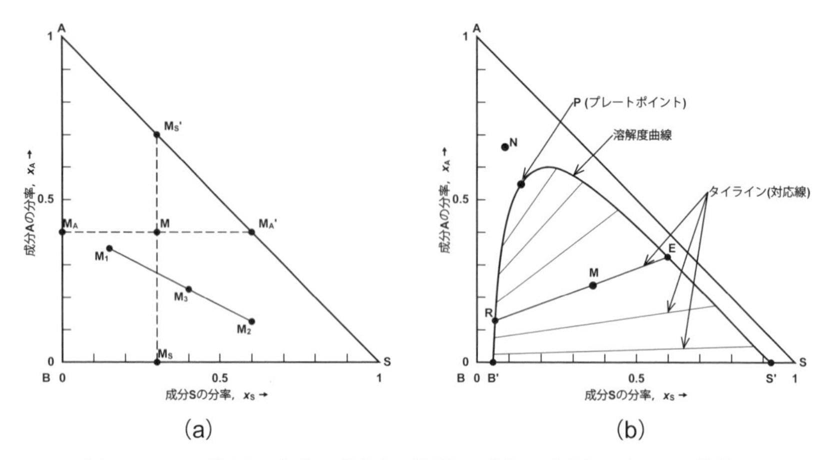

図9-3　三角図：(a)三角図の性質；(b)三角図による3成分系液液平衡(温度，圧力一定)**の図示**

であるから、$\overline{M_A{}'M}$（$=\overline{M_S{}'M}$）を読めば直接x_Bを知ることもできる。三つの頂点はそれぞれ成分の分率が1の場合、つまり純粋成分の組成を表しておりここにその成分名を記すことが多い。同様に三つの辺はそれを挟む頂点で表される2成分のみの混合物の組成を表している。異なる組成の混合物(純粋成分を含む)の混合や分離の様子を表すことも可能である。図中の点M_1およびM_2で組成が表される混合物同士を混合し得られる混合物の組成を表す点M_3は線分M_1M_2上に存在し、M_1とM_2の混合比はいわゆる「てこ」の原理で線分M_2M_3と線分M_1M_3の長さの比$\overline{M_2M_3}/\overline{M_1M_3}$となる。これと同様に$M_3$の混合物から$M_2$の混合物を分離するともう一方の混合物は$M_3$および$M_2$を通る直線上に存在する$M_1$で表される混合物となり、$M_2$と$M_1$の混合物の量の比も$\overline{M_1M_3}/\overline{M_2M_3}$となる。ここでは直交座標に基づいて例として直角二等辺三角形を用いたが、組成の範囲などの条件や利用の目的に応じて正三角形を用いると好都合な場合もある。

次に、この三角図を用いて温度、圧力一定における3成分系の液液平衡関係を表してみよう。一例を**図9-3**(b)に示す。3成分系の液液平衡関係には様々な型があるが、ここでは他の教科書でもよく用いられているこの図のような型の例を用いる。参考までに他の型の代表的なものを**図9-4**にまとめる。まず、三角図上のB′RPES′で表される曲線（端点B′、S′を含む）を溶解度曲線と呼ぶ。この曲線と開線分B′S′で囲まれる領域（溶解度曲線を含まず開線分B′S′を含む）にA、B、およびSの３成分系全体の組成を表す点が存在する場合（例えば図中の点M）にはこの系は不均一な２液相を形成し、これ以外の組成（例えば点Nで表される組成）であれば系は均一な１液相となる。ついで、系全体での組成が不均一な２液相を形成する範囲にある場合（例えば点Mで表される組成）において、この２液相それぞれの組成を表す点（これらは溶解度曲線上にある）を結んだ開線分（例えば点Mの場合に対しては開線分RE）をタイライン（対応線）という。タイラインは無数にあるがこれらは互いに交わることはない。また点Pはタイラインの端点が互いに一致した点と見なせ、これをプレートポイントという。またこの図より、成分BとSの２成分系

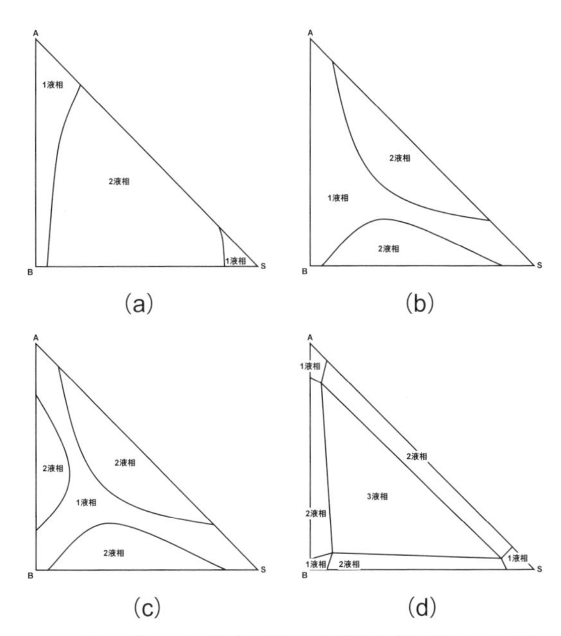

図9-4　その他の３成分系液液平衡関係（温度，圧力一定）
の例（タイラインなど省略）

は不均一な2液相を形成する場合があり成分Sに対するBおよびBに対するSの溶解度はそれぞれ線分S′SおよびBB′の長さ$\overline{S'S}$、$\overline{BB'}$であること、成分AとBおよびAとSの2成分系はそれぞれどのような混合比においても均一な1液相を形成すること、なども分かる。

このように3成分系においては、温度、圧力を指定すると図のように溶解度曲線とタイラインが決まるが、このとき均一な1液相となる条件のもとでは、二つの成分の分率に温度、圧力を加えた四つの変数を任意に指定することにより系の状態が決まる。このことはギブスの相律による系の自由度fが、

$f=c$（系に存在する成分数）$-p$（系に存在する相の数）+2　**（式9-10）**

$=3-1+2=4$　**（式9-11）**

となることと一致する。一方、不均一な2液相の場合には、2液相のうちの1液相のある一つの成分の分率を決めると溶解度曲線およびタイラインにより2液相の組成が決まる。つまり、温度、圧力、および一つの成分の分率の三つの変数で状態が決まり、これも、

$f=3-2+2=3$　**（式9-12）**

と一致する。

実用上は、物理抽出であっても2成分の原料を1成分の溶媒で抽出することは少なく、化学抽出を含めて3成分を超える多成分系を扱う場合がほとんどである。三角図は、ギブスの相律からも分かるように、このような多成分系に対して厳密には利用できないが、抽出の様子を定性的に把握するには大いに役立つ。

9.6　抽出操作

9.6.1　基本的な操作と平衡抽出

化学プロセスなどにおける操作としての抽出の概要は**図9-5**および

以下のようになる。

(1) 分離したい原料（混合物）R_0を適当な抽出溶媒E_0と接触させることにより、上記のように溶媒側に移動しやすい成分をより抽出し、移動しにくい成分をより原料相側に留める。同時に溶媒成分の一部も原料側に移動する。このとき、基本的に２液相の内の一方の液相が液滴となってもう一方の液相中に分散した状態となり、液滴となって分散している相を分散相およびもう一方の相を連続相と呼ぶ（**図9-5**の例では原料相が連続相、溶媒相が分散相）。原料相、溶媒相のいずれを分散相あるいは連続相にするかによって、物質移動速度、操作の安定性、などが大きく影響される；

(2) 原料側の相（抽残相）R_1と溶媒側の相（抽出相）E_1とを分相する；

(3) 抽残相および抽出相それぞれを溶媒成分とその他の成分とに何らかの方法で分離する（図では抽残相の分離は省略）；

(4) (3)で得られた溶媒成分はリサイクルされ、(1)で再利用される；

(5) (3)で得られた溶媒以外の成分は、それぞれ抽残相側および抽出相側の製品R_1'、E_1'となる。

溶媒成分の原料側への移動が無視できるあるいは溶媒を含む抽出相がそのまま製品となるために(3)の操作が不要となるなど特殊な場合もあるが、一般には上記(1)～(5)の手順に従う。

(1)における抽出で得られる抽残、抽出両相が互いに平衡に至っている操作を平衡抽出、そのような抽出装置（段）を理想段（あるいは理論段、平衡段、など）と呼ぶが、この場合の様子を三角図に表してみよう。**図**

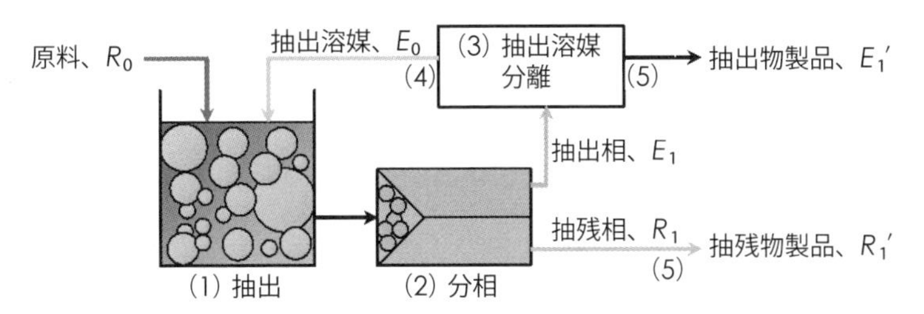

図9-5　抽出操作の概要

9-3 (b) の場合と類似した平衡関係を有する成分AおよびBからなる原料R_0を成分Sの溶媒E_0で抽出する様子を**図9-6**に示す。R_0とE_0を接触させると系の平均の組成は線分R_0E_0上の点M_0となるが、この領域は溶解度曲線の内側で系は不均一な2液相を形成し、それぞれの相すなわち抽残相および抽出相の組成は点M_0を通るタイラインの端点R_1およびE_1で表される。これら抽残、抽出両相から溶媒成分Sを分離すればそれぞれの製品となり、これらの組成は点S、R_1を通る直線上および点S、E_1を通る直線上のそれぞれR_1'およびE_1'で表される。**式9-7**中のE_0/R_0すなわち溶媒原料比などは、図上の線分E_0M_0に対する線分R_0M_0の長さの比$\overline{R_0M_0}/\overline{E_0M_0}$などで表される。不均一な2液相を形成するためには$M_0$が開線分$M_{0,a}$ $M_{0,b}$（$M_{0,a}$および$M_{0,b}$は溶解度曲線上の点）上に存在する、すなわち$\overline{R_0M_{0,a}}/\overline{E_0M_{0,a}} < E_0/R_0 = \overline{R_0M_0}/\overline{E_0M_0} < \overline{R_0M_{0,b}}/\overline{E_0M_{0,b}}$である必要がある。

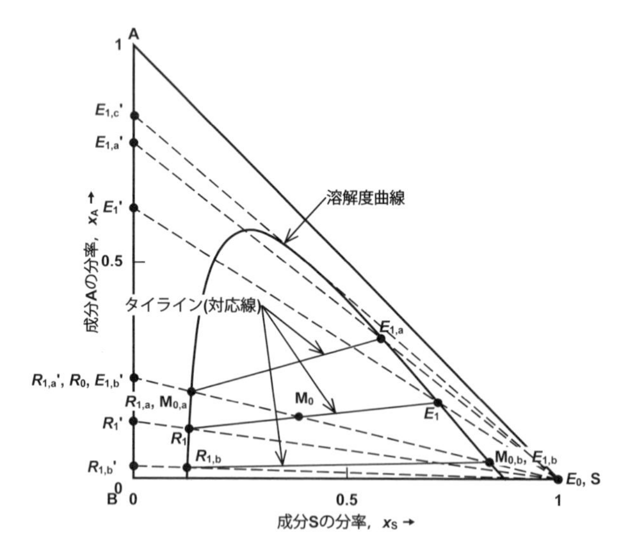

図9-6　三角図による抽出操作の図示

9．6．2　操作上における分離の改善

前述のように、1回（段）の平衡抽出でも基本的に分離は起こるものの、

その性能は必ずしも高くはない。**図9-6**の例でいえば、この平衡関係を用いた抽出で得られる最もBの濃度の高い溶媒抜き抽残相の組成は点B(純粋)、最もAの濃度の高い溶媒抜き抽出相は$E_{1,c}'$〔**図9-4 (a)**のような平衡の場合には点A(純粋)〕で表されるのに対して、R_0を原料とした場合にはいかなるE_0/R_0の条件で行っても、最もBやAの濃度の高い溶媒抜き抽残相、抽出相はそれぞれ点$R_{1,b}'$や$E_{1,a}'$で組成が表されるものであり、純粋なBや$E_{1,c}'$の製品までに達しない。さらにいかなる組成の原料(R_0)であっても、1回(段)の平衡抽出では純粋なBと$E_{1,c}'$の製品を同時に得ることはできない。したがって、実用上はこれらを補うために、以下のように適切に操作を統合して運転することがほとんどである。

1) 多段化と向流接触

1回(段)の抽出で分離が不十分であればこれを改善するために抽出を複数回行う、つまり多段化する方法がある。ただし、得られた抽残相と抽出相を再度接触させてもほとんど(理想段の場合には全く)意味がない。そこで、**図9-7**に示す通り、第1段において原料R_0と溶媒S_1を接触させ抽出を行い抽残相R_1と抽出相E_1を得る、この抽残相R_1を再度未使用の溶媒S_2と接触させ新たな抽残相R_2と抽出相E_2を得る、この新たな抽残相R_2をさらに未使用の溶媒S_3と接触させる、というようにこの操作を所望の分離が達成されるまで繰り返す方法がある。最終的に得られた抽残相R_nおよびそれぞれの段からの抽出相E_1～E_nあるい

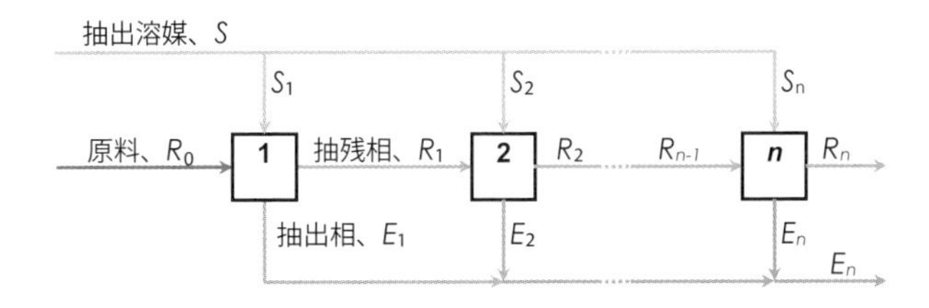

図9-7　並流多回(段)抽出

はこれら抽出相の混合物Eが製品となる。これを並流多回(段)抽出と呼ぶ。また、**図9-8**のように多段化した抽出装置の両端から原料と溶媒を供給し、原料(抽残)相と溶媒(抽出)相を互いに向かい合わせに流しながら接触させる方法もあり、これを向流多段抽出という。一般には、並流多回抽出に比較して向流多段抽出の方が効率は高く、実用的にも向流多段抽出を採用する場合が多い。

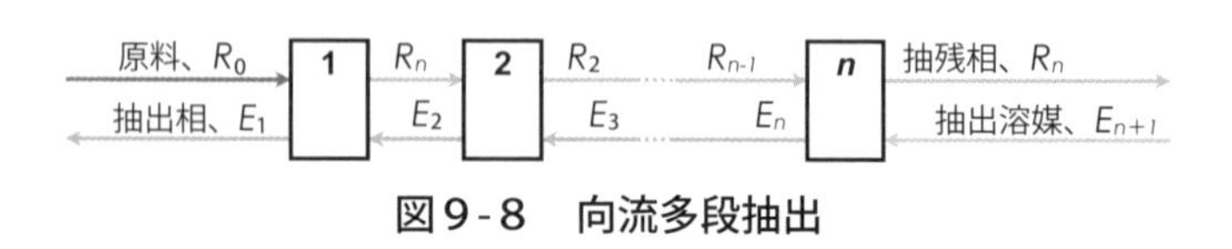

図9-8　向流多段抽出

多段抽出の場合には、それぞれの段に対して十分な接触を行うための混合器(撹拌槽など)および接触後の2液相を機械的に分離するための分相器の二つの装置が必要となる。したがって段数の増加とともに装置の費用も嵩んでくる。そこで、向流の場合には**図9-9**(a)のように高さのある縦型の塔形式の装置(塔)の上端(塔頂)と下端(塔底)からそれぞれ重液相と軽液相(図は原料が重液相、溶媒が軽液相の場合)を供給し向流に接触させる方法もある。撹拌槽などに比較して液液間の接触の十分さは

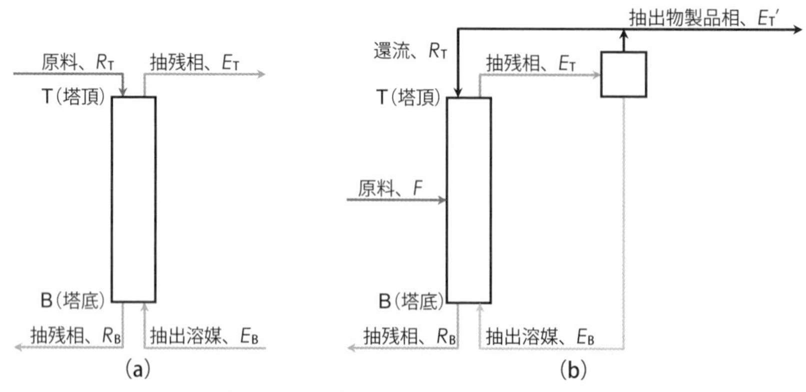

図9-9　(a)向流微分接触；(b)還流を伴う向流微分接触

劣るが、多段抽出のように複数の装置を必要とせず、分相も装置内の塔頂あるいは塔底において行うことにより向流接触が可能である。このような接触方法を(向流)微分接触といい、これに対して(向流)多段抽出のような接触を(向流)階段接触などと呼ぶ場合もある。向流微分接触の場合には塔内において高さ方向の混合は極力避けるべきである。例えば極端な場合として、塔内が十分に混合したような状態では向流接触ではなく、**図9-8**の1段分と同様の性能しか持たないこととなる。

2）還　　流

上記のような単純な向流接触においては、段数や高さを十分大きくしても原料と平衡にある抽出相の組成を超える抽出成分の濃度を得ることはできない。そこで、**図9-9(b)**のように原料を装置の中ほどに供給し、抽出相中の溶媒成分から製品となる抽出成分を分離した後この一部を抽出相が得られた装置の端に供給し抽出相と接触させることにより抽出成分をさらに濃縮する方法がある。この装置に戻す抽出成分の流れあるいはこの方法を還流という。分離される混合物の系や条件によっては、抽残相出口側にも還流を施すことによりさらに分離を高めることも可能である。製品となる流れ(抽出成分、抽残成分)に対する還流の流量の比を還流比と呼び、これにより還流の程度を表す場合が多い。還流比の増加とともに濃縮は進むが、同時に装置内を滞留する液量も増加し装置の寸法を大きくする必要も生ずるため、所望の製品の濃度と装置の寸法との間で適切な還流比を選択する必要がある。

ここでは割愛するが、これら多段化、向流接触、および還流の効果についても、前述の三角図を用いて説明でき、階段接触の場合の段数を求めることなども可能である。読者自身で試していただきたい。

9.6.3　工業用抽出装置概要

不均一な2流体相を接触させるという点で、抽出においても蒸留や吸収などの気液接触操作で用いられる各種充填塔、段塔、などが利用される。一方、抽出(液液接触操作)が気液接触操作と大きく異なる点は、2流体相がいずれも液相であること、すなわち2相間の密度差が小さいこと、および原則として装置内に気相が存在せず、すべて液体で満たされることである。前者より、撹拌槽などの混合器と分相器の組み合わせが利用できるが、塔形式の装置においては気液接触に比較して両相の操作可能な流量の範囲が狭くなる。後者の点からは気液接触に比較して塔形式の装置の高さや段数の増加に伴う必要な装置の強度すなわち建造の費用の増加は著しく、より効率の良い接触方式が求められる。したがって段塔のように塔形式の装置の内部に簡単な段を設けた上で、塔の中心に高さ方向に設置した軸を共通で用いる撹拌翼をそれぞれの段に装備したもの(シャイベル塔、回転円板抽出塔、オールドシュー－ラシュトン塔、ルーワ抽出機、クーニ塔など)が主流である。その他、連続相を脈動させながら供給するもの(脈動塔)、分相に遠心力場を用いるもの、などもある。

9.7　抽出溶媒の選択

分離の性能そのものだけを考慮すれば、9.4で述べたように溶媒側に抽出したい成分iの分配比m_iおよび原料側に残しておきたい(抽出したくない)成分jとの分離係数$\beta_{i,j}$が大きければ大きいほどよい。したがって、この条件によく合うような抽出溶媒を探索することとなるが、一般には相対的にm_iが大きい溶媒では$\beta_{i,j}$が小さく、一方$\beta_{i,j}$を重視すればm_iについては期待しないという場合がほとんど(すべてではないが…)であり、m_iと$\beta_{i,j}$との間での妥協、折衷が必要となる。このとき、分離の仕様(製品の収率や純度など)によってどこで妥協、折衷するかが影響をうける。

一方、9.6で述べた抽出の操作に対して不都合がないという条件も極めて重要である。一般的な操作性が良好〔流動性が高い(つまり粘性が低い)、揮発性が低い、など〕である、原料相(抽残相)との十分な密度差および界面張力があり分相が容易である、必要な場合には抽出成分と溶媒成分との分離が容易（例えば、フラッシュ蒸発や蒸留により抽出成分－溶媒成分間の分離を考える場合には、原料混合物と十分な沸点差があるなど）である、毒性やプロセスを構成する装置に対する腐食性が十分低い、などが必要である。これらの条件が満たせず抽出の操作そのものが不可能であれば、たとえ理想的なm_iや$\beta_{i,j}$であったとしても、抽出溶媒としての価値は皆無となる。

さらに、当然のことながら、価格が適切（所望の抽出分離に見合う価格）であること、容易に入手できること、なども重要な選択の条件である。

参考文献

1）Treybal, R. E. *Liquid Extraction*. 2nd Edition, McGraw-Hill, **1963**.
2）化学工学演習. 藤田重文 編. 第2版, 東京化学同人, **1979**.
3）King, C. J. *Separation Process*. 2nd Edition. McGraw-Hill, **1980**.
4）Treybal, R. E. *Mass-Transfer Operations*. 3rd Edition. McGraw-Hill, **1980**.
5）吉岡甲子郎. "相律と状態図". 化学 One Point 6. 共立出版, **1984**.
6）分離技術ハンドブック. 分離技術会 編. 分離技術会, **2010**.
7）化学工学便覧. 化学工学会 編. 改訂7版. 丸善出版, **2011**.

第 10 章

カラム分離と膜分離

10. 1　カラム精製の原理

カラムクロマトグラフィーは、化合物とカラムに充填されている固定相、移動相との間の相互作用によって化合物を相互に分離する分離手法である（**図10- 1**参照）。分離に利用される相互作用は、化合物の疎水性/親水性、イオン性などである。化合物が持つ様々な化学的性質を巧みに利用することで、複雑な組成の混合物中から目的の化合物を分離、精製することができる。

カラムクロマトグラフィーは、試料をカラムへ運びカラム中で移動させる移動相に気体を用いるガスクロマトグラフィー（GC）、液体を用いる液体クロマトグラフィー（LC）に大別される。**表10- 1**にGCとLCの違いを示した。ここでは、LCによる化合物の分離、精製について解説する。**表10- 2**にLCで利用される主な分離モードを示した。以下各分離モードについて解説する。

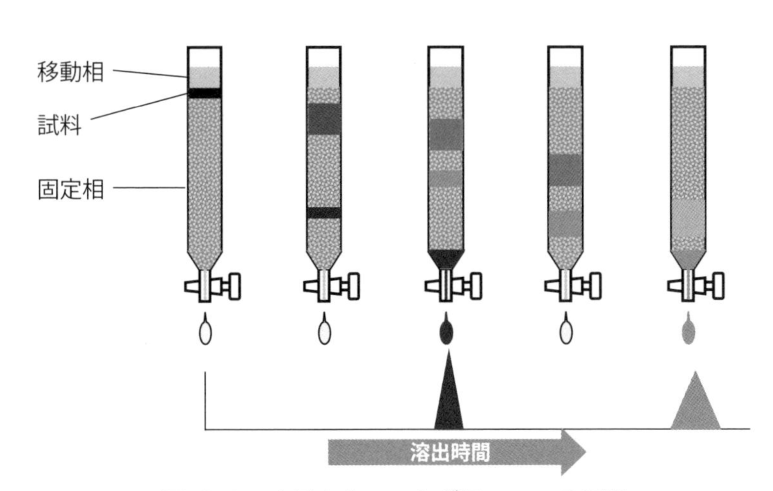

図10- 1　カラムクロマトグラフィーの原理

表10-1　GCとLCの違い

	ガスクロマトグラフィー(GC)	液体クロマトグラフィー(LC)
移動相	気体	液体
試料の制限	揮発すること 熱に安定であること	ほとんど制限がない
分解能	高い	GCより劣る

表10-2　LCの分離モード

分離モード	分離の原理(主に利用される相互作用)	適用できる化合物
吸着	固定相への吸着平衡	極性化合物、異性体の分離
順相分配	固定相と移動相との間の分配平衡	低極性の化合物
逆相分配	固定相と移動相との間の分配平衡	広範囲な化合物に適用可能
親水性相互作用	親水性相互作用	親水性化合物
イオン交換	イオン交換体と移動相との静電相互作用	イオン性物質
サイズ排除	分子ふるい	高分子化合物

10. 1. 1　吸着クロマトグラフィー

吸着クロマトグラフィーは、固定相の吸着点に対して化合物と移動相が競争的な吸着と脱着を繰り返すことにより、試料中の化合物を分離する(**図10-2**参照)。吸着クロマトグラフィーでは、シリカゲルやアルミ

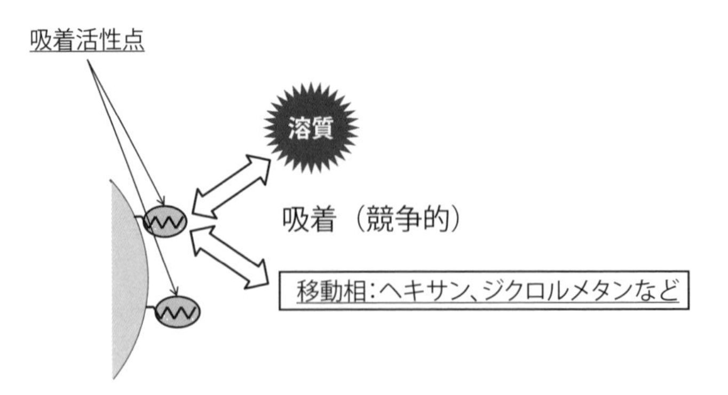

図10-2　吸着クロマトグラフィーの原理

ナ、活性炭などの充塡剤が固定相として用いられ、移動相には無極性もしくは低極性の有機溶媒が用いられことが多い。後述の順相分配クロマトグラフィーも同じような固定相と移動相を用いるため、吸着あるいは分配のどちらで分離されているのか判別できないことがある。

10. 1. 2　順相分配クロマトグラフィー（Normal Phase Chromatography、NPC）

高極性の固定相に低極性の移動相を用いて、化合物の固定相および移動相への分配率の違いにより試料中の化合物を分離する（**図10-3**参照）。固定相には、シリカゲルや、アミノ基、シアノ基など極性の高い官能基を導入した充塡剤が用いられる。移動相にはヘキサンやジクロルメタンなどの低極性有機溶媒が主に利用され、2-プロパノールなどを添加して極性を調節することがある。順相分配クロマトグラフィーは、低極性化合物の分離に用いられ、特に異性体の分離にしばしば利用される。**図10-4**は２重結合の数と位置の異なるレチノールの異性体の分離例で、このような分離は後述する逆相分配クロマトグラフィーでは困難である。

順相分配クロマトグラフィーでは、一般に極性の低い化合物がカラム

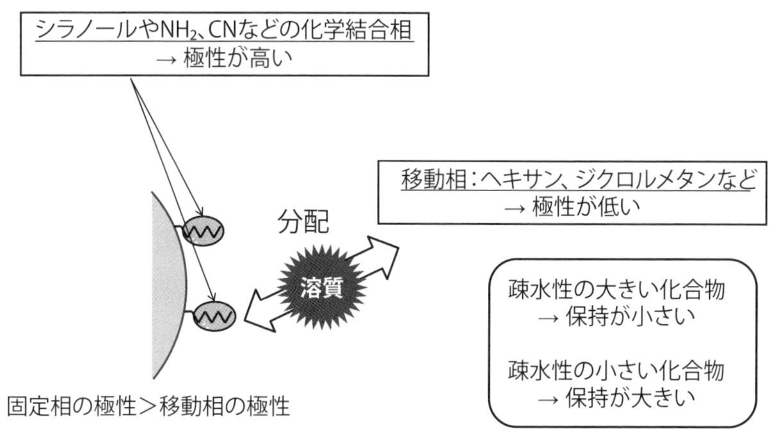

図10-3　順相分配クロマトグラフィー の原理

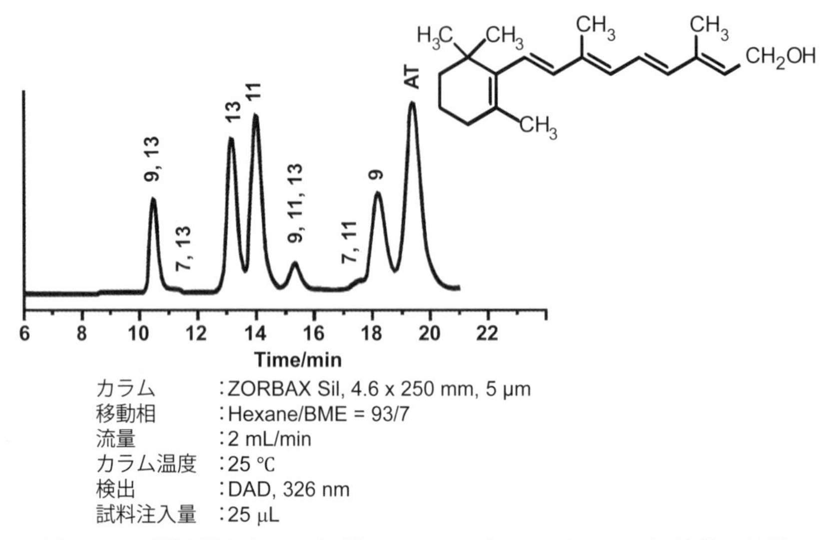

図10-4　順相分配クロマトグラフィーによるレチノール異性体の分離

から早く溶出する。溶出時間が重なる場合や分離が不十分な場合は、まず移動相の極性を調節し、効果がない場合は固定相の種類を変更する。

10. 1. 3　逆相分配クロマトグラフィー（Reversed Phase Chromatography、RPC）

低極性の固定相に高極性の移動相を用いて、化合物の固定相および移動相への分配率の違いにより試料中の化合物を分離する（**図10-5**参照）。固定相には、シリカゲルにC18やC8などの炭化水素を化学的に結合させた充填剤が用いられる。移動相にはメタノールやアセトニトリルなどの水溶性有機溶媒と水もしくは緩衝液との混合溶液が利用される。逆相分配クロマトグラフィーは比較的低極性から解離性の官能基を有する高極性の化合物まで広範囲の化合物の分離に適用できる。**図10-6**は水溶性ビタミン、**図10-7**は脂溶性ビタミンの分離例である。このように逆相分配クロマトグラフィーでは、移動相の極性やpHを調節することで、多様な化合物の分離に応用することができる。

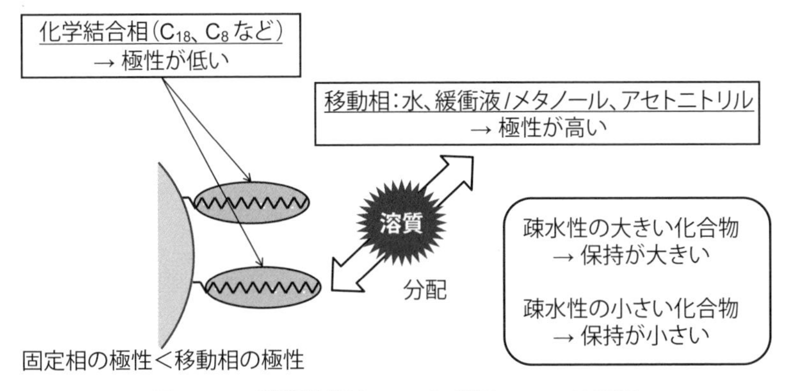

図10- 5　逆相分配クロマトグラフィーの原理

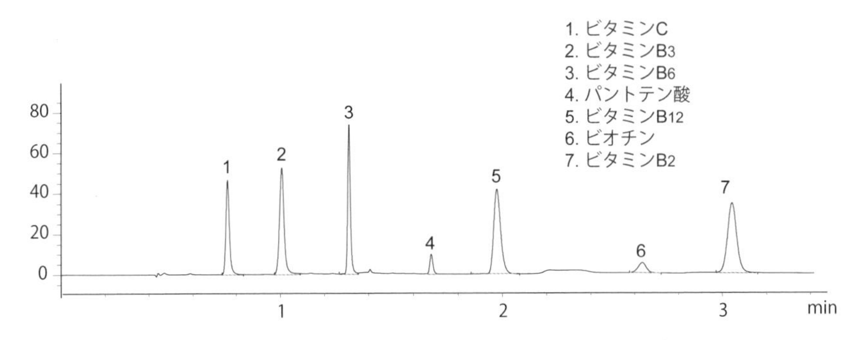

カラム　　：ZORBAX　RRHT　Eclipse Plus-C18, 4.6 x 50 mm, 1.8 µm
移動相　　：A；25 mM NaH_2PO_4 pH = 2.5, B；MeOH
　　　　　　1% B (at 0 min)　→ 12% B　(at 0.5 min) → 30% B (at 0.51 min)
流速　　　：1.0 mL/min
カラム温度：35℃
検出　　　：UV, 220 nm

図10- 6　逆相分配クロマトグラフィーによる水溶性ビタミンの分離

逆相分配クロマトグラフィーでは、順相分配とは逆に一般に極性の高い化合物がカラムから早く溶出する。溶出時間が重なる場合や分離が不十分な場合は、まず移動相の極性を調節し、効果がない場合は固定相の種類を変更する。分離対象の化合物が解離性の官能基を有している場合は、移動相のpHを変更することが有効である。例えば、カルボキシル基を有する化合物では、移動相のpHをその化合物の*pKa*より低くすることで解離を抑制し、化合物の極性を小さくすることにより固定相への

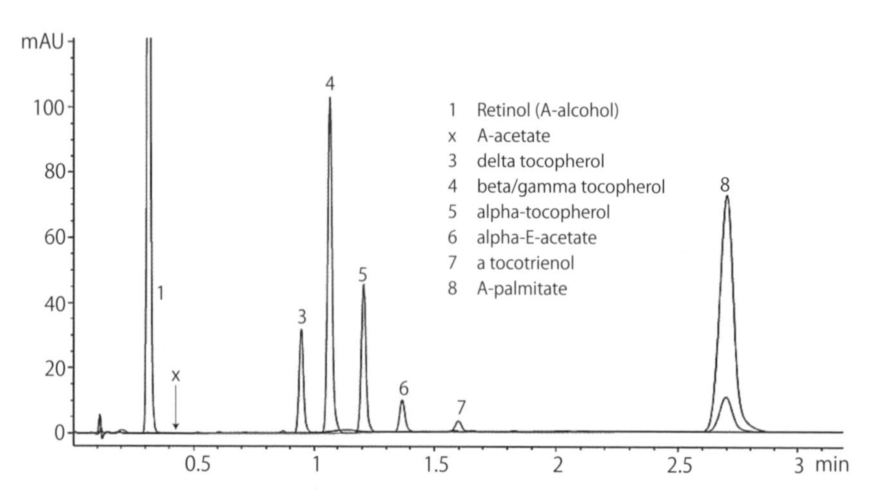

カラム　　　：ZORBAX RRHT StableBond C18, 3 x 50 mm, 1.8 μm
移動相　　　：A; 水、B; アセトニトリル、90% B → 100% B (1 min) → 100% B (3 min)
流速　　　　：2.0 mL/min
カラム温度：45 °C
検出　　　　：DAD（多波長検出）

図10-7　逆相分配クロマトグラフィーによる脂溶性ビタミンの分離

保持を強くすることができる。

逆相分配クロマトグラフィーでは、C18などの炭化水素だけでなくフェニル基やペンタフルオロフェニル基など様々な官能基を導入した固定相が利用できることも特長の一つであり、その結果、他の分離モードに比べて極めて広範囲な化合物の分離に適用できる。

10. 1. 4　親水性相互作用クロマトグラフィー（Hydrophilic Interaction Chromatography、HILIC）

親水性相互作用クロマトグラフィー（HILIC）は、近年高極性化合物の分離モードとして広く利用されるようになった。HILICでは、高極性の固定相と高極性の移動相を用いる。化合物は固定相表面近傍に形成された水和層と移動相との間での分配により、分離されると考えられている（**図10-8**参照）。固定相にはアミノ基やアミド基を導入したシリカ

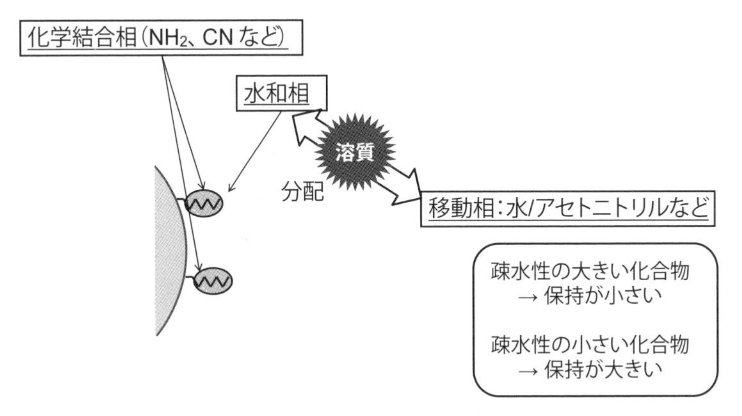

図10-8　親水性相互作用クロマトグラフィーの原理

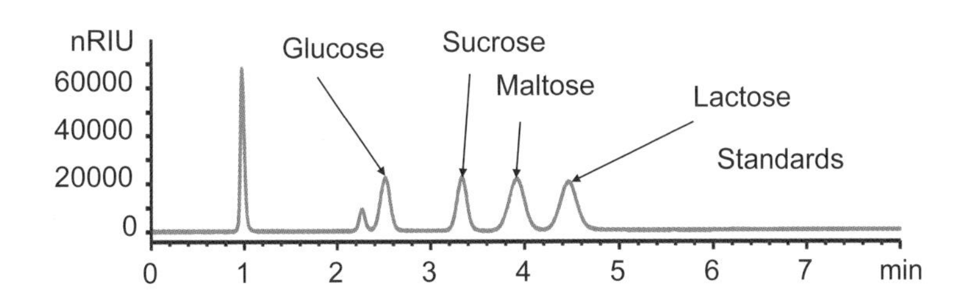

カラム　　　：ZORBAX Carbohydrate Analysis Column, 4.6 x 150 mm, 5 µm
移動相　　　：CH_3CN / 水＝75/25
流量　　　　：2 mL/min
カラム温度：30℃
検出　　　　：RID

図10-9　親水性相互作用クロマトグラフィーによる糖類の分離

ゲルなどが用いられ、移動相には水もしくは緩衝液とアセトニトリルの混合液がよく用いられる。**図10-9**はHILICを用いた糖類の分離例である。糖類は親水性が高く、逆相分配や順相分配では分離することができないが、HILICを用いると良好な分離を得ることができる。HILICでは、一般に極性の低い化合物がカラムから早く溶出し、溶出順は逆相分配と逆になることが多い。分離の調節は、一般に移動相の極性を変化させることで行う。

10. 1 . 5　イオン交換クロマトグラフィー(Ion Exchange Chromatography、IEX)

イオン交換クロマトグラフィーは、イオン性化合物を固定相との静電相互作用により分離する(**図10-10**参照)。陽イオンの分離にはイオン交換として四級アンモニウムなど陽イオンの官能基を、陰イオンの分離にはイオン交換基としてスルホン基などの陰イオンの官能基をそれぞれ導入した充填剤を固定相として用いる。移動相は一般に緩衝液が用いられる。イオン交換基として、三級あるいは二級アミンやカルボキシル基を利用する充填剤もある。これらのイオン交換基は移動相のpHにより解離状態が変化し、イオン交換能も変化する。**図10-11**にタンパク質を陽

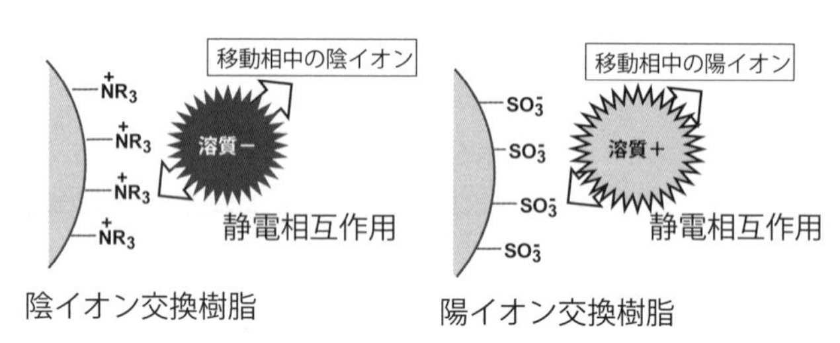

図10-10　イオン交換クロマトグラフィーの原理

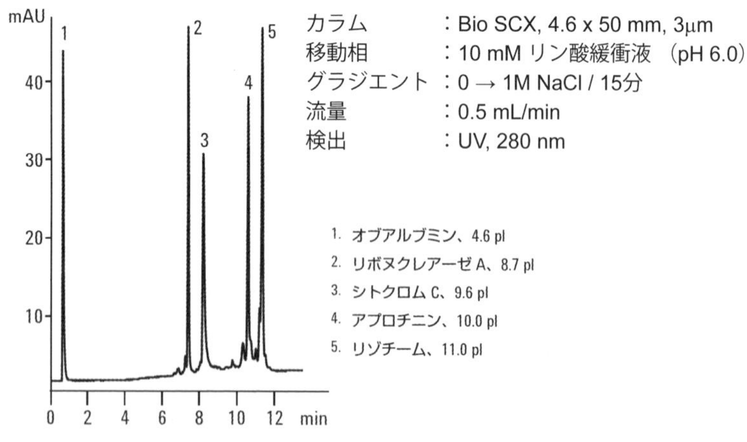

図10-11　陽イオン交換クロマトグラフィーによるタンパク質の分離

イオン交換分離した例を示す。分離の調節は、移動相のpHや塩濃度を変化させて行う。

10. 1. 6　サイズ排除クロマトグラフィー（Size Exclusion Chromatography、SEC）

ここまで化合物と固定相、移動相との間の相互作用を利用したクロマトグラフィーを解説してきたが、サイズ排除クロマトグラフィーは化合物の大きさに基づいて化合物を分離する（**図10-12**参照）。一定の孔径を持つ充塡剤を固定相として用いる。充塡剤の孔径より大きい化合物は充塡剤内部に入ることができないため、充塡剤の隙間を通ってカラムから溶出する。これに対して、充塡剤の孔径より小さい化合物は、充塡剤内部に浸透しながらカラムの中を移動するため、孔径より大きい化合物よりもカラム内での移動距離が長くなる。その結果、サイズの大きな化合物が早く溶出し、サイズの小さな化合物は遅れて溶出してくる。サイズ排除クロマトグラフィーは、高分子化合物の分離によく用いられ、非水溶性高分子化合物を対象とする有機溶媒系サイズ排除クロマトグラフィーと水溶性高分子化合物を対象とする水系サイズ排除クロマトグラフィーに大別される。有機溶媒系サイズ排除クロマトグラフィーはGPC（Gel Permeation Chromatography）、水系サイズ排除クロマトグラフィーはGFC（Gel Filtration Chromatography）とも呼ばれる。**図10-13**は、水系サイズ排除クロマトグラフィーによるタンパク質の分離例である。サイズ排除クロマトグラフィーにおける分離の調節は、カラ

図10-12　サイズ排除クロマトグラフィーの原理

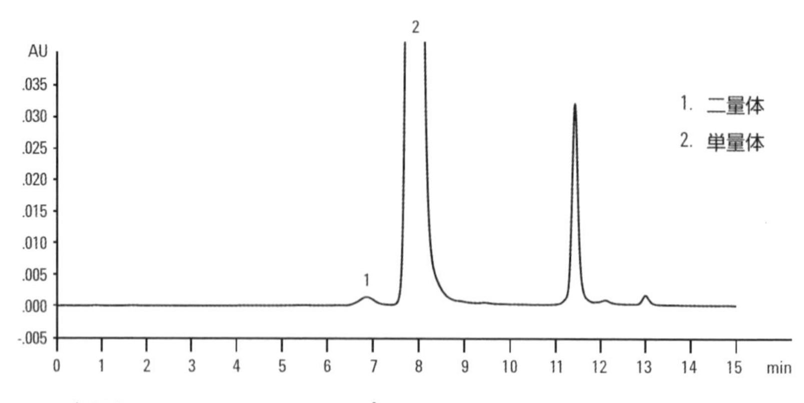

カラム　　　：Bio SEC-3, 300 Å, 7.8 x 300 mm, 3μm
移動相　　　：150 mM リン酸緩衝液 (pH 7)
流量　　　　：1.0 mL/min
カラム温度　：室温
検出　　　　：UV

図10-13　水系サイズ排除クロマトグラフィーによるモノクローナル抗体の分離

ムを長くする、もしくは充填剤の孔径を変えることで行う。

10. 1. 7　アフィニティークロマトグラフィー

アフィニティークロマトグラフィーは、ある特定の化合物の精製に有効である。精製したい化合物と特異的に結合する分子、例えば抗体を精製したいときはその抗体の抗原、を導入した充填剤を固定相に利用する。精製したい化合物を含む試料をカラムに注入し、目的の化合物を充填剤に結合させ、その他の化合物をカラムから洗い出した後、目的の化合物を充填剤から溶出させる。アフィニティークロマトグラフィーを用いて、ヒト血清中の微量タンパク質を大量に存在するアルブミンやIgEなどと分離した例を**図10-14**に示す。この分離例で使用したカラムには、複数の抗体が導入されたアフィニティーカラムを使用している。

10. 1. 8　分取ＬＣ

分取LCは化合物を単離、精製する目的で利用されるLCである。利

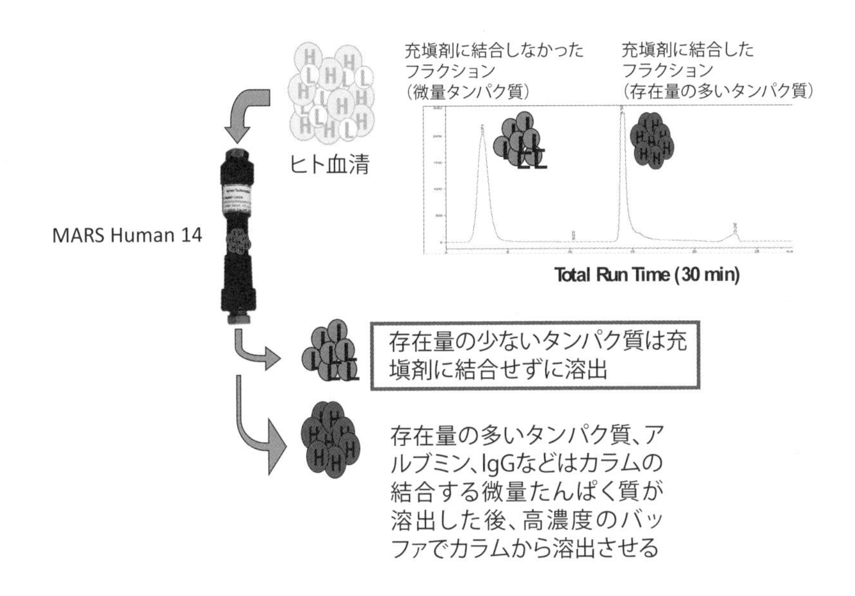

**図10-14　アフィニティークロマトグラフィーを用いた
ヒト血清中の微量タンパク質の回収**

用される分離モードは、化合物の同定、定量を目的とする分析スケールのクロマトグラフィーと同じであるが、カラムのサイズを大きくすることにより、一度に多くの試料をカラムに負荷し単離、精製の効率を高めている。カラムから溶出した目的の化合物はフラクションコレクターにより、適当な容器に回収する。分取クロマトグラフィーの装置例を**図10-15**に示す。

分離条件の検討は通常、分析スケールのLCで行い、カラムのサイズに応じたスケールアップを行って分取LCを実施する。スケールアップでは、カラムに流す移動相の流速やカラムに負荷する試料量を使用するカラムのサイズに応じて変更する。移動相の流速はカラムの断面積に、試料負荷量はカラムの容積に比例させる（**図10-16**、**表10- 3**参照）。ただし、分取LCではしばしば試料をカラムに対して過負荷の状態で注入することがある。これは、分取LCでは定量を目的としていないため、過負荷によるピーク形状の変形よりも、より多くの目的化合物を単離、

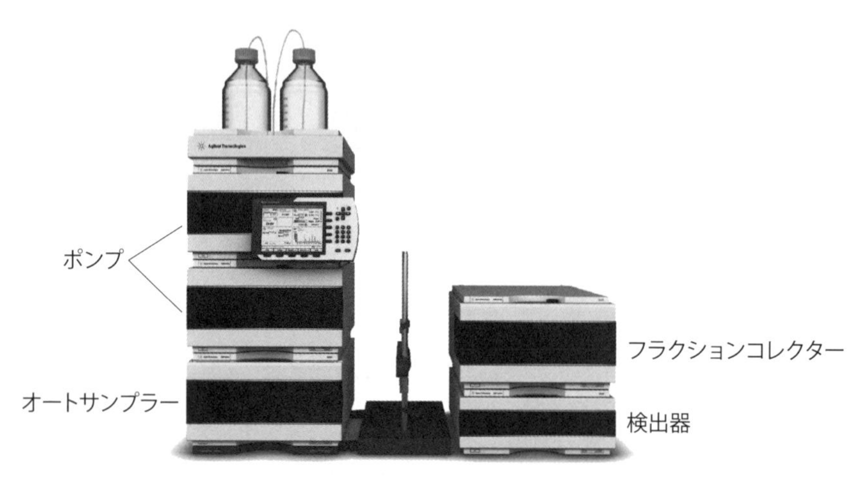

図10-15　分 取 L C

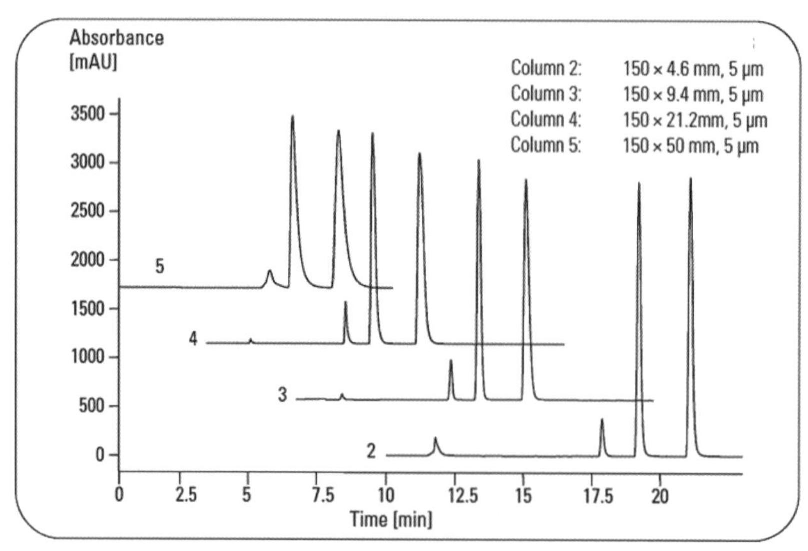

カラム	カラムサイズ/mm×mm	流速/mℓ/min	注入量/μL
2	4.6×150	0.85	2
3	9.4×150	3.5	80
4	21.2×150	18	400
5	50×150	100	2200

図10-16　分析スケールから分取スケールへのスケールアップ例

表10-3　カラム内径と試料負荷量の例

カラム内径/mm	分離度＜1.2	分離度＞1.5
4.6	2～3 mg	20～30 mg
9.4	10～20 mg	100～200 mg
21.2	50～200 mg	500～2000 mg

分離度；隣接する二つのピークの分離状態を表す。値が大きいほど分離が良い。

分離度＝$\Delta t/\{(w_1+w_2)/2\}$

Δt；二つのピークの溶出時間の差

w_1；ピーク１のピーク幅

w_2；ピーク２のピーク幅

精製することを優先するためである。

フラクションコレクターでカラムから溶出してきた化合物を回収する際、一定時間あるいは一定容積ごとに溶出物を回収する方法（タイムベー

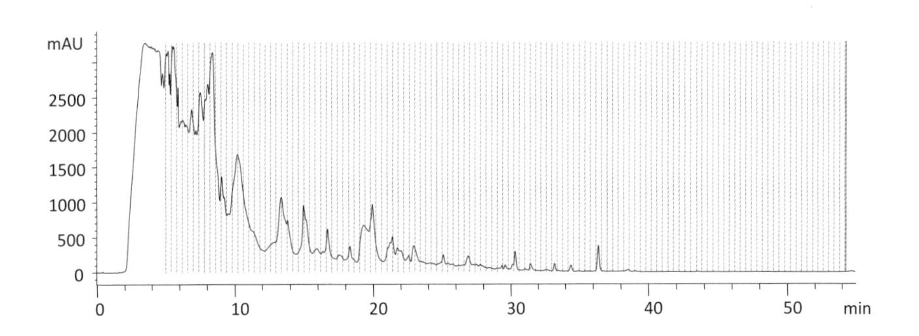

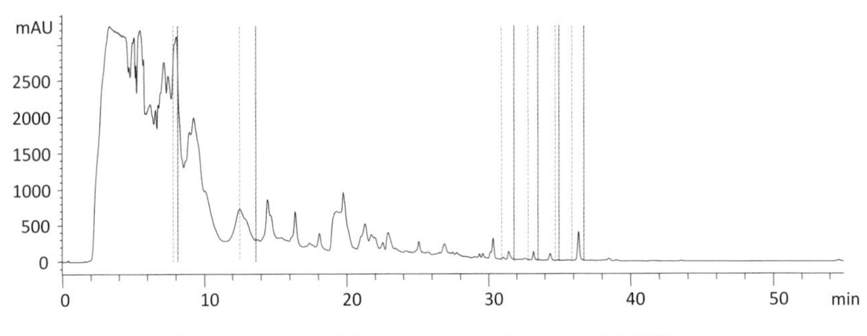

**図 10-17　タイムベースコレクション（上段）と
ピークベースコレクション（下段）**

スコレクション）と、特定のピークだけを回収する方法（ピークベースコレクション）がある（**図10-17**参照）。ピークベースコレクションでは、検出器からの応答をもとにピーク検出を行う必要がある。検出器に例えば質量分析計を用いれば、特定の質量の化合物だけを回収することも可能である。

10. 2　膜ろ過法

10. 2. 1　膜ろ過法の分類と膜ろ過プロセスの特徴

膜を利用した物質の分離法は総じて膜分離法と呼ばれる。そのうち、多孔膜の供給側と透過側がともに液相であり、圧力差を駆動力とするものが膜ろ過法である。細孔と溶質のサイズ差、すなわちふるい効果に基づいた分離法であるため、固液分離の他、溶質のサイズ分離にも利用可能である。

膜ろ過法は、さらに、逆浸透法（reverse osmosis、RO法）、ナノろ過法（nanofiltration、NF法）、限外ろ過法（ultrafiltration、UF法）、精密ろ過法（microfiltration、MF法）に分類される。ここでは、膜によって阻止される成分の大きさを目安に**表10-4**のように分類する。

膜ろ過法の一般的な特徴として、相変化を伴わない、連続操作が可能、コンパクト化が可能な点が挙げられる。その代表的な用途としてRO法による海水淡水化、超純水の製造がある。

RO海水淡水化は、供給側の海水をその浸透圧（約2.5MPa）より高い操作圧力で加圧することで、透過側に淡水を得る方法である。通常は、

表10-4　膜ろ過法の分類例

RO	電解質を阻止
NF	電解質、1～2nm程度の低分子量物質を阻止
UF	2～100nm程度の高分子量物質やコロイド粒子を阻止
MF	100～10,000nm程度の懸濁物質を阻止

浸透圧の２倍程度の圧力で水回収率は50％程度で運転される。近年、膜の性能とエネルギー回収技術の向上により造水コストが低下し、海水淡水化の主流となっている。なお、膜の性能は原海水の水質に依存するため、従来の砂ろ過法のほか、MF法やUF法が前処理に用いられる例が増えている。また、膜モジュール内では海水が濃縮されるため、スケールの発生を抑制するためにpH調整が必須である。一方、超純水の製造プロセスにおいても海水淡水化と同様の膜が利用される。この場合は、浸透圧の影響が無視できるため、比較的低圧力での運転が可能である。ただし、純水のレベルに応じて微量な不純物を取り除く必要があるため、イオン交換法との組合せとなる。このように、膜ろ過法を適用したプロセスでは、水質に応じた前処理や最終製品に応じた後処理と組み合わせることで、有効な処理が実現可能となる。

10.2.2　ろ過膜の性能評価指標

ろ過膜は、膜ろ過法の分類に従い、RO膜、NF膜、UF膜、MF膜と呼ばれ、その性能は、分離性と透過性により評価されている。一般に、前者は阻止率、後者は透過流束が指標となる。ここで、濃度C_f［mol m^{-3}］の供給液(原液)を操作圧力ΔP［Pa］の条件で面積A［m^2］の膜を用いてろ過する場合を考えてみる。ろ過時間t［s］の間に体積V［m^3］、濃度C_p［mol m^{-3}］の透過液が得られたとすると、見かけの阻止率R_{obs}［-］と体積透過流束J_v［m^3 m^{-2} s^{-1}］はそれぞれ以下のように表される。

$$R_{obs} = 1 - \frac{C_p}{C_f} \qquad \text{（式10-1）}$$

$$J_v = \frac{V}{A \cdot t} \qquad \text{（式10-2）}$$

透過量として質量［kg］を用いた場合は質量透過流束［kg m^{-2} s^{-1}］となる。単位時間をt［d］として１日当たりの透過流束J_v［m^3 m^{-2} d^{-1}］を利用する場合もある。透過流束J_vは、単位時間、単位膜面積当たりの処理量を意味しているため、処理量に応じて必要なろ過時間や膜面積を設定することが可能となる。

各膜の性能は、ろ過実験により容易に評価することができる。ろ過操作には、操作圧力を一定として行う定圧ろ過、透過流束を一定として行う定速ろ過がある。**図10-18**は実験室レベルで利用可能な定圧ろ過装置の模式図であり、撹拌式と流通式(クロスフロー方式とも呼ばれる)が代表的なものである。前者は撹拌によって、後者は供給液の循環によって膜表面の流動状態を制御できるのが特徴である。

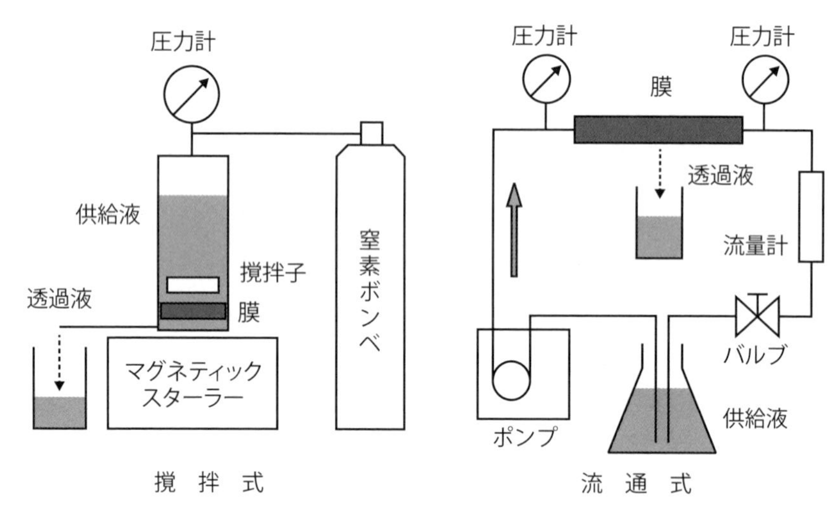

図10-18　定圧ろ過装置

純水をろ過して得られる透過流束J_vは特にPWF(pure water flux)と呼ばれ、膜性能の基準となる。これを操作圧力ΔPで除したものが純水透過係数L_pであり、透過流束J_vは以下のように表される。

$$J_v = L_p \cdot \Delta P \quad \text{（式10-3-1）}$$

$$= \frac{\Delta P}{\mu R_{\mathrm{m}}} \qquad \text{(式10-3-2)}$$

$$= \frac{N \cdot \pi \cdot r_{\mathrm{p}}^4 \cdot \Delta P}{8 \cdot \mu \cdot \Delta x} \qquad \text{(式10-3-3)}$$

粘度補正したL_{p}の逆数は膜抵抗R_{m}となる（**式10-3-2**）。また、ハーゲン－ポアズイユの式に基づけば、L_{p}は、膜の厚みΔxと粘度μに反比例し、細孔密度Nと細孔半径r_{p}の４乗に比例することが示される（**式10-3-3**）。この式から分かるように、ろ過膜の性能は、使用する膜、操作条件、溶液の物性など、様々な要因により変化するため、膜ろ過を適用したプロセスの設計にはこれらの影響を把握する必要がある。さらに、実プロセスにおいては、濃度分極現象の影響（10. 2. 4参照）とファウリングの影響（10. 2. 5参照）が重要であり、その対策が求められる。

10. 2. 3　ろ過膜の特徴

ろ過膜は、先に述べた分離対象のサイズ（細孔径とも概ね対応する）の他、形状（平膜、中空糸膜、管状膜など）や素材（有機高分子膜、セラミック膜など）によっても分類される。素材によって製膜法が異なるため、同じ公称孔径であっても細孔構造には違いが生じる。細孔構造を表すパラメーターには、平均細孔径、最大細孔径、細孔径分布、膜厚、細孔長さ（細孔の屈曲性）、空隙率などがあり、いずれも透過性と分離性に影響する。実用上は、耐汚染性や薬品耐性も重要となる。そのため、分離対象に応じて最適な素材、最適な細孔構造の膜を選択して利用することになる。

ろ過膜を組み込んだ容器は膜モジュールと呼ばれ、平膜モジュール、中空糸膜モジュール、管状膜モジュール、スパイラル膜モジュールなどと呼ばれる。省スペース化の観点から単位体積当たりの膜面積を大きくする工夫のほか、後述する通り濃度分極や圧力損失の影響を低減し効率良くろ過を行う工夫がされている。実際のプラントで利用する場合は、必要な膜面積に応じて膜モジュールの数が決定される。以下では、各ろ過膜の特徴を簡単に記す。

RO膜の素材は芳香族系ポリアミドをスキン層とする複合膜が一般的である。これは、不織布上にポリスルホンの支持膜があり、さらにその上に界面重合法によりスキン層（活性層）を作製した構造となっている。NF膜に比べ一価イオンに対する阻止性が高く、先に述べた海水の淡水化や超純水の製造、さらには食品分野における濃縮処理などに利用されている。ポリアミド系RO膜は、透水性も高く優れた素材であるが、塩素耐性が課題である。その場合は、耐汚染性に優れ塩素耐性もあるセルロース系のRO膜が利用される。

NF膜は、膜表面の荷電と1 nm程度の細孔を利用して分離を行う。RO膜に比べ一価イオンに対する阻止性は低いが、比較的低圧力で操作可能なため、求める水質によってはRO膜の代替法として十分利用可能であり、近年は、廃水処理への応用も期待されている。ただし、分離性能は、pHおよびイオン強度により変化し、また、細孔より小さな非荷電性物質が透過する点には注意が必要である。なお、このような特徴から、RO膜と同様に扱われることが多いが、以下のUF膜に荷電特性を付与したものととらえた方が理解しやすい場合が多い。

UF膜は、一般に、高分子溶質の分離・分画に利用される。MF膜に比べ細孔径の評価が難しいため、通常は分画分子量（molecular weight cut-off、MWCO）が細孔径および膜性能の指標となる。MWCOは、分子量が既知の高分子溶質に対する見かけの阻止率R_{obs}が0.90となる分子量として定義される。

MF膜は、膜ろ過法において細孔が最も大きなものであり、濁質除去を中心に利用されている。また、0.2μmや0.45μmの細孔径の膜は滅菌用フィルターとしても利用されているため、サイズが既知のラテックス粒子、ウイルスまたは菌体を透過させ、それらの漏出が検出されなくなるサイズとして細孔径が評価されている。

10.2.4 濃度分極現象とその影響、対策

膜表面に運ばれた溶質は、膜によって阻止され蓄積する。このため、膜表面の濃度C_mは、供給液濃度C_fよりも高くなり、膜表面には厚さδの境膜（濃度分極層）が生じる。**図10-19**は膜面の濃度分極の模式図である。**式10-1**で定義される見かけの阻止率R_{obs}に対し、膜表面の濃度C_mを利用したものは、真の阻止率として**式10-4**で定義される。

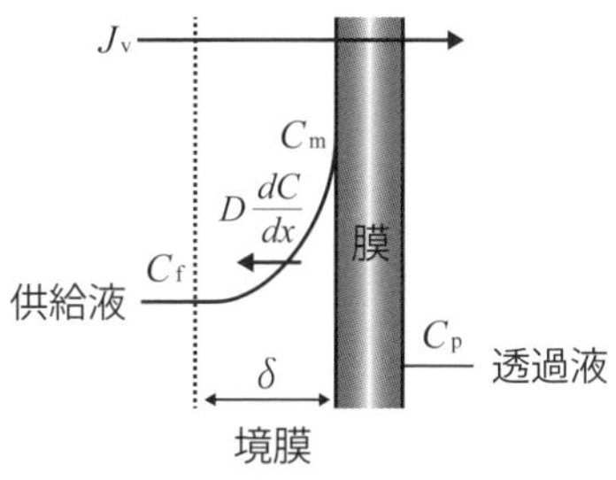

図10-19　濃度分極の模式図

$$R = 1 - \frac{C_p}{C_m} \qquad \text{（式10-4）}$$

濃度分極を考慮した際、濃度の基準は、バルク濃度(C_f)よりも高い膜面濃度(C_m)となるため、真の阻止率Rは見かけの阻止率R_{obs}よりも高い値となる。膜の性能がC_mによって変化するため、濃度分極の正確な評価が極めて重要であることを示唆している。しかしながら、C_mは直接測定することはできず、必要に応じて以下の式から推算される。これは、定常状態における濃度分極層内の物質収支式から得られ、濃度分極式と呼ばれる。

$$C_m = C_p + (C_f - C_p) \cdot \exp\left(\frac{J_v}{k}\right) \qquad \text{（式10-5）}$$

ここで、境膜物質移動係数k［m s^{-1}］は、溶質の拡散係数D［m^2 s^{-1}］と

濃度分極層の厚みδ[m]の比として定義される。物質移動が良い場合はkが大きく(濃度分極層が薄い)、悪い場合はkが小さく(濃度分極層が厚い)なる。(J_v/k)が大きくなるに従い、見かけの阻止率R_{obs}は大きく低下する。また、低分子量物質やタンパク質が膜によってほぼ完全に阻止される場合、透過流束J_vが低下するという現象が生じる。これは、膜面濃度C_mが高くなりその浸透圧πの影響を無視できなくなるためである(膜汚染によって生じるファウリング現象とは区別する必要がある)。この場合のJ_vは、有効な操作圧力の低下として近似的に以下の式で評価できる。

$$J_v \approx L_p(\Delta P - \pi) \quad \text{(式10-6)}$$

上記の通り、ろ過条件は、膜の性能に大きな影響を及ぼす。そのため、市販の膜モジュールは膜面の流動状態を良くする工夫がなされている。

10.2.5　ファウリング現象とその影響、対策

膜面における物質の挙動は、そのサイズによって変化する。先の濃度分極現象は、分子拡散が支配的な領域における現象であり、それより大きな物質(MFが対象とするサブミクロン以上の物質)の場合は膜面に堆積する。一方、小さい物質であっても、膜への吸着や、電解質のように膜面濃度の増加にともなう析出が生じれば膜の性能は低下する。これがファウリング現象であり、ファウリングの原因となる物質はファウラントと呼ばれ、膜ろ過法による連続操作ではその対策が課題となる。浸透圧による透過流束の低下や圧密化等による膜の劣化とは区別して扱う必要がある。

膜性能は、**図10-20**のような透過流束J_vの時間変化、もしくは初期性能(J_{v0}またはL_{p0})を基準とした(J_v/J_{v0})や(L_p/L_{p0})の時間変化によって評価することができる。定圧クロスフローろ過では、一般に、透過流束J_vは徐々に低下した後一定となる。図中のuは、クロスフローろ過における膜面の線速度(撹拌型では撹拌速度に対応する)を表しており、定

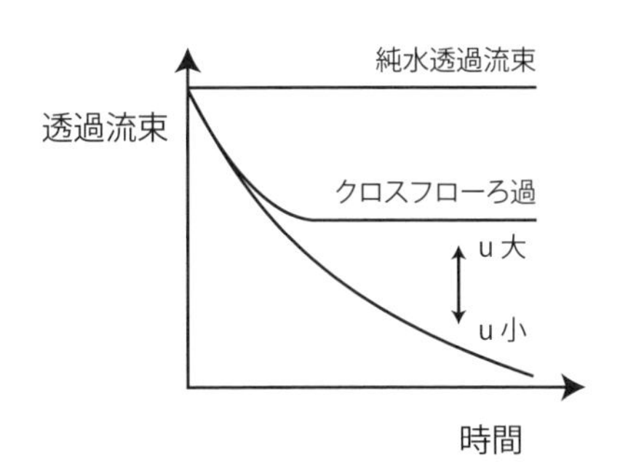

図10-20　透過流束の時間変化

常透過流束はuに依存することが知られている。

懸濁物質のろ過における定常透過流束は、膜面への物質の堆積速度が透過流束J_vとともに減少し、これが供給液本体（バルク）への逆輸送速度と釣り合うことでケーキ層の厚み（ケーキ抵抗）が一定に保たれた状態になるために生じる現象と理解されている。つまり、定常透過流束は圧力に依存せず、逆移動速度に影響を及ぼす線速度uによって決まることになる。なお、酵母など圧縮性があるケーキの場合は、圧密化によってケーキ抵抗R_cが変化するため注意が必要である。

他のろ過膜では主に膜表面で阻止するのに対し、MF膜では、膜内部での補足も生じる。つまり、細孔閉塞とケーキ層形成が同時に進行することが多い。この過程は**図10-21**の模式図で示すことができる。

この場合、膜抵抗R_m、閉塞抵抗R_b、ケーキ抵抗R_cにより、全透過抵抗R_tを以下のように表すことが可能となる（直列抵抗モデルと呼ばれる）。ろ過初期においては全透過抵抗$R_t = R_m$である。

$$J_v = \frac{\Delta P}{\mu \cdot R_t} = \frac{\Delta P}{\mu \cdot (R_m + R_b + R_c)} \quad \textbf{（式10-7）}$$

R_bとR_cを厳密に区別することは難しいが、ケーキ層を剥離して透過抵抗（$= R_m + R_b$）を測定できれば、剥離による減少分がR_c、この場合のR_mからの増加分がR_bとなり、それぞれを定量的に扱うことが可能にな

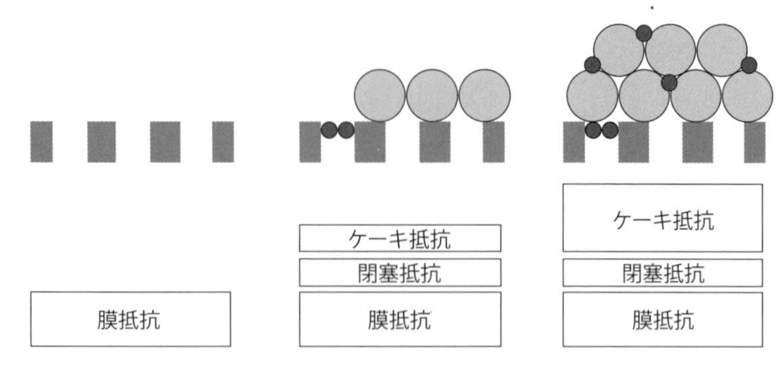

図10-21　ろ過の進行に伴う透過抵抗の増加

る。一般に、膜面に堆積したケーキ層は、原液や気泡のフラッシングなどの物理洗浄により除去可能な場合が多く（可逆ファウリングと呼ばれる）、最適なろ過および洗浄条件を見出すことでろ過効率はある程度改善できる。

一方、タンパク質等の膜への吸着や塩類の析出（スケーリング）が支配的な場合は、物理洗浄では除去しにくく、洗剤やアルカリ/酸などによる化学洗浄が必要となる。洗浄による回復が困難な不可逆ファウリングの影響が大きくなった場合に膜の交換が必要となる。各種水処理プロセスでは、供給液の水質に応じて濁質除去などの前処理を行うほか、殺菌剤やpH調整剤などが添加されている。なお、タンパク質などの溶質が膜への吸着によってファウラントとなる場合は、膜素材との相互作用が重要となる。その場合、溶質と膜の表面物性をそれぞれ変化させる溶液のイオン強度やpHに注意する必要がある。さらにこれらは、溶質同士の分散凝集性にも影響を及ぼすため、ファウリング現象をより複雑なものにしている。また、懸濁粒子の場合には、上記のほか、ケーキ層の構造も変化させる。一般に、粒子同士の反発が強い条件では空隙率が大きい疎な構造のケーキ層ができ、逆に反発が弱い条件では密な構造ができ、透過流束が変化する。実際のプラントでは、処理対象となる溶液が様々な成分を含むため、使用する膜（膜モジュール）と運転条件の最適化、有効な前処理・後処理との組み合わせ、洗浄方法を含めたろ過条件の最適化がファウリング対策には不可欠である。

参 考 文 献

1）JIS K0124-2011 高速液体クロマトグラフィー通則. 日本規格協会, **2011**.
2）高速液体クロマトグラフィーハンドブック. 日本分析化学会関東支部編. 改訂２版, 丸善, **2000**.
3）中村 洋監修. ちょっと詳しい液クロのコツ 分離編. 丸善, **2007**.
4）中尾真一. よくわかる分離膜の基礎. 工業調査会, **2009**.
5）澤田繁樹. 現場で役立つ膜ろ過技術. 工業調査会, **2006**.
6）伊東 章. トコトンやさしい膜分離の本. 日刊工業新聞社, **2010**.
7）入谷英司. 絵ときろ過技術基礎のきそ. 日刊工業新聞社, **2011**.
8）日本膜学会. 膜学実験シリーズIII 人工膜編. 共立出版, **1993**.
9）松本幹治監修. ユーザーのための実用膜分離技術. 日刊工業新聞社, **1996**.
10）木村尚史, 中尾真一. 分離の技術－膜分離を中心として－. 大日本図書, **1997**.
11）分離プロセス工学の基礎. 化学工学会分離プロセス部会編, 朝倉書店, **2009**.

第 11 章

プロセスの危険性と静電気

11. 1　静電気現象とその危険性

11. 1. 1　静電気とは[1), 2)]

静電気とは、原子同士を結び付けている動きやすい電子(自由電子)が、ある物体中に余分にとどまっている状態、またはある物体中に少ししかない状態のことを言う。この状態を帯電と言う。また、電気の分類には静電気の他に動電気があり、動電気とは自由電子が一斉に動いている状態のことを言う。

同じ電気現象でも静電気と動電気には大きな相違がある。家庭や産業現場で使用する商用電力との比較を**表11-1**に示す。静電気は電子の移動が極めて緩慢であることから、観測される電流は小さい。また、静電気の電圧(電位)は商用電圧より大きく、電界も大きいことが知られている。

表11-1　静電気と低圧商用電力の電気物理量の違い[1), 2)]

	電流［A］	電位・電圧［V］	電界［V/m］
静電気	小（pA～μA）	大（10^3V以上）	大（10^3～10^6V/m）
商用電力	大（　～100A）	小（10^2V程度）	小（　～10^3V/m）

11. 1. 2　静電気現象[1), 2), 3)]

静電気が周囲に与える影響として重要なものは、①力学的作用、②電離作用(放電現象)の２種類である。①力学的作用とは、クーロン力による引力および斥力により軽いものを引き付けたり、反発したりする現象のことである。例えば、樹脂製品が薄く汚れる現象や粉体が機器や治具に引き寄せられる現象、日常生活では衣服やラップフィルム等が脚や腕にまとわりつく現象は静電気の力学的作用によるものである。一方、②放電現象とは、帯電した物体から瞬間的に生じる電荷の移動のことである。例えば、車から降りて車のボディに触れる時や歩行後にドアノブに触れる時に指先から発生する閃光や電撃、冬場にセーターを脱いだ時にパチパチと発生する破裂音は放電現象によるものである。

11.1.3　着火源としての静電気[4)]

化学プロセスでは可燃性のガスや液体、粉体が多く使用され、これらの化学物質に着火したことによる爆発・火災事故が数多く発生している。爆発・火災事故を未然に防ぐためには燃焼の３要素である、①可燃物、②空気、③着火源のうち少なくとも一つを取り除く必要がある。多くの場合、可燃物濃度を爆発範囲外の濃度に制御したり、気相部を窒素等の不活性ガスで置換して酸素濃度を低下させる方法により爆発危険性を回避している。しかし、これらの方法を実施することが困難な場合や爆発のリスクをより低減させる際には着火源の管理を考慮する必要がある。化学プロセスの着火源は**表11-2**に示すような８種が紹介されているが[5)]、静電気放電については理解が不足し、化学プロセスのリスクとして見落とされている場合があることから、静電気の発生メカニズムとエネルギーについて正しく理解することがプロセスを安全に管理する上で非常に重要である。

表11-2　化学プロセスで想定される８種の発火源[5)]

	大　区　分	中　区　分
Ⅰ	電気的発火源	①電気火花 ②静電気火花
Ⅱ	熱的発火源	③熱面、熱流体 ④放射熱、熱光線
Ⅲ	化学的発火源	⑤裸火 ⑥発熱反応
Ⅳ	機械的発火源	⑦衝撃、摩擦、打撃 ⑧断熱圧縮、衝撃波

11.1.4　静電気着火の危険性評価[6),7)]

静電気の放電現象により生じるエネルギーによって可燃性ガス・蒸

気および可燃性粉じんが着火し、ガス爆発や粉じん爆発が発生する可能性を評価する必要がある。そのためには、可燃性ガス・蒸気および可燃性粉じんの着火に必要なエネルギー〔最小着火エネルギー（MIE：Minimum Ignition Energy）〕と放電現象で生じるエネルギーの大小関係を把握する必要がある。この節では、可燃性ガス・蒸気および可燃性粉じんの着火限界とMIEについて述べる。

可燃性ガス・蒸気および可燃性粉じんが着火するためには、それぞれの濃度がある範囲内にあることが必要である。この濃度範囲を爆発範囲（もしくは燃焼範囲）と言い、爆発する最低濃度を爆発下限界（LEL：Lower Explosion Limit）、最高濃度を爆発上限界（UEL：Upper Explosion Limit）と言う。この範囲外にすることによって、爆発可能な雰囲気の生成を防止することができる。爆発範囲内にある雰囲気に着火する場合、それぞれの濃度によって着火に必要となるエネルギー量（着火エネルギー）が異なる。**図11-1**に着火エネルギーと可燃物濃度の関係を示す。**図11-1**に示すように、着火エネルギーのプロットは可燃物と酸素濃度が化学量論組成比となる濃度付近で最小となるU字型カーブ

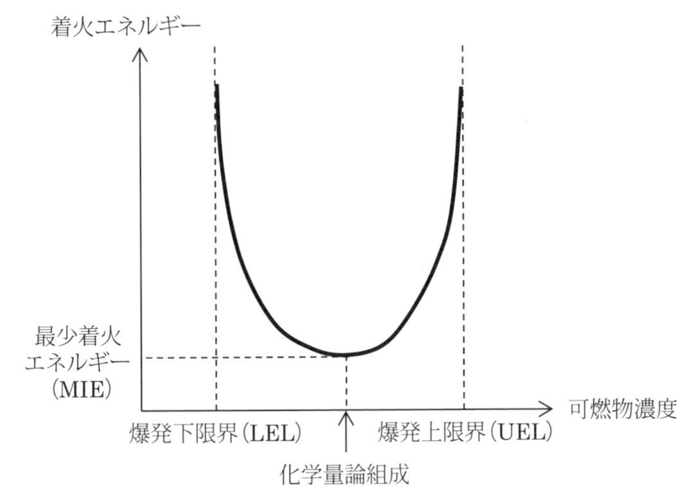

図11-1　可燃物濃度と着火エネルギーの関係

となり、この最小値を最小着火エネルギー（MIE：Minimum Ignition Energy）と言う。MIEのエネルギーレベルは可燃性ガス・蒸気では0.001～1 mJ、可燃性粉じんでは1.0～5,000 mJ程度である。MIEは圧力、温度が高いほど、また可燃性粉じんでは粉体粒径が小さいほど低くなる。

測定されたMIEがプロセスで想定される静電気放電のエネルギーレベルよりも小さくなる場合には、窒素などによる不活性ガス化対策を行い、爆発が想定される雰囲気の形成を回避することが必要である。

11. 2　静電気の発生機構[3)]

静電気の発生は、その状況から以下の四つに分類することができる。

① 接触、分離による発生

② 破壊による発生

③ 静電誘導による発生

④ その他の発生

接触・分離による発生は、二つの異種物質が接触し、分離する過程で発生する。物質にはもともと正と負の電荷の均衡が保たれていて、電気的に中性であるが、接触した際に電荷が一方の物体から他方へ移動し、それが分離した時に移動したときの電荷の一部がそのまま物体上に留まる。その結果、物体上に正と負の電荷の不均衡が存在し、静電気現象が現れる（これを帯電と言う）。**表11-3**に主な帯電現象を示し、以下に発生機構の詳細について述べる。

11. 2. 1　摩擦帯電[2), 3), 7), 8), 9)]

異なる二つの物体を接触させると、接触面において電荷の移動が発生〔**図11-2 (a)**〕し、接触面を挟んで電気二重層を形成する〔**図11-2 (b)**〕。この状態では、電気的に中性であるため外部に電気的効果を及ぼすことはないが、二つの物体のうちどちらか一方または両方が不導体である場合には、物体を急速に引き離した時に、一部の電子は元の物体に戻るこ

表11-3　帯電現象の種類と静電気の発生[3),6)]

帯電現象の種類	発生原因(電荷分離の原因)	発　生　例
摩 擦 帯 電	異種の物体の摩擦	粉と袋類の摩擦
粉 砕 帯 電	物質粉砕時の電荷の不均衡	粉砕器による粉砕
流 動 帯 電	固体壁への正または負イオンの選択的吸着	液体のパイプ輸送
噴霧帯電(分裂帯電)	ノズルなどとの摩擦	漏洩時の噴出
撹拌帯電、沈降・浮上帯電	液体内の異種(異相)の物体との接触もしくは沈降	水滴の油相への沈降
誘 導 帯 電	静電誘導時の放電現象の発生	絶縁した人体が帯電物体に接近

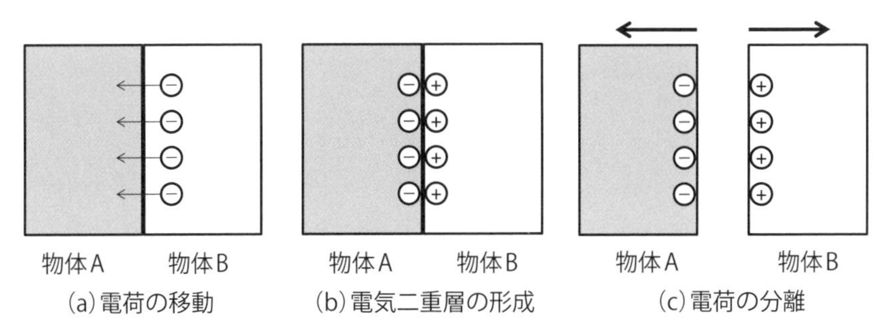

図 11-2　摩擦帯電のメカニズム

となく残留する〔**図11-2 (c)**〕。このような機構で物体が帯電する現象を摩擦帯電と言う。また、電荷が移動して固定化することを電荷分離と呼び、電子を獲得した物体は負に、喪失した物体は正に帯電することになる。

一部の物質については、個々の物質ごとの摩擦静電気の発生傾向を実験的に調べ、順位づけしたものが帯電列として知られている。**表11-4**はその一例であり、摩擦の対象となる物質間の帯電特性（極性および帯電量）の目安を得るのに有用である。ただし、物体表面の状態、特に水分、ちり等の付着によって大きく影響されるので、この帯電列に常に合致するとは限らない。

摩擦帯電の例としては、車から降りた後に車のドアやボディに触れる

表11-4　帯電列の一例[6)]

金　　属	繊　　維	天然物質	合成樹脂
＋	＋	＋	＋
		人毛、毛皮	
		ガラス	
		雲母	
	羊毛		
	ナイロン		
	レーヨン		
鉛			
	絹		
	木綿	綿	
	麻		
		木材	
		人の皮膚	
	ガラス繊維		
亜鉛	アセテート		
アルミニウム			
		紙	
クロム			
			エボナイト
鉄			
銅			
ニッケル			
金		ゴム	ポリスチレン
	ビニロン		
白金			
	ポリエステル		ポリプロピレン
	アクリル		
			ポリエチレン
	ポリ塩化ビニリデン	セルロイド	
		セロファン	
			塩化ビニル
			ポリテトラフルオロエチレン
−	−	−	−

際に感じる電撃や歩行後にドアを開ける際にドアノブとの間で発生する電撃がある。これは、走行中の振動による車のシートと着衣の摩擦、および歩行による靴底と床面の摩擦が発生原因である。

11. 2. 2　粉砕帯電[2), 3), 7), 8)]

物体が何らかの作用により二つ以上に破壊される時に、破壊された物体内の電荷のバランスが崩れることにより帯電する現象を粉砕帯電と言う(**図11-3**参照)。**図11-3**のように一方が正に、他方が負に帯電した状態になる。この現象は、物体が細かく破壊されるほど顕著になり、単位質量当たりの電荷量が増加していく。この時に、正に帯電した固まりと負に帯電した固まりの大きさに偏りがあると、小さな固まりが静電気力(クーロン力)で装置の壁面等に付着し、大きな固まりだけが装置から排出される可能性がある。このことにより一方の極性に帯電した状態の粉砕物のみが取得され、影響を及ぼす可能性がある。

粉砕帯電の例として、粉砕工程で発生する粒子の凝集や付着等がある。

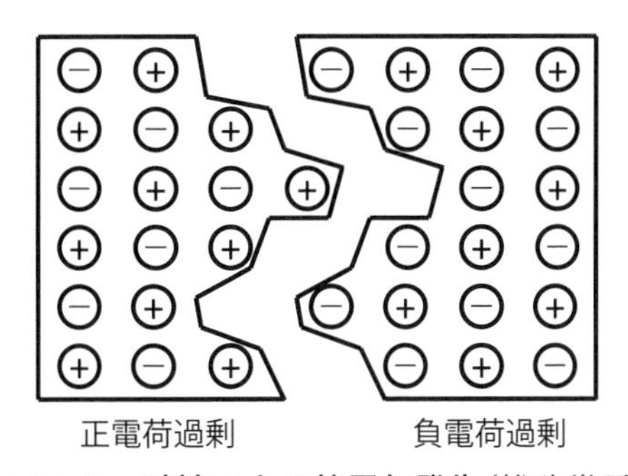

図 11-3　破壊による静電気発生(粉砕帯電)

11. 2. 3　流動帯電[3), 7), 8)]

配管内を流体が流動する際には、液体に含まれるイオンが帯電に寄与する。管壁は液体中の正または負イオンのどちらか一方を選択的に吸着する性質を有するので、正または負イオンのどちらか一方がより多く壁面に吸着される。管壁近傍では吸着されたイオンと逆極性のイオンの間で電気二重層が形成され、吸着されなかったイオンが液内部に拡散している〔**図11-4 (a)** 参照〕。液体が流動すると、液内部のイオンが液流と

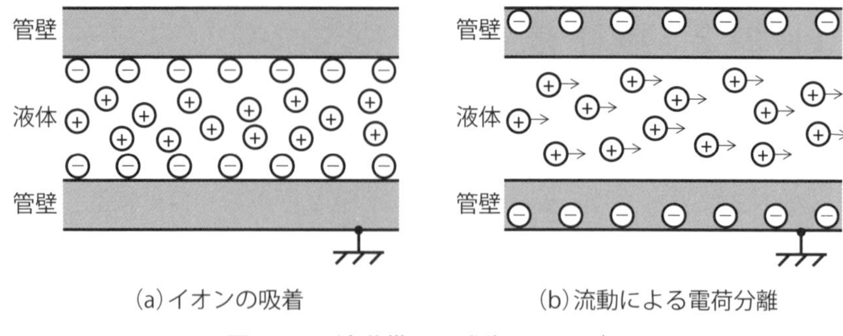

図11-4　流動帯電の発生メカニズム

ともに運ばれて電荷の分離が起こり、帯電する〔**図11-4** (b) 参照〕。この現象を流動帯電と言う。

11．2．4　噴霧帯電(分裂帯電)[3),7),8),9)]

加圧された液体がノズルや亀裂、フランジ等から噴出する際に、管路またはノズル壁面との接触によって、その界面で電荷分離が発生し、帯電した液滴として気流に放出される。放出された液滴は、空気によって絶縁されているため、電荷を保持したまま飛散する(**図11-5**参照)。これを噴霧帯電と言う。

噴霧帯電の例として、スプレー使用時にガスだけではなくミストも放出される場合にミストが帯電する。

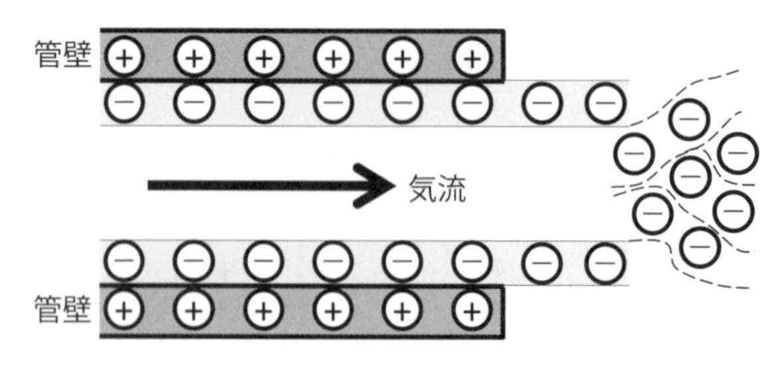

図11-5　噴霧帯電の発生メカニズム

11.2.5　撹拌帯電、沈降・浮上帯電[7),8),10)]

液体中に２相系(固/液系、気/液系、液/液系)が存在すると、相の界面で電気二重層が形成され、撹拌時もしくは撹拌後に発生する比重差等による沈降・浮上等の相対的な運動によって電荷分離が起こる(**図11-6**参照)。この現象を撹拌帯電または沈降・浮上帯電と言う。

一般に、不導電性液体(絶縁性液体)だけを撹拌してもほとんど帯電が起こらないが、少量の溶けない物質が混ざるだけで、大きく帯電することがある。

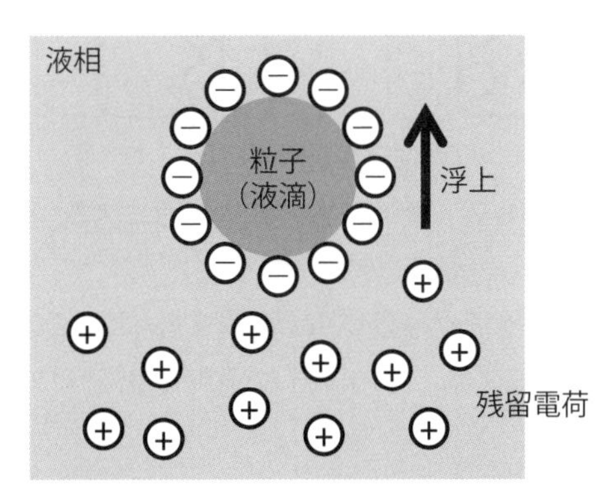

図11-6　沈降・浮上時の電荷分離

11.2.6　誘導帯電(静電誘導)[1),3),6),7),8),10)]

導体が絶縁物によって電気的に孤立している場合に、帯電した物体が接近すると、絶縁されている物体内の帯電物体に近い面に、帯電物体と逆極性の電荷が引き付けられる。それによって、導体中は正と負に分離した状態となり、大地に対する電位が上昇した状態となる〔**図11-7 (a)**参照〕。このような現象を静電誘導と言う。この状態においては、帯電物体に引き付けられた電荷は外界に影響を及ぼすことができないが、同極性の電荷は自由な状態であり、条件が整えば放電を起こすことが可能である〔**図11-7 (b)** 参照〕。また、放電後に帯電物体を遠ざければ、今

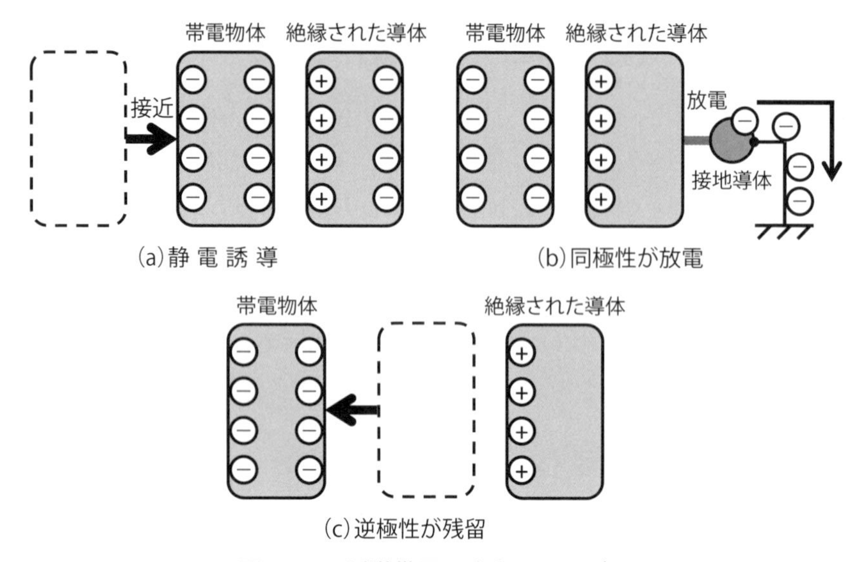

図11-7　誘導帯電の発生メカニズム

度は残っていた逆極性のみが導体中に残留することになり、帯電した状態となる〔**図11-7 (c)**参照〕。このような過程で帯電することを誘導帯電と言う。

例えば、絶縁靴を履いた作業者がフレキシブルコンテナなどの帯電物体に近づいた際に、静電誘導により作業者は帯電物体に近い方と遠い方に電荷の分離が生じる。この時、周辺にある接地導体に触れると放電する。放電後にその場から離れると、作業者は誘導帯電する。そして、離れた場所で接地導体に触れると２度目の放電が発生する。

11.2.7　気体の帯電について[8)]

一般に気体は帯電しない。しかし、気体中に微粉体や液滴が含まれると、管内の流動やノズルからの排出時にこれらが帯電することがある。また、液化ガスの噴出時にも一部が液滴や凝固体として噴出すると強く帯電することが知られている。

11. 3　静電気の緩和と放電現象

11. 3. 1　静電気の帯電と緩和[8)]

様々な要因により発生した静電気は、主として、①電気伝導、②放電の二つの機構により電荷を消失する。電荷の消失過程を緩和と言う。

1）電気伝導による緩和[3), 6), 7), 8)]

電気伝導による緩和とは、**図11-8**に示すように抵抗を介して帯電物体から大地(アース)へ電荷を漏洩し、消滅させるものである。静電気帯電による帯電量は、静電気が発生し、その一部が緩和した後に残った、緩和しきれなかった電荷のことであり、「帯電＝発生－緩和」の関係によって表される。

帯電物体が導体であり、電気的に大地へと接続されている場合には、帯電量が少なく、帯電した場合でも緩和する時間が非常に短くなるが、帯電物体が不導体の場合には、帯電量が増加するとともに緩和に要する時間も長くなる。物体の静電気的な導体、不導体の判断基準は**表11-5**に示す通りである。

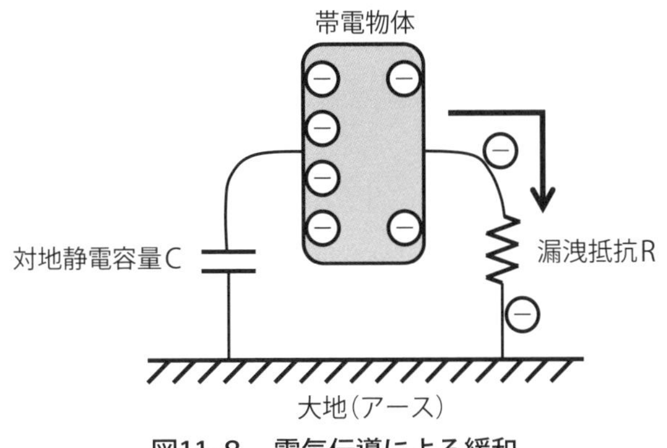

図11-8　電気伝導による緩和

表11-5　導体、不導体の静電気特性[6]

	体積抵抗率［Ω・m］	表面抵抗率［Ω］
導　　体	$<10^3$	$<10^6$
電荷消散性 or 拡散性	10^3～10^8	10^6～10^{10}
不　導　体	$\geqq 10^8$	$\geqq 10^{10}$

注）その他、導電性を表す指標として導電率[S/m]があるが、導電率は体積抵抗率とは逆数の関係にある。

2）放電による緩和[8),10)]

静電気の帯電物体の周囲には静電界が形成され、この静電界の強さは物体の帯電量に比例する。物体の周囲に主に存在する空気は抵抗率が約10^{20}Ω・mの絶縁物であるが、静電界の強度が大きくなり、電界強度が約30kV/㎝を超えると空気の絶縁破壊現象、すなわち放電が発生する。約30kV/㎝という値は空気の絶縁破壊電界強度である。放電は、帯電物体や近接する放電物体の形や大きさによって様々な形態を取る。以下に、主な放電形態の詳細について述べる。

11．3．2　放電形態と発生条件

1）火花放電[2),3),6),7),8),9),10),11)]

導体が帯電した場合にこれに曲率の小さな接地された導体が接近し、空気の絶縁破壊電界強度に達した時に発生する放電を火花放電（もしくはスパーク放電）と言う（**図11-9**参照）。火花放電は非常に短時間（数百ns以下）の短パルス状または振動を含む放電であり、容易に知覚可能な閃光と破裂音を伴う。

一般的に生産現場で火花放電が起こるのは、接地されていない導体（プラント機器、金属製器具・工具、製品、人体等）が様々な要因で帯電し、放電が可能な適当な間隔が存在する時である。次のような場合に火花放電が発生する[11)]。

・絶縁性の土台に置かれた金属製容器

・絶縁性の樹脂製容器に入れられた導電性液体

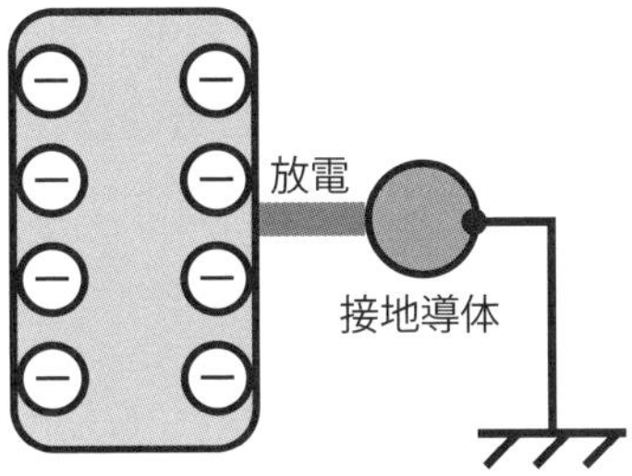

帯電物体(導体)
放電
接地導体

図11-9　火 花 放 電

・絶縁性の履物を履いた人

2）コロナ放電[2),3),6),7),8),9),10),11)]

帯電した物体に曲率半径が５㎜以下の尖った導電性物体や細線が接近した場合に、先端付近に電気力線が集中するため、この部分の電界強度が極めて高くなる。この部分の電界強度が空気の絶縁破壊電界強度に達した時に、先端部付近や細線周辺のみでわずかな発光と音を伴う微弱な放電が発生する(**図11-10**参照)。この放電現象をコロナ放電と言う。

帯電物体(導体)
放電
針状接地導体

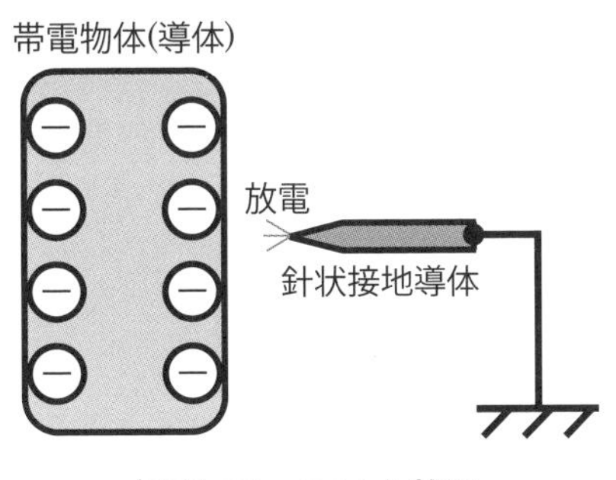

図11-10　コロナ放電

3）ブラシ放電[2),3),6),7),8),11)]

帯電した不導体(絶縁物)表面の電荷密度が高くなり(３μC/㎡以上)、曲率半径が５～50㎜の接地された導体が接近した時に、導体先端の電界強度が空気の絶縁破壊電界強度に達するとブラシ状に広がる放電現象が発生する（**図11-11**参照）。この放電現象をブラシ放電と言う。

一般的に生産現場でブラシ放電が起こるのは、粉や液体が搬送される絶縁パイプ、プラスチック製の袋、絶縁性のコンベアベルト等に接地金属や人の指先が近づいたときである[11)]。

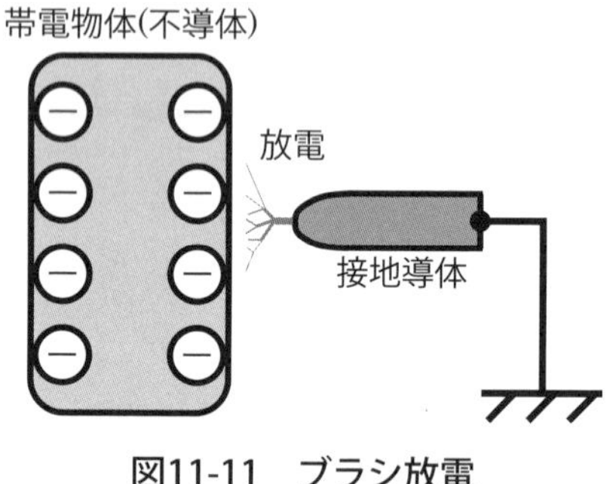

図11-11　ブラシ放電

4）沿面放電[2),4),6),7),8),11)]

接地された導体板上に薄い絶縁性フィルムが存在し、何らかの要因によりこの絶縁性のフィルムが高い電荷密度で帯電した場合、これに接地導体を接近させると樹枝状の模様の放電光とともに大きな破裂音を伴う放電現象が発生する（**図11-12**参照）。この放電現象を沿面放電と言う。

絶縁物体の厚さが薄くなると絶縁物の表と裏面に異符号の電荷の電気二重層が形成されるため帯電面の電位上昇を抑制することができる。

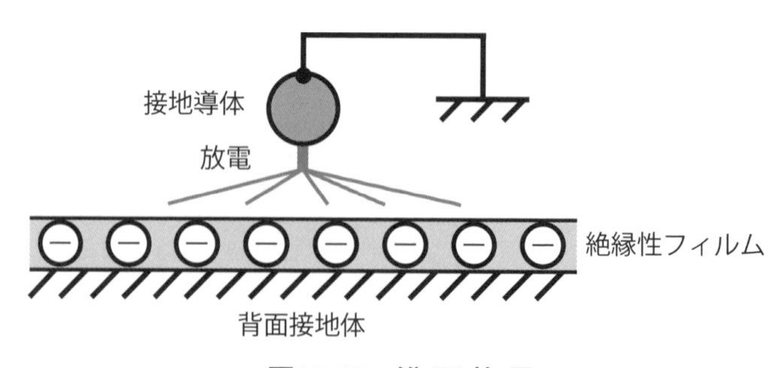

図11-12　沿面放電

よって、通常不導体(絶縁物)が表面に保持できる電荷密度以上の大きな表面電荷を、絶縁物表面に保持することができるようになり、沿面放電では大きなエネルギーが発生する。また、実験的には、①絶縁物の厚さが８㎜以下である、②表面電荷密度250μC/㎡以上である、③表面電位４kV以上である、ということが沿面放電の発生条件であると確認されている。

生産現場では次のような場合に沿面放電が発生する可能性がある[11)]。

・絶縁性パイプ、グラスライニングなど絶縁物を内部にコーティングしたパイプを用いて粉体・液体を高速輸送するとき
・絶縁性容器、内部が絶縁コーティングされた容器、あるいはガラス等の窓がある容器を用いて粉体の流動乾燥、液体の攪拌操作をするとき

沿面放電が発生した際には着火源になるだけではなく、絶縁物の破壊(ピンホール、亀裂)などの障害を引き起こすことがある。

５）コーン放電[2),3),4),7),8),11)]

サイロなど比較的大きな容器に空気輸送等により絶縁性の粉体を充填すると、帯電した粉体が堆積していく過程で、粉体の電荷が圧縮され、粉体堆積部に電荷が集中する。よって、粉体層の表面では堆積量の増加とともに電界強度が大きくなり、表面に沿って放射状に強い放電が発生する(**図11-13**参照)。この放電現象をコーン放電(バルク表面放電)と言う。粉体の堆積が円錐状であるときによく起きることから、円錐という意味のコーン放電と呼ばれている。

コーン放電の生成のための正確な条件は求まっていないが、実験的には、①粒径が１㎜以上である、②粉体の体積抵抗率が10^{10}Ω・m以上である、③粉体の質量比電荷が１μC/kg以上である、④充填流量が粒径１～２㎜以上の粉体で2×10^{3}kg/h以上、もしくは粒径が0.8㎜程度で$20\sim30\times10^{3}$kg/h以上である、という条件が満たされる時に多く発生すると報告されている。

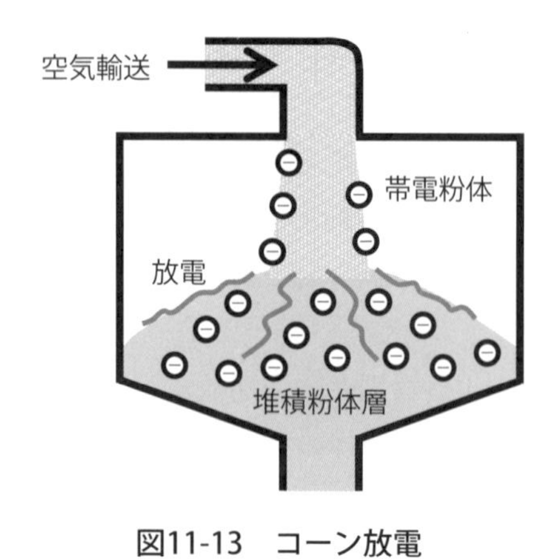

図11-13　コーン放電

11. 4　放電エネルギーと着火性

放電形態ごとの放電エネルギー、エネルギー密度等の相違により静電気放電は着火性(着火能力)が異なる。放電形態ごとの着火性のまとめを**表11-6**に示し、以下に各放電現象の放電エネルギーと着火性の詳細について述べる。

表11-6　静電気放電の形態と着火性[3),5)]

放電形態	放電または等価エネルギー	着火能力
火花放電	1J程度まで	可燃性ガス・蒸気、可燃性粉体
コロナ放電	数十μJまで	水素、アセチレンなど
ブラシ放電	3mJ程度まで	可燃性ガス・蒸気
沿面放電	10J程度まで	可燃性ガス・蒸気、可燃性粉体
コーン放電	数十mJ程度	可燃性ガス・蒸気、可燃性粉体

1）火花放電[2),3),6),7),8),11)]

火花放電は帯電した物体に蓄えられた全エネルギーが1回の放電により放出される。したがって、放電エネルギーは蓄積されたエネルギーと一致するとみなすことができ、①電荷が蓄えられた物体の静電容量C、②帯電物体の電位V、③電荷量Qのうちいずれか二つの物理量が明らかになれば**式11-1**で予測することができる。

$$W=1/2CV^2=1/2QV=Q^2/2C \qquad \text{（式11-1）}$$

ただし、W：火花放電のエネルギー[J（ジュール）]、C：帯電体の静電容量[F（ファラッド）]、V：帯電電位[V（ボルト）]、Q：帯電電荷量[C（クーロン）]

火花放電のエネルギーは比較的高く１J程度まで達することがあり、火花放電は可燃性ガス・蒸気および可燃性粉体に対して着火性がある。例えば、導体である人体が帯電した場合の放電エネルギーを推算してみる。人体の静電容量を200pF、帯電電位を5×10^3 Vとし、**式11-1**に代入すると $W=1/2\times(200\times10^{-12})\times(5\times10^3)^2=2.5\times10^{-3}$[J]＝2.5[mJ] となり、多くの可燃性ガス・蒸気、可燃性粉体のMIEを超える放電エネルギーとなる。

化学プロセスにおける火花放電が及ぼす影響としては着火源としての作用のほかに電撃がある。電撃は作業者に心理的な影響を及ぼし、作業性を悪化させる要因となる可能性がある。人体に帯電した帯電電位により、電撃時に感じる体感的な痛みや身体に受ける影響が異なる。人体の帯電電位と電撃の関係を**表11-7**に示す。静電気による電撃は瞬間的であるため、人命にかかわることはないと考えられており、過去にも感電死の事例はない。

2）コロナ放電[2),3),6),7)]

コロナ放電の放電時の等価エネルギー[注)]は10μJ程度であり[3)]、着火

注）放電の着火性に寄与するエネルギー量を考慮する必要があるが、火花放電以外の放電は全エネルギー量を求めることでさえ困難である。そこで、火花放電以外は最小着火エネルギーがX[mJ]の可燃性雰囲気を着火させた時の静電気放電のエネルギーをX[mJ]であると定義し、この時の静電気エネルギーを等価エネルギーと呼ぶ[6)]。

表11-7　人体の帯電電位と電撃の関係[3),5),8)]

人体の帯電電位 [kV]	静電エネルギー[表注)] [mJ]	体感的な電撃の強さ	備　　考
1.0	0.1	全く感じない	
2.0	0.4	指の外側にかすかに感じるが痛まない	小さな放電音
2.5	0.63	針に触れた感じを受け、ぴくりと感じるが痛まない	
3.0	0.9	針で刺された感じを受け、ちくりと痛む	
4.0	1.6	針で深く刺された感じを受け、指がかすかに痛む	発光が見える
5.0	2.5	手のひらから前腕まで痛む	放電光が延びる
6.0	3.6	指が強く痛み、二の腕が重く感じる	
7.0	4.9	指、手のひらに強い痛みとしびれた感じを受ける	
8.0	6.4	手のひらから前腕までしびれた感じを受ける	
9.0	8.1	手首が強く痛み、手がしびれた重みを受ける。	
10	10	手全体に痛みと電気が流れた感じを受ける	
11	12.1	指が強くしびれ、手全体に強い電撃を受ける	
12	14.4	手全体を強打された感じを受ける	

表注）人体の静電容量は200pFとする。

性は極めて低く、水素のような着火エネルギーが小さいガスを除いてほとんどの可燃性物質を着火させることはない。コロナ放電は空気あるいは空気中の水分等を電離してイオンを発生させる。したがって、放電によるイオンにより安全に電荷を緩和することが可能であり、唯一帯電物体の除電機能として作用させて、静電気災障害の防止対策として用いられている。除電器、帯電防止服やフレキシブルコンテナなど繊維製品の帯電防止に応用されている。

3）ブラシ放電[2),3),6),7)]

ブラシ放電では、放電に費やされる電荷は帯電量の一部であること、また電極の形状の影響も大きいことから、火花放電のように放電エネルギーを計算で推測することは困難である。一方、実験的には等価エネルギーの最大値は3.8mJであると確認されている[3)]。ここで、3.8mJというエネルギーを考えた場合、ブラシ放電は多くの可燃性ガス・蒸気の着火源になり、MIEの小さな粉体についても着火源となり得ると考えられる。しかし、可燃性粉体への着火実験に基づく実験検討において粉じん爆発が確認されていないことから、現在ではブラシ放電で着火しないと考えられている。粉じん爆発が発生しない理由としては、ブラシ放電は着火に寄与するエネルギーの消費箇所（空間）が局所的であり、エネルギー密度が低い。したがって、粉体を蒸発させるエネルギーに消費されてしまい、着火させるためのエネルギーが残らないためと考えられている[3)]。また、火花放電の項で記載した人体への電撃はブラシ放電でも発生し、不導体の帯電電位が30kV以上で発生する[6)]。

4）沿面放電[2),3),7),10)]

沿面放電では1回の放電で蓄積されたエネルギーの大部分が放出され、そのエネルギーは10J程度まで到達することがある。したがって、沿面放電は可燃性ガス・蒸気および可燃性粉体の着火源になり得る。

5）コーン放電[3),4),7),10)]

コーン放電の等価エネルギーは多くの事故事例から数十mJ程度以下であり、以下の実験式（**式11-2**）で最大放電エネルギーを推算する方法が用いられている。

$$W = 5.22 \times D^{3.66} \times d^{1.46} \qquad \text{（式11-2）}$$

ただし、W：コーン放電のエネルギー［mJ］、D：粉体が堆積する接地された容器の直径［m］、d：堆積した粉体の平均粒子

径(中位径)[mm]

式11-2の適用範囲は容器の直径が0.5～3.0m、粉体の平均粒子径が0.1～3mmである。コーン放電は可燃性ガス・蒸気、可燃性粉体の着火源になる可能性がある。粉じん爆発の場合、コーン放電の発生条件として比較的大きな粒径が必要であると前記したが、大きな粒子は空間に浮遊することが不可能なため、爆発性雰囲気の形成が困難である。よって、コーン放電で可燃性粉体への着火が起きるためには、粒径が数百μm以下の微粉体が含まれていることが条件である。

11.5　物体の帯電防止方法[6),11)]

11.5.1　電荷蓄積の抑制とは

静電気は前述のように異種物質の接触・分離、単独物質であっても分裂、破砕などによって発生する。例えば、製造プロセスにおいて静電気の発生が想定される、①液体または粉体の移し替え、②液体または粉体の配管流通、③ローラーとフィルムの摩擦、④液体の噴霧等 は常時行われることがあり、また人の歩行においても発生することから、静電気の発生をゼロにすることは不可能である(**図11-14**参照)。

しかし、静電気は発生箇所(物体)が導体であり、かつ、この物体が大地と接地されていれば、発生した電荷は速やかに緩和されるため物体に電荷が蓄積する(＝帯電する)可能性は低い。静電気放電は帯電物体近傍の電界が空気の絶縁破壊電界を超えた際に発生することから、物体への帯電を抑制することで静電気放電の発生を防止でき、着火リスクの低減に繋げることができる。

電荷の蓄積は、電気的に絶縁された導体(以降「絶縁導体」と呼称する)や蓄積した電荷の緩和速度が非常に緩やかである不導体で生じる。したがって、絶縁導体の排除や不導体への帯電を防止することが重要であり、その方法について次節に記載する。

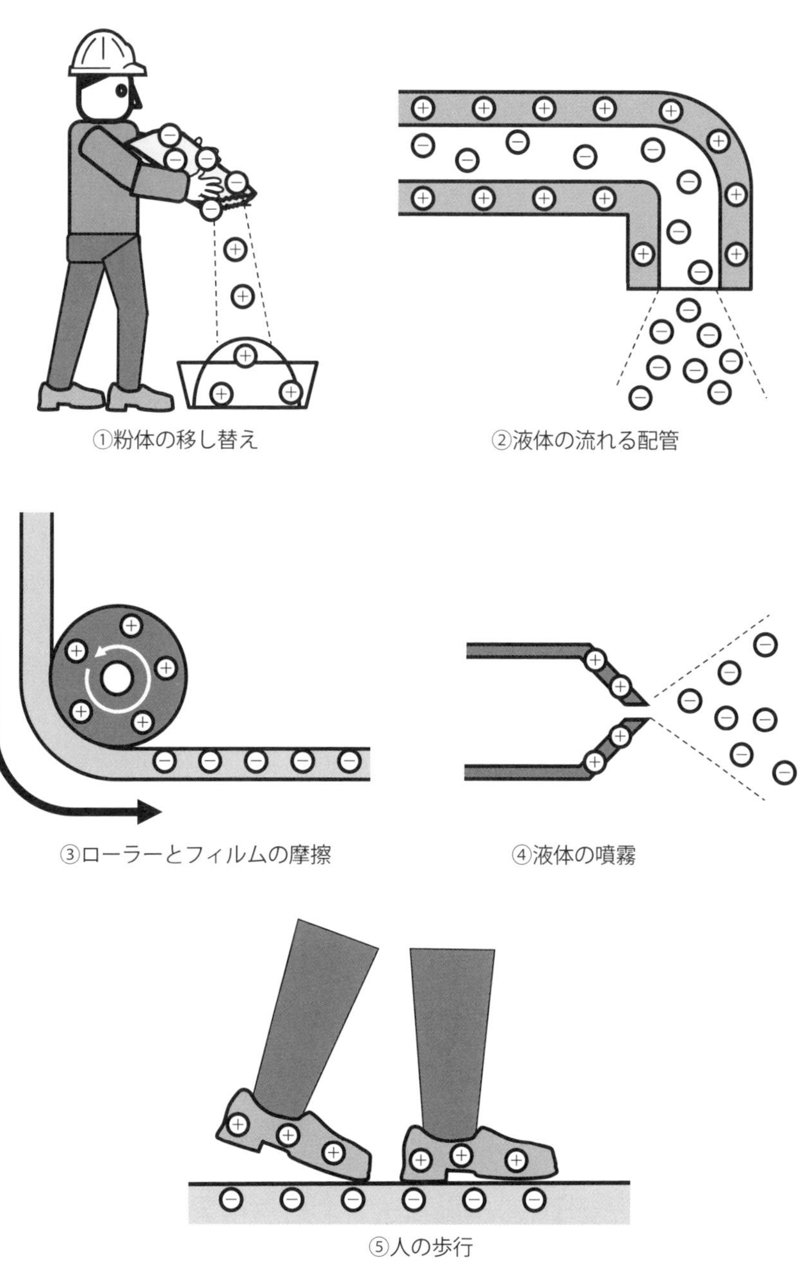

図11-14　静電気発生箇所の例

11．5．2　導体および不導体の帯電防止方法

静電気の蓄積を抑制する基本的方法は、使用する機器・設備、器具、部材等に至るまで導体を使用し、その接地を確実に実施することである。導体と不導体では帯電防止方法が異なることから、本節では導体と不導体に分けて帯電防止方法を記載する。また、導体は人体と機器・設備等に分けて帯電防止方法を記載する。

1）導体の帯電防止方法

① 人体の帯電防止方法

帯電した人体から発生する放電は火花放電であり、可燃性ガス・蒸気および可燃性粉体の着火源となり得る。着火性放電を防ぐためには、人体に蓄積した電荷を速やかに緩和する必要があり、人体の電荷は主に靴を介して床から大地へ緩和されることから、靴および床面の抵抗が非常に重要となる。したがって、可燃性ガス・蒸気および可燃性粉体を取り扱う場所や電撃が問題となる場所では、帯電防止靴を着用し、床は導電性で接地しなければならない。このときに、人体の漏洩抵抗（靴の抵抗と床の漏洩抵抗の和）を10^8Ω以下にする必要がある。

また、帯電防止靴の着用時に、厚手の靴下の着用および絶縁性の中敷の使用は人体の漏洩抵抗が上昇し、人体が帯電する要因となるため使用してはならない。

② 機器・設備等の帯電防止方法

機器・設備等で発生した電荷を速やかに緩和する方法として、接地およびボンディングがある。接地とは導体（機器等）と大地を電気的に接続して導体に発生した電荷を緩和する方法であり、接地時の機器の漏洩抵抗を10^6Ω以下にする必要がある。また、ボンディングとは導体同士を電気的に接続して導体間の電位差をなくす方法であり、導体間の接続時の抵抗値を1,000Ω以下にする必要がある。帯電を防止するためにはすべての機器を直接接地することが望ましいが、機器の配置等により直接

接地することが困難または非効率な場合にボンディングが用いられる。ただし、ボンディングだけでは大地との電位差が存在するため、ボンディング接続された導体のうち少なくとも1カ所は接地し、大地との電位差をなくす必要がある（**図11-15**参照）。

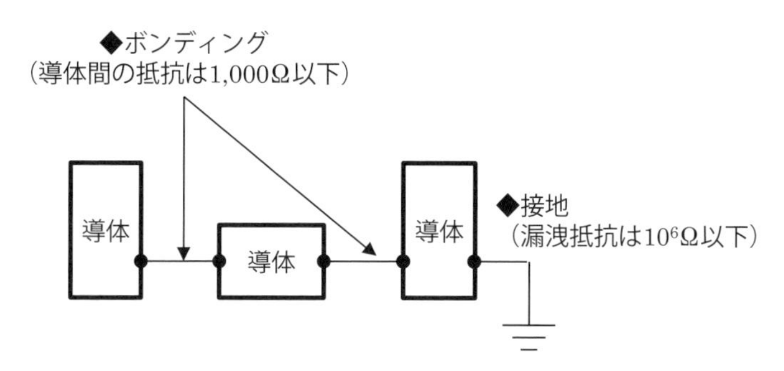

図11-15　ボンディング方法例

製造プロセスでは主に金属製配管が使われているが、配管の接続部に不導体のガスケットが使用された場合や配管の一部に不導体材質のものが使用された場合には、機械的に接続された配管が電気的には接続されていないことがある。電気的に接続されていない導電性配管は、内部流体の流動時に帯電する可能性があるため、接地されている近接の導電性配管とボンディングを行い、帯電を防止することが必要である〔**図11-16(a)**、**(b)**参照〕。ただし、配管接続の金属製ボルトとナットによって電気的に接続されている場合もあるため、不導体部品を挟んだフランジ間の電気抵抗の測定値が1,000Ω以下であればボンディングは必要ない（**図11-17**参照）。

また、台車などの移動可能な物体においてキャスター部に不導体が使用されている場合は、本体が絶縁導体になる可能性がある。移動して用いる物体は常時接地することが困難であるため、導電性のキャスターが使われているものを使用するか、それができない場合は移動時以外にはワニロクランプなどにより確実に接地することが必要である（**図11-18**

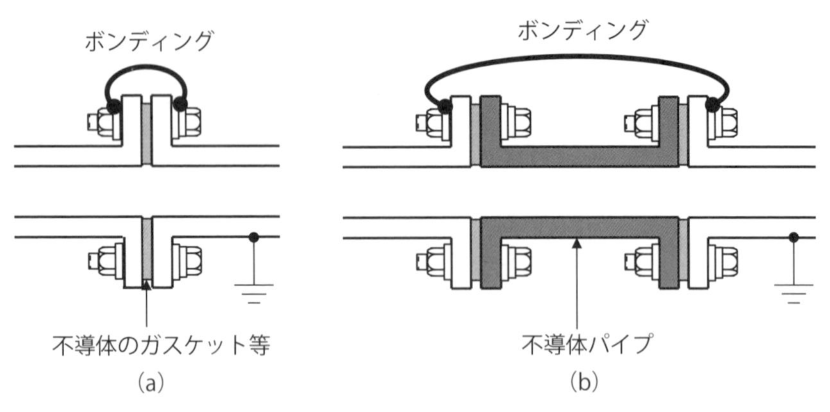

図11-16　配管のボンディング方法例

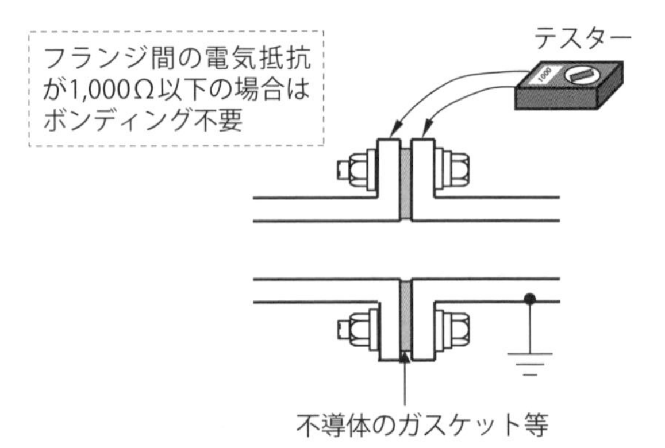

図11-17　配管のボンディング必要性の確認方法

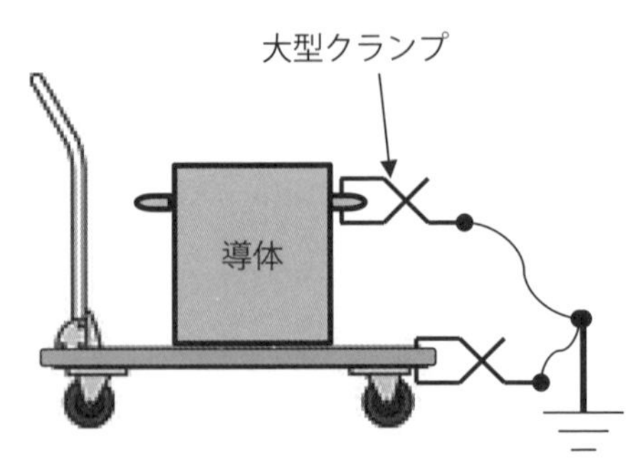

図11-18　台車の接地方法例

参照）。

2）不導体の帯電防止方法

① 導電性材料の活用等による帯電防止

不導体は電荷の移動が非常にわずかであり、接地による電荷の緩和が期待できない。帯電した不導体からの放電により火災・爆発に至る危険性がある場合には、接地による帯電防止効果を期待して不導体から導電性材料を使用したものに代えることが推奨される。また、帯電防止剤の添加により導電性が向上し、緩和速度が上昇することによって静電気放電のリスクが低減することがある。ただし、導電性材料に代えることによる設備の機械的強度の低下、また、帯電防止剤使用による製品の純度が問題となる場合もあるため、適用時には十分な検討が必要である。

② 除電器の使用による帯電防止

除電器から発生したイオンで帯電物の電荷を中和することができる。ただし、除電器が着火源になる場合もあるため、可燃性ガス・蒸気および可燃性粉体を取り扱う場所では防爆型にする必要がある。

③ 電荷発生の抑制による帯電防止

発生する電荷量は物質の接触面積が大きいほど、また、物質移動速度が大きいほど大きくなる。対象物質の移動速度を小さくすることにより電荷発生を抑制できる。詳細は次項に記載する。

11. 6　製造プロセスにおける静電気対策

11. 6. 1　対象物質の形態に対応した静電気対策

この項では取り扱う物質の形態（液体および粉体）に対応した静電気対策について記述する。なお、人体および設備等の静電気対策は前項で記述した内容が実施されていることを前提とする。

1）液体の静電気対策

液体の導電率が低い場合（50pS/m以下）は電荷の緩和が期待できず、可燃性液体の場合は静電気放電による着火のリスクが高くなる。このように、対象となる液体の導電率によって帯電の可能性に相違があるため、静電気対策が異なる場合がある。**表11-8**に導電率による液体のクラス分けを示す。

液体を取り扱う製造プロセスの中で以下の箇所もしくは作業時には、静電気の発生が想定されることから、静電気放電による着火の可能性が考えられる。

ⅰ）パイプ、ホース、フィルター等

ⅱ）タンク、ドラム等への充填

ⅲ）移し替え

したがって、これらの箇所／作業においては発生電荷量の抑制および帯電防止対策を施す必要があり、それぞれの静電気対策について述べる。

ⅰ）パイプ、ホース、フィルター等の静電気対策[6)]

液体がパイプ等を流通する際には液体とパイプ等の間で静電気が発生し、この帯電量は流速の増加とともに大きくなることが知られている。したがって、発生する電荷量を抑制するためには以下の基準により流速を制御することが必要である。

① 中、高導電率の液体の輸送は10m/sec以下とする

② 低導電率の液体の輸送はパイプ径d［m］と下流にあるタンクの断面積直径L［m］によって変化する。流速v［m/sec］は7m/secも

表11-8　静電気上の導電率による液体のクラス分け[6)]

クラス	導電率	代表的な液体
高導電率	＞1,000pS/m	水、純水、アルコール、ケトンなど
中導電率	50～1,000pS/m	ガソリン（有鉛）、トリクロルベンゼンなど
低導電率	＜50pS/m	ガソリン（無鉛）、灯油、トルエンなど

しくは**式11-3**の低い方とする

$$vd=\begin{cases} N\times 0.50m^2/sec & (導電率>5\,pS/m) \\ N\times 0.38m^2/sec & (導電率\leqq 5\,pS/m) \end{cases} \qquad (式11\text{-}3)$$

ただし、**式11-3**中のNは**式11-4**で算出される。

$$N=\begin{cases} 1 & (L<2m) \\ \sqrt{L/2} & (2\leqq L\leqq 4.6) \\ 1.5 & (4.6<L) \end{cases} \qquad (式11\text{-}4)$$

③ 水滴や粉体などが混在した二相液体は単一相液体より帯電が促進されるため、流速は1 m/sec以下とする。

④ 絶縁性パイプ・容器（ホーローなどのライニングを含む）を使用する場合は1 m/sec以下とする。なお、低導電率液体には絶縁性パイプ・容器は使用しないこと。

ii）タンク・ドラム等への充填時の静電気対策[6)]

充填作業時には充填条件（速度や方法）を制限するとともに、受け入れる容器の電気的な状況を整えることによって電荷の発生および蓄積を防止する必要がある。一般に用いられている基準を以下に示す。

① 充填時に液の飛散・噴出や液面の跳ね返り、また泡の発生などにより帯電が促進されるため、パイプを容器の底まで下げ（底には接しない）、パイプ先端を45度にカットするあるいはT字管とする（**図11-19**参照）。

② 液面よりパイプの先端が0.6m下方になるまで、またはパイプ直径の2倍長さ下方になるまで、さらに容器内の突起物（例えば撹拌翼）が完全に液没するまでは液体の流速を1 m/sec以下とする（これを初期流速制限という）。

③ パイプ先端が液中に浸った後の中・高導電率液体の流速は10m/sec以下とする。

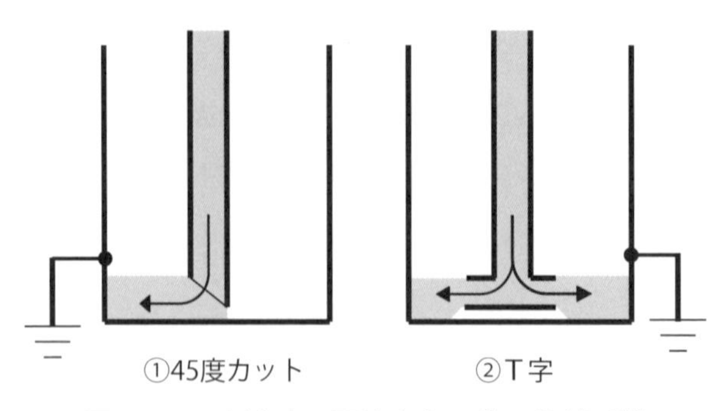

図11-19　充填時の配管(パイプ)の先端形状

④ パイプ先端が液中に浸った後の低導電率液体の流速は前述の**式11-3**に従う。

⑤ 水滴や粉体などが混在した二相液体は単一相液体より帯電が促進されるため、流速は1 m/sec以下とする。

⑥ 大型のタンク(目安として容積が50㎥以上)などの固定された設備の接地抵抗は10Ω以下が望ましい(一般設備の接地抵抗は1,000Ω以下)。

⑦ 可搬型の容器(例えば、台車に載せた金属容器)も確実に接地する(**図11-20**参照)。

図11-20　移し替え時の接地およびボンディング例

ⅲ）移し替え時の静電気対策[6)]

作業者が実施する移し替え作業においては、液体の飛散や容器や器具との接触等による静電気の発生が想定されるため、以下の対策を実施する必要がある。

① 容器、ロート、パイプ、ノズル等は金属製または導電性材質であることが望ましい。

② 送出側容器および受け側容器を接地あるいは接地されたものとボンディングする（**図11-20**参照）。

③ 液体の飛散、泡立ちを抑えるため、ロートやパイプを使い先端を容器底部まで降ろす。これができない場合は容器壁に沿ってゆっくり移し替える。ポンプを使う場合は気泡が入らないようにする。

2）粉体の静電気対策

粉体は絶縁性のものが多く、それが可燃性の場合はこれらを取り扱う工程において静電気放電により着火に至る危険性がある。粉体はその特性によって静電気危険性をおおまかに評価できる（**表11-9**参照）。

一般的に粉体の抵抗率が10^{12}Ω・m以上になると帯電防止が極めて困難となる。多くの可燃性粉体の最小着火エネルギーは数mJから数十mJ程度であり、可燃性ガス・蒸気の最小着火エネルギーより大きい。最小着火エネルギーは粉体の粒径に強く依存するため、危険性を評価する際には使用する粉体で測定したデータを用いなければならない。

粉体プロセスでの操作における静電気対策については、液体同様に流動が想定される工程および操作において考慮する必要がある。また、こ

表11-9　粉体特性と静電気の危険性レベル[6)]

帯電量の目安 [μC/kg]	粉体抵抗率 [Ω・m]	緩和時間 [sec]	危険性のレベル
$< 10^{-3}$	$< 10^{8}$	$< 10^{-3}$	低
10^{-3}～10^{0}	10^{8}～10^{12}	10^{-3}～10^{2}	中
$>10^{0}$	$>10^{12}$	$>10^{2}$	高

れらの状況に加えて、粉体特有の取り扱い状況も考慮することが重要である。ここでは、以下に示す各工程および操作における静電気対策について述べる。

ⅰ）空気輸送
ⅱ）充填（投入）・排出
ⅲ）粉体の捕集

ⅰ）空気輸送時の静電気対策[6)]

粉体が移送される際には配管等との衝突により粉体と配管の両方が帯電するため、以下のことを考慮する必要がある。

① 金属製配管の使用が望ましく、衝突による影響を少なくするため配管の曲りが少なくなるように設計する。
② 配管の内面が不導体でコーティングされたものは電荷が緩和されにくいので使用の回避を検討する。
③ 輸送速度は粉体が配管内に堆積しない程度の速度で、できる限り低速にする。

ⅱ）充填（投入）・排出時の静電気対策[6)]

粉体の充填作業においても液体と同様に充填条件（速度や方法）を制限することによって電荷の発生を抑制することが可能である。しかし、粉体では充填速度を制御することが液体よりも困難であり、制御が不安定になると静電気の発生が増加する可能性がある。したがって、以下に示す充填条件だけではなく、使用する袋等を選定することによって電荷の発生および蓄積を防止する必要がある。推奨される充填条件および方法を以下に示す。

① 最小着火エネルギーが３mJ以下のものを0.2m³以下の容器に投入する際は、搬入速度を２kg/sec以下にすることが望ましい[12)]。
② ブラシ放電の発生を防止するため、残った粉を落とすために袋を振らない。

③ 金属あるいは導電性の容器とシュート、ホッパーを用いて実施し、これらを必ず接地・ボンディングする。

④ 最小着火エネルギーが10 mJ以下の粉体の袋類は絶縁性のものを避ける。また、導電性を有する紙袋は上記のシュートあるいはホッパーと接触するようにして電位差を生じないようにする（ボンディングと同じ効果）。

⑤ フレキシブルコンテナを使用して粉体を投入する際は静電気対策が施されたものを使用する。

また、可燃性液体に粉体を投入する際に、静電気放電発生によって可燃性液体が引火爆発する事故が多く発生している。可燃性液体に粉体を投入する際には可燃性粉体による粉じん爆発だけではなく、可燃性蒸気による引火爆発の危険性を考慮した対応を行う必要がある。本質的な安全対策は、可燃性液体の温度を引火点より５℃以上低い温度に低下させることである。これにより、可燃性蒸気による爆発性混合気の形成を防ぐことが可能であり、引火爆発を防止できる。この方法が採用できない場合には、N_2等の不活性ガスよる置換により爆発危険性を回避する方法が望まれるが、作業者の酸欠の問題や容器開放時に空気が混入して酸素濃度が上昇する可能性があるため、上記①～⑤の対策を施すとともに、下記⑥～⑧の項目も考慮する必要がある。

⑥ 液面に浮いた帯電粉体からの放電を避けるため、粉体を一度に大量に投入しない。

⑦ 作業者による投入は、25㎏以下ずつゆっくりとシュートまたはホッパーに入れる。

⑧ 金属あるいは導電性の容器とシュートの使用は同様であるが、投入中にシュートと粉体の間での静電気発生を防ぐためにシュートの長さは３ｍ以内とする。もしくは、ロータリーバルブが付随したホッパーを用いて投入する。

ⅲ）粉体捕集時の静電気対策

粉体の捕集（特に微粉体）は主にバグフィルターを用いて行われるが、気流による移送時に帯電した粉体がバグフィルターに捕集されると電位が上昇し、落下する際に放電が発生する可能性がある。したがって、バグフィルターおよび設置する機器は静電気対策が施されたものを用いることが必要であり、**図11-21**に示される例のように適切に接地することが重要である。

ⅳ）そ　の　他

粉体が取り扱われる雰囲気の相対湿度を70%以上まで上昇させると多くの粉体で表面抵抗が下がるため、電荷緩和を促進でき、帯電を防止することが期待できる。ただし、この方法は低速の空気輸送や常温のプロセスのみ適用できる。また、相対湿度の上昇により粉体の変質や流動性が低下することがあり、これらのことが問題となる工程では適用できない。

本節では一般的な静電気対策を記載したが、より詳細な対策を必要と

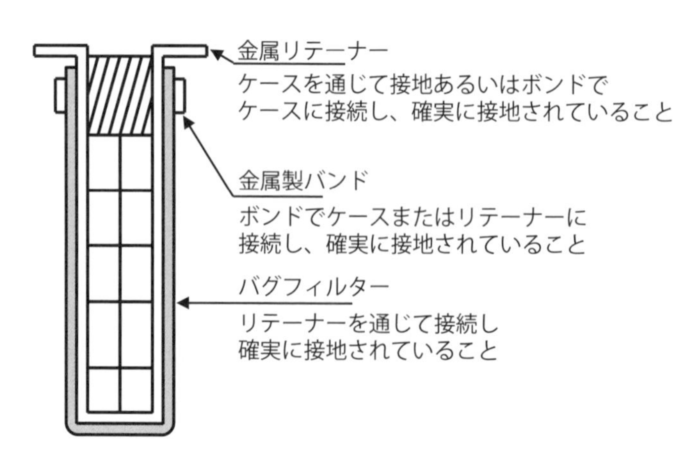

図11-21　バグフィルターの接地方法例

する場合は、労働安全衛生総合研究所技術指針である「静電気安全指針2007」[6)]が参考になる。

11. 7　静電気が着火原因である事故事例

国内の医薬品関係の製造工場で、静電気が原因で発生した火災・爆発事故事例を紹介する。

11. 7. 1　医薬中間体の沪過工程で静電気帯電による火災[13), 14)]

【概　要】

1985年、山口県の医薬品中間体製造工場で、医薬中間体の固体を*n*-ヘキサンから沪過分離した。その後の乾燥機に移し換える作業中に火災が発生した。被災者なし。

【原　因】

移し変え作業時の製品には、*n*-ヘキサンが20wt％ほど含まれており、付近には可燃性混合気が形成されていた。グラスライニング製の沪過器から、ポリエチレン製の沪布と沪布押さえを引き出した時に沪布が帯電し、沪過器の金属部に放電して着火したものと考えられている。

11. 7. 2　粉体をトルエンに投入中に静電気発生により爆発[15)]

【概　要】

2005年、山形県の医薬品製造工場で、薬品の調合中に爆発事故が発生した。原料粉末をトルエンに溶かし、薬の主成分を抽出する作業中であった。トルエンの入った高さ約４m、直径２mの釜のふたを開け、フレコンから100㎏の原料粉末を投入していたところ、直径約40㎝の投入口付近で爆発が起きた。負傷者３名。

【原　因】

粉体投入中に帯電したロートやフレコンに静電気が発生し、この静電気エネルギーが着火源となって、最終的に気化したトルエンに引火した可能性が高いと考えられる。

11.7.3　遠心分離器で静電気による爆発[16),17)]

【概　要】

2006年、富山県の医薬品原薬の製造工場で、作業員が遠心分離器のふたを開け、可燃性の有機溶剤*n*-ヘプタンを混ぜ合わせたところ爆発が発生した。作業中の社員１人が焼死したほか、２人が重傷、５人が軽傷を負った。

【原　因】

遠心分離器に原料を投入した際に発生した静電気が着火源となり、有機溶剤の*n*-ヘプタンに引火して爆発したと考えられる。

11.7.4　酢酸エチルをドラムからステンレス容器に小分け作業中の火災[18)]

【概　要】

2013年、神奈川県の工場で、酢酸エチルをドラムから20Lのステンレス容器に小分けをする作業中に出火した。出火後もドラムからの酢酸エチルの流出が続いたので、床面に燃焼が拡散し、周囲に保管されていた原料等の可燃物が次々に燃焼し、長時間にわたる火災となった。鉄筋コンクリート３階建ての建屋が全焼した。被災者はいなかった。

【原　因】

台車を移動させた際に、台車の不導体のウレタン製キャスターと非導電性の床面との間で摩擦による静電気が発生し、キャスターが帯電した。帯電したキャスターからの静電誘導により、台車本体が放電可能な電荷をもった。小分け作業中に、作業者の脚が台車に接近したところ、台車から作業者の脚に向かって火花放電が発生し、これが着火源となって床面に形成されていた酢酸エチルの蒸気に引火して火災となった。

参 考 文 献

１）山隈瑞樹. 静電気現象と対策の基礎. 第３回化学物質、爆発火災危険性測定セミナー資料, **2004**.
２）実務者のための粉じん爆発・火災安全対策. ㈳日本粉体工業技術協会粉じん爆発委員会編. オーム社, **2009**, p.39-49.
３）泉房男. “現場で役立つ静電気対策と実践－基礎知識から応用実践まで－”. 化学装置.
４）徳竹修一. “化学プラントに於ける静電気対策”. 配管技術. **2013**-05、p.39-46.
５）長谷川和俊. 危険物の安全. 丸善, **2004**, p.52.
６）静電気安全指針2007. 労働安全衛生総合研究所技術指針. JNIOSH-TR-NO.42, **2007**.
７）新版 静電気ハンドブック. 静電気学会編. オーム社, **1998**, p.130-190.
８）山隈瑞樹. “静電気障災害：分析と対策（第１回）－静電気の帯電機構と作用の基礎－”. 静電気学会誌, **2004**, Vol.28, No.1, p.83-87.
９）増田閃一. “高圧ガスの噴出に伴う帯電について”. 高圧ガス. **1969**, Vol. 6, No.5, p.13-336.
10）電気安全読本. **1985**, p44-54
11）ISSA Prevention Series No.2017（E）. 静電気－着火危険性とその予防対策－, **1996**.
12）日本粉体工業技術協会. 粉じん爆発・火災対策. オーム社, **2006**, p.167-169.
13）田村昌三監修. 化学物質・プラント事故事例ハンドブック. 丸善, **2006**, p.292.
14）厚生労働省. 職場のあんぜんサイト　労働災害事例.
URL：http://anzeninfo.mhlw.go.jp/anzen_pg/SAI_FND.aspx（2014年現在）
15）爆発、従業員３人重軽傷、トルエンに引火か. 毎日新聞, 2005-04-06,

朝刊.
16）富山の薬品工場爆発. 読売新聞, 2006-12-11, WEB版.
17）化学工場爆発　富山. 毎日新聞, 2006-12-11, WEB版.
18）工場火災、160人が避難. 読売新聞, 2013-04-11, WEB版.

第 12 章

バイオ医薬品

12. 1　はじめに

バイオ医薬品は、1982年に遺伝子組換えインスリンが米国で承認されてその歴史の幕を開けた。その後、成長ホルモン、インターフェロン、さらには顆粒球コロニー刺激因子、エリスロポエチン等が次々に上市され、バイオ医薬品の市場は着実に成長を続けてきた。これらの第1世代のバイオ医薬品は、生体内の生理活性タンパク質を組換えDNA技術や細胞培養技術を駆使して、できるだけ忠実に模倣し量産化して医薬品とするものであった。こうした第1世代のバイオ医薬品は、いずれもその作用は特異的であり、そのため副作用が少なく目的とする疾患に対しては切れ味の良い医薬品となり得たのである。しかしながら第1世代のバイオ医薬品もその特異性の縛りから、医薬用途の新たな対象探しに限界がみられるようになった。

1990年代後半になって、バイオ医薬品の成長の牽引役が第1世代のバイオ医薬品から第2世代の抗体医薬品に切り替わる大きな変化があった。1980年代のマウスモノクローナル抗体の開発で顕在化した免疫原性の問題解決に繋がる技術革新がなされ[1), 2)]、次々と新しい抗体医薬品が上市されるようになり、現在、抗体医薬品ブームがグローバルで巻き起こっている。2013年の世界の大型医薬品の売上ランキングの上位10品目中、バイオ医薬品は実に7品目に上り、その売り上げの割合は73.5%に達した[3)]。このように製薬業界全体にとって、もはやバイオ医薬品、特に抗体医薬品開発は避けて通れない状況になりつつある。

そして、バイオ医薬品と低分子医薬品を従来のように別々で捉えるのではなく、組み合わせによって両者の可能性を広げる試みもいろいろな形で行われてきている。バイオ医薬品単独の治療ではなく、低分子医薬品とバイオ医薬品の併用によって効果が高められることは、すでに臨床上で確認されている。また、分子としてのタンパク質と低分子の出会いの好例としてAntibody Drug Conjugate（ADC）がある。抗体に抗がん剤を始めとした低分子を結合させて、標的細胞に対して特異的に攻撃するものである。こうしたADCもリンカー部分の化学的改善があって副作用を軽減できたことが開発上の大きなきっかけとなっている[4)]。今後もいろいろな形で低分子医薬品とバイオ医薬品の組み合わせやそれらに携わる研究者同士の連携による新薬の開発も十分に期待されるところである。

本章では、そうしたバイオ医薬品について、その特徴と生産の方法、作られたものの確認の方法など基礎的な事柄について押さえた上で、バイオ医薬品の精製工程を中心に紹介する。精製工程ではクロマトグラフィーが中心的な役割を担うが、それと同じくらいに重要な役割を果たしているろ過工程についても取り上げた。低分子医薬品のプロセスケミストの皆さんが、バイオ医薬品を理解する上でお役に立てれば幸いである。

12. 2　バイオ医薬品の基礎知識

本項では、バイオ医薬品とその生産方法ならびに産物の確認の方法など基本的な部分を確認しておきたい。また、バイオ医薬品の製法開発において意識される部分についても触れることにする。

12. 2. 1　バイオ医薬品とは？

最近では遺伝子治療用の医薬品や細胞組織を利用した医薬品までバイオ医薬品のカテゴリーに含まれるようになってきているが、本章ではバイオ医薬品を「バイオテクノロジー技術を応用して製造されたタンパク質医薬品」と定義する。

「はじめに」で述べたように、第1世代と呼ばれるバイオ医薬品は、エリスロポエチン、顆粒球コロニー刺激因子、成長ホルモンやインターフェロンなど、生体内の生理活性タンパク質そのものが対象であり、その後の抗体医薬品も抗体分子というやはり生体内で作られている構造のフレームを利用したものである。これら生理活性タンパク質や抗体分子のタンパク質部分は、そのタンパク質をコードするDNAの塩基配列に対応したアミノ酸がペプチド結合を介して一本鎖に繋がったポリペプチド鎖で、らせん構造であるα-ヘリックスやβ-シートといった二次構造をとり、疎水性アミノ酸残基が内部に親水性残基が外側に並ぶように折りたたまれ、生理活性を発現するのに必須な複雑な高次構造を形成している。そのタンパク質部分は、アミノ酸残基の側鎖がリン酸化、アセチル化、脱アミド化、メチル化などの修飾を受けたりN末あるいはC末領域のアミノ酸残基を欠損したりするが、それら修飾は部分的なことが多く、その結果、タンパク質部分の構造は不均一なものになる。

また、抗体を含め生理活性タンパク質の多くは糖タンパク質で、ポリペプチド鎖の特定の位置に糖鎖が付加したものである。N型糖鎖[*1]とO型糖鎖[*2]の二つのタイプがあるが、構造や生合成の過程など大きな違いがあるものの、いずれもバイオ医薬品としての生物活性や体内動態、安定性などに深く関わっている。この糖鎖部分も構造上の不均一性を示す。

バイオ医薬品は、抗原性のリスクを考慮して、こうした複雑な構造を持つ生体内の生理活性タンパク質や抗体分子そのものをできるだけ忠実に模倣し、天然型と類似のタンパク質を作るアプローチが主流である[*3]。

---

*1　N型糖鎖は、ポリペプチド鎖が折りたたまれる前に14糖からなるブロックとしてポリペプチド鎖上のAsn-Xaa-Ser/Thr（XaaはPro以外）配列のAsn残基に付加され、その生合成の過程で糖残基の刈り込みと付加が行われ、高マンノース型、混成型、複合型といった多様な糖鎖が作られる。

*2　O型糖鎖はポリペプチド鎖が折りたたまれた後に、タンパク質表面の特定のSerあるいはThr残基に1糖ずつ付加される。このように構造や生合成過程で異なる二つのタイプの糖鎖に共通して、構造的な不均一性がみられる。同一のタンパク部分に異なる構造の糖鎖が結合している。これらはグリコフォームと呼ばれる。

*3　バイオ医薬品の後継品や最近の抗体医薬品では、改変技術を駆使して医薬品に適する特性（半減期の延長や異なる抗原の認識）を付加する試みもなされるようになってきた。

12.2.2　バイオ医薬品はどのようにして作られるのか？

低分子医薬品が主に化学合成によって作られるのに対して、バイオ医薬品は分子量も大きく、しかも活性発現に必要な複雑な高次構造を持つため、細胞のタンパク質を作る「仕組み」を利用して生産されている。インスリンや成長ホルモンなど単純タンパク質であれば、低い生産コストで製造可能な大腸菌や酵母が、また、エリスロポエチンや抗体医薬品のように、複雑なタンパク質や糖鎖を持つ糖タンパク質を生産する場合には、動物細胞や昆虫細胞が用いられている。バイオ医薬品は、いわば「生きた生産工場」である細胞を使って製造を行っているのである。そして、この生産工場である細胞は、一つひとつは小さく生産できるタンパク質も動物細胞であるCHO細胞などでは１日当たり数十ピコg程度とごくわずかであるが、細胞を培養する過程でその細胞数を十分に増やすことで目的タンパク質を大量に生産することが可能になる[*4, 5)]。

具体的には、目的のタンパク質に適した細胞にそのタンパク質をコードするDNAを遺伝子組換え技術を用いて発現ベクターに組み込んで導入し、得られた遺伝子組換え体の細胞を大量培養することで目的タンパク質を大量に得ることができる。酵母や動物細胞では、目的タンパク質は正しく折りたたまれて活性を持った形で培養液中に分泌される。一方、大腸菌では動物細胞等に比べ発現量が高く、安価に製造できるなどの利点があるが、発現量が高いと細胞内にinclusion bodyが形成され、その中に組換え型のタンパク質が大量に間違った折りたたまれ方をした凝集体として生産される。その場合、変性剤などで可溶化してポリペプチド

---

*4　一つのCHO細胞で１日当たりの抗体を産生できる量は、高産生株と呼ばれるものでもわずかに20～60ピコgである。それでも細胞数が1×10^7個/mℓ以上にまで増えれば、１日当たりの産生量は200～600mg/Lにもなる。

鎖にまでほぐした後、正しく折りたたむ操作（リフォールディング）を行って、活性を有する可溶型にする必要がある。こうした一連の操作での低い回収率が大腸菌による発現系での課題と言える*5。

細胞という生きた生産工場を利用するため複雑な構造のタンパク質を生産することが可能であるが、その反面、生き物ゆえに産生量や産物の品質面で変動幅が大きく、恒常的な品質のバイオ医薬品を安定して製造するためには、培養工程での厳格な制御と精製工程での幅広い許容能力が強く求められている。合成医薬品の精製では再結晶が純度確保の中心を担っているが、バイオ医薬品では相変わらずカラムクロマトグラフィーが純度の確保の中心であり、第1世代のバイオ医薬品では4～6工程、抗体医薬品では3～4工程含まれている。ここで使われているカラムは再使用が前提で、再使用回数は多いもので200回くらいまで可能である*6。

12.2.3　バイオ医薬品が期待通り作られていることをどのように確認するのか？

生きた生産工場である細胞を用いて産生されたタンパク質が期待通りに作られているのか、また、精製工程を経て得られる原薬は不純物が十分に除去されて医薬用途で許容できる品質レベルであるのか、これらを確認するために行われるバイオ医薬品の特性解析と品質評価についてその概要を説明する。

---

*5 大腸菌でタンパク質を発現させる際、15～20℃といった低温で培養したり、シャペロンというタンパクの折りたたみを助けるタンパク質を共発現させたりして、活性を持つ可溶型として目的タンパク質を産生させる方法も開発されている。

*6 再使用に当たっては、再使用の間、精製能力と再生ステップでのカラムの洗浄性が維持されることをスケールダウンモデルを用いて試験して再使用回数を設定したのち、製造のフルスケールでバリデーションが行われている。

複雑な構造を持ち、しかも不均一なバイオ医薬品の特性解析ならびに品質評価を行うには、多面的な解析が不可欠である。**表12- 1**に試験項目と試験方法についてまとめた。

タンパク質部分の構造解析では、ポリペプチド鎖のアミノ酸配列を正確に決定する。N末端およびC末端のアミノ酸配列分析、そしてポリペプチド鎖の内部配列を調べるため、特異的プロテアーゼで断片化して得られた断片を逆相HPLCで分離し、Edman分解法を用いたプロテインシークエンサーや質量分析で配列分析を行う。この時の逆相HPLCによるペプチド断片の分離クロマトグラムでは、得られた断片に相当する数のピークに関し、溶出位置と大きさで評価する。このクロマトグラムをペプチドマップと呼び、一種のfinger printのように原薬のタンパク部分のロット間の恒常性を確認するのに有効利用されている。

また糖鎖部分は、ポリペプチド鎖から糖鎖部分を化学的あるいは酵素的手法で切り出しピリジルアミノ化など蛍光標識した後、RP-HPLC上で糖鎖を分離し[6)]、個々の糖鎖について表に示したような手法を組み合わせてその構造を解析する。また、NMRも糖鎖構造の解析に汎用されている[7)]。そして各糖鎖の分離の際のクロマトグラムは、糖鎖の種類と割合をパターンで見ることができる糖鎖マップとして、不均一な糖鎖部分のロット間の恒常性の評価に有効な分析手段となっている。

バイオ医薬品に特有の構造上の不均一性とその恒常性を把握するために、ペプチドマッピング法や糖鎖マッピング法、さらにイオン交換HPLCなどの評価系が有効に活用されている。

タンパク質の高次構造の解析では、X線結晶解析やNMRが利用されているが、いくつもの制約があり、高次構造を完全に理解するのは難しい。そのため、その部分を補うためにも生物活性や結合活性等力価の測定は重要になっている。そして、安定性試験による保存条件下の品質評価は、フレッシュな原薬の評価だけでは見えない部分を確認することができ、そのため、開発過程で行われる製法変更による品質への影響評価にも有用である。

表12-1　バイオ医薬品の 試験項目と試験方法

試 験 項 目	試験方法など
構造解析・構造確認	
アミノ酸組成	アミノ酸分析、質量分析
アミノ酸配列	N末端、C末端アミノ酸配列分析、内部アミノ酸配列分析
ペプチドマップ	酵素的・化学切断と断片のRP-HPLC
SH基とS-S結合位置	Elman反応、非還元ペプチドマッピング
糖組成・糖鎖構造	糖組成分析、メチル化、グリコシダーゼ消化、NMR、質量分析
糖鎖マップ	糖鎖の切り出しと標識、各種HPLC
物理化学的性質	
分子量・サイズ	SDS/PAGE、サイズ排除クロマトグラフィー、質量分析
アイソフォームパターン	等電点電気泳動
比吸光度(モル吸光係数)	分光光度法 、タンパク質定量法
電気泳動パターン	SDS/PAGE、CE-SDS、等電点電気泳動
液体クロマトグラフィーパターン	サイズ排除クロマトグラフィー、イオン交換クロマトグラフィー、逆相液体クロマトグラフィー
分光学的性質	分光光度法、円偏光二色性、NMR
生 物 活 性	
バイオアッセイ	*in vivo*、*in vitro* アッセイ
生化学的試験	リガンドーレセプター結合測定
免疫化学的性質	
(目的物質が抗体の場合)	アフィニティー・アビディティー エピトープ解析
(目的物質が抗体以外の場合)	ELISA、western blottingでの反応性
不 純 物	
工程由来 (HCP、DNA、Protein A、添加物など)	ELISA、PCR、threshold
目的物質由来 (分解物、会合体)	サイズ排除クロマトグラフィー、逆相液体クロマトグラフィー、SDS/PAGE

12.2.4　バイオ医薬品の製法開発

低分子医薬品と同様にバイオ医薬品でも、製法開発に当たって「品質の恒常性の確保」は極めて重要なポイントである。特に、バイオ医薬品は一般に不均一性を示すので、不均一性を含めた品質の恒常性を確保するには、製品の品質だけでなく製法の十分な理解が必要になってくる。

また、バイオ医薬品の製法開発では、製品の構造の複雑さゆえ「見えない部分がある」という意識を持つことが重要である。「いつも通り同じに作ること」で製品の恒常性が確保できるという前提で、初めて非臨床・臨床試験での安全性と薬効の知見と実績が品質との相関の上で、相互補完的に積み上げられるのである。

「いつも通り同じに作る」には、製造工程で行われる操作とそのパラメーターが十分に調べられ、品質の重要特性に影響を及ぼす程度に応じて、メリハリをつけた管理がなされる必要がある。低分子医薬品と同様にバイオ医薬品においても、確立された製法はフルスケールで実施されるバリデーションとスケールダウンモデルで行われる各種バリデーション試験および特性解析試験で期待通りの性能を発揮し、製品の品質の恒常性の確保が確認される。

バイオ医薬品の製造方法の開発も第１世代バイオ医薬品から抗体医薬品で大きく様変わりした。必要量は少ないが、個別でカスタマイズが求められた第１世代のバイオ医薬品に対して、共通部分が多く類似の構造の抗体医薬品では製法開発や製造設備などでスピードアップや効率化が図られる一方、投与量が数千倍と膨大な原薬の必要量から、生産性の向上とスケールアップによる供給量の確保が命題になっている。抗体医薬品の生産は、発現ベクターや産生細胞株の培養方法の改良と抗体が培地中で比較的安定なため長期培養も可能なことも相まって、培養液当たりの産生量はここ十年余りで飛躍的に伸びた。そのため、バイオ医薬品製造全体では、精製工程の処理能力がボトルネックとなっており、クロマトグラフィー用樹脂の改良、分割精製の実施、カラムのスケールアップでギリギリ処理できているというのが現状である。今後、多くの抗体医薬品の開発が期待される中、ますます製法開発では生産性の向上、スピードアップおよび効率化の圧力が強まるであろう。

低分子医薬品と同様に、バイオ医薬品でも開発段階や上市後に、コスト削減、効率化、安全性向上など、様々な理由から製法変更が実施される。その場合、変更前後での原薬の品質の同等性・同質性が問題になる。低分子医薬品の場合は、理化学試験で有効成分の構造が確定できるので同等性の確認が問題にならない。一方で、バイオ医薬品は上でも述べたように、高次構造に関する分析の限界もあり、理化学試験のみで化学構造の確定は困難である。さらに不均一性を一般に示すことから、低分子医薬品における「同一性」ではなく「類似性」という評価になる。

この同等性・同質性の議論は後発品においても同様で、類似性という意味を込めてバイオシミラーと呼ばれている。バイオ医薬品の特徴である多様性（不均一性）のプロファイルは、産生細胞を中心に製法に依存し、先行品では製法と品質の相関の積み上げの中で、有効性・安全性が担保されている。そのため、用いる産生細胞を含めて製法も異なるバイオシミラーでは、ほとんどの場合臨床試験による同等性・同質性と安全性の確認が必要とされているのである。

12. 2. 5　バイオ医薬品の製造にかかる時間は？

バイオ医薬品の製造は、大きく分けて、原薬製造と製剤化に分けられる。原薬製造は、さらに培養工程と精製工程に分けられる。培養工程では、用いる産生細胞の種類によって異なるが、動物細胞でモノクローナル抗体を製造する場合は、産生細胞の種細胞（Working Cell Bank, WCB）を小さなスケールで起こして培養、そこから各スケールで３～４日培養を繰り返しながら徐々にスケールを拡大し（拡大培養）、およそひと月を経て、最終的に本培養と呼ばれる10,000～20,000Lの培養槽で７～14日間培養を行う。得られた培養液は連続遠心やろ過工程を経て、細胞および断片等を除去したのち、モノクローナル抗体を大量に含む培養上清が得られる。

精製工程はクロマトグラフィー工程が一般的に３～４工程で、各工程では分割精製することも多く、通常はそれぞれ１日かかる。そのほかのろ過工程（限外ろ過による濃縮、緩衝液置換やウイルスろ過工程）、ウイルス不活化工程および充填工程で合わせて３～４日。精製工程としては１ロット当たりおよそ１週間かかる。

カラムは樹脂によって50回から200回再使用される。そのため、各ロットの精製が終わるとすぐにカラムの再生、平衡化を行い、次のロットの受け入れ態勢を取る。培養槽３～６台で順次ずらしながら抗体を含む培養液を供給し、精製では１～２系列で順次精製処理を行うことになる。

12. 3　バイオ医薬品の精製工程

バイオ医薬品の生産では、前項で述べたように対象となるタンパク質に応じて適した産生細胞が選ばれる。単純タンパク質では製造コストの低い大腸菌や酵母が、複雑な構造のタンパク質や糖タンパク質では動物細胞や昆虫細胞が一般的に用いられる。それぞれの細胞で産生されたタンパク質は、精製工程で医薬品として許容されるレベルまで不純物が徹底的に除去される。

精製の目指すところは、目的とする「物」の特性をできるだけ維持しながら、できるだけ不純物を除いてきれいにし、できるだけ多く回収することである。精製品の用途によって「できるだけ」の部分に求められる程度が変わってくるが、医薬用途では特性の維持と純度は極めて高いレベルが求められる。さらに、バイオ医薬品の製造でも生産性の向上が強く求められており、回収率も併せて高い目標が設定されているので難度は高い。さらに、目的のタンパク質の生産が生きた工場である細胞を用いているため、培養工程で厳密に制御しても目的タンパク質の産生量や共存する不純物量はある程度変動する。そうした変動にも対応し、安定して高純度のタンパク質を精製可能な精製工程の確立が求められているのである。

バイオ医薬品の精製で利用されるタンパク質の性質には、分子の大きさ、形、タンパク質表面の電荷、疎水性度、特定の配列や糖鎖、そして総電荷等が挙げられる。これらのタンパク質の性質の中で、目的とするタンパク質に特有の性質を見つけることが効率的な精製手段を得るためのカギとなる。これら特性に基づき実験室での小スケールの精製法の検討が行われ、その結果をもとにパイロットスケールを経て、フルスケールでの製造につなげていくことになる。スケールの違いをカラムの直径で示すと、おおよそ小スケールは１～２㎝、パイロットスケールで20～30㎝、大スケールでは80～200㎝となる。

製法開発で使われる小スケールの実験系はスケールダウンモデルと呼ばれ、製法開発ばかりでなく、製法の堅牢性を証明するバリデーション試験や特性解析試験*7に使われるほか、フルスケールの製造で発生するトラブルの原因究明や対応にも活用される。

精製工程は流れで例えられるように、その流れの位置に応じた機能を持つステップから構成されている。12．3．1では、その枠組みを使ってバイオ医薬品の精製工程について説明する。そして、現在のバイオ医薬品の主役である抗体医薬品の精製工程の実際について12．3．2で紹介する。

12．3．1　バイオ医薬品の精製の枠組み

バイオ医薬品の精製法は、目的とするタンパク質の性質に強く依存す

---

*7 特性解析試験：代表的なものは、クロマトグラフィー工程における各種パラメーターの操作範囲に関する試験で、精製能力および良好な品質が安定して得られる操作範囲を検証する試験である。多くのパラメーターの相互作用も含めて評価する必要があるため、実験計画法を用いた効率的な試験デザインが使われている。

るので自らタンパク質に固有のものとなる。そこで、バイオ医薬品の精製工程の概略を理解していただくために、ここでは精製工程の枠組みを使って説明することにする。バイオ医薬品の精製の一般的な工程の枠組みを**表12-2**に示す。

まず、細胞によって生産された目的タンパク質は培養液中に分泌されるが、その培養液から共存する細胞とその断片および不溶性の異物などを分離し、目的タンパク質を回収する（Recovery）工程である。続いて、目的タンパク質を不純物*8から分離し純化する精製（Purification）工程、そして原薬としての保存に適した剤形*9に調整する製剤化（Formulation）工程の三つの工程からなり、その後、原薬保存容器に充填して凍結保存される。

1）回収工程（Recovery）

最初の回収工程での細胞等の除去は、遠心操作か限外ろ過（UF）膜を用いたタンジェンシャルフローろ過（TFF）により行われる。培養液が1,000L以下のように少ない場合には、直接フィルター表面だけでなくフィルター内部でも不溶物を捕捉できるデプスフィルターで細胞や破片などを除去するケースもある。そして破片や異物はフィルター類を通して捕捉し、タンパク質精製の主役を担うクロマトグラフィー工程に適した清澄な溶液を得る。そして、次の精製工程に進む。

---

*8 不純物：対象となる不純物は、三つのカテゴリーに分類される。宿主細胞由来不純物、工程由来の不純物そして目的物質由来の不純物である。宿主由来不純物の代表的なものは、宿主由来タンパク質（Host cell proteins, HCPあるいはCHOPと呼ばれる）とDNAである。工程由来では、培養工程の培地や添加物、精製工程に樹脂から遊離するリガンドや有機溶媒、重金属など、目的タンパク質由来では、活性を持たない会合体や分解物などがこれに該当する。

*9 剤形：原薬を長期間安定に保存可能な溶液組成、添加剤、タンパク質濃度が選ばれる。最近では、原薬と最終製剤の組成を揃える場合もある。

表12-2　バイオ医薬品の精製工程フレーム

<table>
<tr><th colspan="2">工　程</th><th>目　的</th><th>手　段</th></tr>
<tr><td colspan="2">回　収
(Recovery)</td><td>生産された目的タンパク質の回収
細胞・その破片、不溶性異物の除去と澄明化</td><td>遠心操作
デプスフィルター
TFF
ミクロフィルター</td></tr>
<tr><td rowspan="3">精　製
(Purification)</td><td>初期精製
(Capture)</td><td>濃縮(容量を減らす)部分精製(品質に影響を与える酵素類や培地成分の除去)</td><td>アフィニティー
クロマトグラフィー
IEC</td></tr>
<tr><td>本精製
(Purification)</td><td>大量に含まれる不純物の除去</td><td>IEC、HIC、HAP</td></tr>
<tr><td>最終精製
(Polishing)</td><td>残存する不純物の除去</td><td>RPLC、SEC、IEC、HAP</td></tr>
<tr><td colspan="2">原薬の製剤化(Formulation)</td><td>原薬・製剤の溶液組成(タンパク質濃度、緩衝液・塩濃度)に合わせる</td><td>IEC、UF/DF</td></tr>
</table>

注) TFF：Tangential Flow Filtration、IEC：イオン交換クロマトグラフィー、SEC：サイズ排除クロマトグラフィー、HIC：疎水クロマトグラフィー、HAP：ハイドロキシアパタイト、RPLC：逆相液体クロマトグラフィー、UF/DF：限外ろ過／透析ろ過

2) 精製工程(Purification)

表12-2に示すように、精製工程は、初期精製、本精製および最終精製の三つのステップからなる。以下に各ステップの説明をする。

① 初期精製(Capture)

精製の最初のステップはCapture工程ともいわれるが、ここでは濃縮と粗分けを行う。目的タンパク質が培養液中に分泌される場合、そのバッチの容量は培養液量に匹敵する。CHO細胞で産生されるモノクローナル抗体の場合、大きな培養層では20,000Lを超えるものもあり、効率的な操作のためにはまず容量を減らすことは必須である。また、こうした培養液中には死細胞から放出されるプロテアーゼやシアリダーゼなど目的糖タンパク質の品質に影響を及ぼす酵素類が含まれており、品質を維持するためには速やかに除去しておく必要がある。こうした目的に適した分離モードは吸着系のクロマトグラフィーであるが、第1選択なのがアフィニティークロマトグラフィーである。IgGにおけるProtein Aのように特異的に目的のタンパク質を吸着できるため、イオン交換ク

ロマトグラフィーで見られるような、培地由来で大量に含まれる低分子の電解質による結合阻害も受けずに、濃縮と効率的な精製が達成できる。色素をリガンドとした樹脂は、しばしばある種のタンパク質を強く吸着することがあり、初期精製としてうまく利用できることがある。

② 本精製（Purification）

次の本精製は、初期精製で除かれなかった種々の不純物の除去を目的に行われる。ここではイオン交換クロマトグラフィー、疎水クロマトグラフィー、ハイドロキシアパタイトクロマトグラフィーなど比較的結合容量の大きな樹脂を用いたクロマトグラフィーが利用される。また、吸着－溶出モードばかりでなく、目的タンパク質はカラムを素通りさせ、不純物をカラムに吸着させて除くフロースルーモードが採用されるケースもある。

③ 最終精製（Polishing）

３ステップ目の最終精製では、上記精製ステップで除去しきれなかった残存不純物を除去する工程である。目的タンパク質由来不純物のように、目的タンパク質と類似の性質を持つため除去されにくい不純物が対象である。そのため、上記精製ステップで使われたクロマトグラフィーに比べて粒子径の小さな分離能が高い樹脂が使われるか、異なる分離モードが使われるケースが多い。そして、本精製で大量の不純物が除かれることで初めて使えるようになった分離モードも最終精製では威力を発揮する。逆相液体クロマトグラフィー（RPLC）やサイズ排除クロマトグラフィー（SEC）がそのよい例であろう。RPLCでは、しばしばカラム内での夾雑タンパク質の不溶化による目詰まりが起きるので、予めそうした大量の夾雑タンパク質を別の分離モードで除去しておく必要がある。SECで良好な分離を得るためには、カラム容量の５％以下に負荷容量を抑える必要があり、タンパク質の溶解度と粘性を考慮すると、大量に存在する不純物はそうした制約上不都合である。

精製工程におけるクロマトグラフィーの工程数は、第1世代バイオ医薬品で4～6工程、抗体医薬品ではProtein Aクロマトグラフィーの威力で3～4工程というのが一般的であろう。

3）製剤化（Formulation）

精製工程で許容レベルまでの純度を確保したら、後は原薬として長期間保存するのに適した剤形に合わせるformulationに進む。ここでは、原薬用の剤形であるが、場合によっては原薬＝製剤の剤形になるケースもある。目的タンパク質の濃度、緩衝液、塩類をレシピ通りに合わせる。直前の工程がRPLCの場合、回収される画分に含まれる有機溶媒を除去する必要があり、しばしばイオン交換クロマトグラフィーが利用される。クロマトグラフィーで緩衝液組成を合わせるのであれば単一の液組成で行うSECが適している。最近では、限外ろ過（UF）膜を用いて緩衝液置換と目的タンパク質の濃縮を行う限外ろ過／透析ろ過（UF/DF）工程が一般的かもしれない。

4）ウイルス不活化・除去工程

バイオ医薬品の製造では、ウイルスに対する安全性が極めて重要視されている。製造工程内に入れない、万が一入っても十分に除去できる、という2本立てでウイルスに対する安全性の確保を目指しているが、さらに、未精製バルクと呼ばれる精製前の培養液段階でウイルスの混入がないことを確認している。

万が一ウイルスが混入した時のウイルスの除去能力の確保の観点から、精製工程では独立した分離メカニズムのウイルス不活化・除去の工程が必要である。典型的には、低pHや有機溶媒、界面活性剤等によるウイルス不活化処理とウイルス除去フィルターを用いた除去工程が上記精製工程内に組み込まれる。さらに、クロマトグラフィー工程でもウイルス除去能を示す工程があり、それらを合わせてウイルスに対する優れた安全性を保証しているのである。これらウイルスの除去・不活化工程は、モデルウイルスについてスケールダウンモデルを用いてウイルスクリアランス試験を実施して除去能を確認している。そして、その試験で用いた操作条件で実際の製造スケールでの操作を行うのである。

12. 3. 2　モノクローナル抗体の精製工程

バイオ医薬品の中で第1世代のタンパク質医薬品は、個々のタンパク質の性質に大きな違いがみられ、そのため精製法もタンパク質固有の方法が開発されている。一方で、モノクローナル抗体は、構造上2/3は共通の定常領域からなり、その共通性により同じ様な精製方法が採用できる。つまりPlatform化による効率化が可能である。ここではモノクローナル抗体の精製工程について概説する。そのうち、ろ過工程については、12. 4のろ過工程で詳細を述べる。

1）モノクローナル抗体のPlatform精製法

一般的なモノクローナル抗体のPlatform精製法を**表12- 3**に示す。先の精製工程のフレームに合わせると、初期精製（Capture工程）としてProtein Aクロマトグラフィーが行われている。このProtein A工程は、目的とする抗体を濃縮するだけでなく、その結合特異性から大量の培地成分および添加物、宿主由来のタンパク質（HCP）やDNAの大部分など、ほとんどの不純物を除去でき、純度はこの1ステップで90%を超える。つまりProtein A工程は、初期精製と本精製の両方を兼ねる極めて優れた工程といえる。そのため、モノクローナル抗体の精製においては、本精製のステップは不要になり、残存するわずかな不純物であるProtein Aリガンド、会合体、宿主細胞由来タンパク質（HCP）およびDNAを除くための最終精製として、陽イオン交換クロマトグラフィー、陰イオン交換クロマトグラフィー、疎水クロマトグラフィーおよびハイドロキシアパタイトの4種類のクロマトグラフィーから通常二つが選ばれる。この最終精製の部分は、まさにモノクローナル抗体間の性質の違いによるところで、Platformとはいえケースバイケースで考えられるところで

表12-3　抗体医薬品の精製Platformの一例

工　程		モノクロナール抗体の精製Platformの一例	機　能
回　収（Recovery）		遠心操作→デプスフィルター→ミクロフィルター	細胞・破片・不溶性微粒子 微生物除去 澄 明 化
精　製（Purification）	初期精製（Capture）	Protein Aクロマトグラフィー（Affinity）	濃　縮 大部分の不純物を除去 純度（＞90％）
	ウイルス不活化	低pH処理	外来性ウイルスの不活化
	最終精製（1）（Polishing-1）	陰イオン交換クロマトグラフィー or 疎水クロマトグラフィー	残存HPCの除去 残存DNAの除去 Protein Aリガンドの除去
	ウイルス除去	ウイルス除去フィルターによるろ過	外来性ウイルスの除去
	最終精製（2）（Polishing-2）	陽イオン交換クロマトグラフィー or ハイドロキシアパタイト or MMクロマトグラフィー	会合体の除去 残存HCPの除去
原薬の製剤化（Formulation）		限外ろ過・透析ろ過（UF/DF）	濃　縮 緩衝液置換

MMクロマトグラフィー：マルチモードクロマトグラフィー
HCP：宿主細胞由来タンパク質

ある。そのうちの一つはフロースルーモードで、抗体はカラムを素通りし、不純物はカラムに吸着することで抗体と分離するモードが使われている。

モノクローナル抗体は酸性条件下で比較的安定なため、低pH処理によるウイルス不活化工程が採用されるケースが多い。モノクローナル抗体の精製では、Protein Aの溶出が酸性条件で行われるので、Protein A溶出画分をpH調製してpH3.7以下で30分間以上放置することで不活化が行われるのが一般的である。そして、もう一つのウイルス除去フィルターによる除去工程は、最終精製の前後に組み込まれることが多い。

2）不純物の除去状況

上記のモノクローナル抗体の例で、不純物の観点から精製工程を眺めると、どのように見えるであろうか。初期精製で行うProtein Aクロマトグラフィーは、そのリガンドであるProtein AがIgGのCH2領域に特異的に結合する性質を利用したアフィニティークロマトグラフィーである。それゆえに、理論上は大量の不純物はいずれもProtein Aカラムを素通りし、目的のモノクローナル抗体だけがカラムに吸着し、溶出操作によって、きれいなモノクローナル抗体のみが得られるはずである。確かに、Protein A工程の溶出画分は、カラムに負荷した試料中の大部分の不純物は除去されて、純度90％以上のきれいなモノクローナル抗体画分が得られる。しかし、それでもその画分の中には理屈上混入するはずのないHCPやDNA等の不純物が、負荷試料中の不純物全体に対してはごく一部ではあるが検出されるのである。

HCPやDNAが何故、アフィニティークロマトグラフィーであるProtein A工程で完全に除去されないのか。HCPに関してその原因と対策を検討した結果が報告されている[8)]。結論から言えば、こうしたHCPはProtein A樹脂よりはむしろ抗体に付いてカラムにとどまり、抗体と一緒に溶出される。そのため、こうしたHCP成分を除去するためには、カラムに負荷した後の洗浄ステップで、カラムに結合した抗体に付いたHCPをはがす必要がある。そこで各種の洗浄条件が試みられ、pH 9、3 M Urea、20％ isopropyl alcoholという条件で、約半分のHCPが除去されることが確認された。疎水結合を中心とした非特異的吸着によるものであろう。 HCPは以降の各ステップで少しずつだが確実に減少し、最終的には十分に低いレベルまで除去される。

DNAは一部のDNAがやはり抗体と結合した状態でProtein A画分に残存する。そうしたDNAは結合した抗体ごとイオン交換クロマトグラフィーで除去される。また、Protein Aの溶出画分は酸性であるが導電率が低い。その状態でpHを中性にもっていくとDNAの結合した抗体が析出し、ろ過によって容易に除去される。この方法の優れたところは、析出がDNA－抗体複合体の溶解度に依存するので、Protein A画分中に残存するDNA量が増加しても、中和した時点である一定の濃度以上のDNA－抗体複合体はことごとく沈殿して除去される。そのため、極めて堅牢なDNAの除去方法といえる。

カラムから漏出したProtein Aリガンドは、陰イオン交換クロマトグラフィーのフロースルーモードでカラムに吸着して、カラムを素通りした抗体と分離除去できる。

会合体の除去では、陽イオン交換クロマトグラフィー、疎水クロマトグラフィーおよびハイドロキシアパタイト等が良好な結果を与えている。最近では、マルチモード樹脂を用いたクロマトグラフィーでも会合体の除去が報告されている。

3）モノクローナル抗体の精製工程の課題と今後

モノクローナル抗体は、第1世代バイオ医薬品と異なりその投与量がおよそ1,000倍と多量である。そのため、モノクローナル抗体が次々に上市され始めた1990年代後半以降しばらくは、グローバルの需要に対応するため、製造設備の容量がボトルネックといわれていた。その後、培養工程での産生量が10倍以上に飛躍的に伸びて、ボトルネックが現在は精製工程の処理能力に移ってきている。カラムを直径2mまで大きくするなどスケールアップと、樹脂の結合量のアップ、さらにクロマトグラフィー工程をバッチ当たり複数Runsで分割処理する等、ギリギリ対応しているのが現状である。

さらに、製造原価を抑える圧力もかかっている。コスト削減で最も有効なのは精製ステップ数を減らすことである。いくらProtein A工程だけで濃縮だけでなく優れた不純物除去能も示すといっても、残存する不純物は除去の難しいものであるので、安易にステップ数を減らすことはできない。ここ数年、開発されたマルチモードの樹脂が期待通りの能力を発揮すれば、クロマトグラフィー工程を一つ減らすことが可能になるかもしれない。

また、樹脂の値段で言えば、Protein A樹脂が格段に高価である。廉価な通常のクロマトグラフィー樹脂の組み合わせで抗体を精製できれば樹脂原価は下げられる。ただし、Protein A工程は価格以上の能力を発揮していると考えられ、またアルカリ耐性や結合能の向上などの改善も適宜なされているので、当面は高価ながらも使い続けられるであろう。

もう一つの方向性は、クロマトグラフィーから他の方法に変えるというもので、ポリマーを用いた沈殿法や液－液抽出等の方法が鋭意検討されている。クロマトグラフィー樹脂の代わりに流量特性の優れたメンブランにリガンドを結合させたメンブランクロマトグラフィーも実用化に向けて検討が進められている。結合容量が問題にならないフロースルーモードから実用化が進むであろう。

抗体医薬品は、これまでIgG分子の持つ優れた特性をそのまま利用して開発されてきたが、今後はIgG分子を改変して様々な機能[*10]を付加する分子戦略が主流となるであろう[9),10)]。その改変によって、精製Platformの見直しも必要になるかもしれない。

12.4　バイオ医薬品のろ過工程

バイオ医薬品の精製工程において、ろ過工程の用途は多岐にわたる。精製フローの中でろ過が使われる場所は、抗体医薬品の場合で優に30カ所を超えるほど多い。この項では精製工程で大きな位置を占めるろ過工程について概説する。

フィルターのベンダー各社は、フィルターのタイプ、材質、膜の構造、装置に至るまで豊富な品揃えを用意しており、ユーザーとして目的とするろ過に適したフィルターと装置を比較評価し、最善の選択ができる環境である。

[*10] 血中での半減期を延ばす、抗原に繰り返し結合し抗体の作用時間を延ばす、ADCC活性を増強する、二つの異なる抗原に結合する、病気の原因となる抗原を血漿中から除去するなどの機能に合わせた改変技術が開発されている。また、ADCC活性増強では、糖鎖の改変（フコースのない糖鎖にする）技術もある。

精製工程で使われるフィルターの多くは使い捨て（single use）であるが、一部、濃縮や緩衝液置換に使う限外ろ過膜などは再利用される。その再使用に当たっては、再使用の期間を通してろ過膜の性能が維持され、かつ洗浄工程での洗浄性が確保されることについてバリデーションを実施している。

12. 4．1　バイオ医薬品精製工程におけるろ過の用途

バイオ医薬品の精製工程では、実に様々な用途で数多くのフィルター類が使われている。**表12-4**に膜による分離方法の比較を示す。また、**表12-5**に用途とフィルターのタイプ、操作モードをまとめた。表に列記した以外にも、精製ルームの空調で塵埃を除去するHEPAフィルターやタンクに付属するベントフィルターなども使われている。

以下に、工程もしくはろ過の目的に沿って、精製工程におけるろ過の役割について概要を説明する。

1）回収ステップ

目的とするタンパク質を培養液から、あるいは細胞内のinclusion bodyから回収し、生細胞や死細胞およびその破片等の除去を行う工程である。回収方法には一般的に以下の３通りの方法が使われている。

表12-4　膜による分離方法の比較

ろ過の種類	精密ろ過（MF）		ウイルスろ過（VF）	限外ろ過（UF）
	滅菌ろ過			
保持・濃縮液側	微生物	細胞・破片 不溶性微粒子 微生物	ウイルス	タンパク質
膜 （孔径・分画分子量）	0.05-0.22μm	0.05-10μm	0.02-0.05μm	1-1000kDa
ろ液側	タンパク質 塩・緩衝液	タンパク質 塩・緩衝液	タンパク質 塩・緩衝液	ペプチド 塩・緩衝液

表12-5　バイオ医薬品の精製工程で使われるフィルターの用途とタイプ

精製ステップ		用　途	フィルタータイプ	操作モード
回　　収		細胞および破片、不溶物の除去	（遠心操作）デプスフィルター精密ろ過膜(MF)	NFF
			精密ろ過膜(MF)	TFF/NFF
精製	クロマトグラフィー	緩衝液から微生物除去	精密ろ過膜(MF)	NFF
		カラムへの不溶物・微生物混入阻止	精密ろ過膜(MF)	NFF
		溶出画分プールの微生物・不溶物除去	精密ろ過膜(MF)	NFF
	ウイルス不活化	不溶物の除去	精密ろ過膜(MF)	NFF
	ウイルス除去	外来ウイルスの除去ウイルス様粒子の除去	ウイルス除去用フィルター	NFF
製　剤　化		目的タンパク質溶液の緩衝液置換・濃縮	限外ろ過膜	TFF
充　　填		微生物除去	精密ろ過膜(MF)	NFF

NFF：ノーマル(垂直)フローろ過，TFF：タンジェシャル(水平)フローろ過

① 遠心→デプスフィルター→精密ろ過

目的タンパク質が培養液中に分泌される場合、遠心操作によって目的タンパク質は上澄みに回収され、細胞やその破片、さらに不溶性の異物などが沈殿として集められ除去される。回収された上澄みには目的タンパク質のほか、遠心操作で落ち切らなかった細胞の断片や不溶物などがまだかなり残るので、表面だけでなく内部でも微粒子を捕捉できるデプスフィルターによって、粒径の幅の広い不溶物を効果的に除去、さらに精密ろ過で微生物および細かい微粒子を除去する。得られた培養上清液は澄明であり、クロマトグラフィー工程にそのまま負荷可能である。

② デプスフィルター→精密ろ過

遠心操作をせず、いきなりデプスフィルターで細胞および破片、不溶

性異物を除去する方法で、培養液の量が2,000L以下の少ない場合やその頻度が低い場合に採用される。デプスフィルターは再使用しないので、洗浄やバリデーション等の付加的な作業が軽減できる。

デプスフィルターの使用に当たっては、事前に溶出物の確認をしておく必要がある。十分な洗浄に必要な水の量を調べ、使用前にフィルター洗浄を行うことでフィルターからの溶出物の混入を防ぐことができる。

デプスフィルターは、電荷を持たせる分子を組み込んだタイプが市販されている。フィルターの網目構造で捕捉する細胞やその破片のほか、この電荷によって培養液中の不純物を捕捉して除去することが期待される。実際に筆者の経験では、プラスタイプの分子を織り込んだデプスフィルターで、培養液中の宿主由来のDNAが1/10,000にまで効率的に除去できたケースがあった。

③ タンジェンシャルフローろ過→精密ろ過

ノーマルフローろ過とタンジェンシャルフローろ過の比較を**図12-1**に示す。通常はノーマルフローろ過（NFF）で膜に対して垂直に送液されるのに対し、タンジェンシャルフローろ過（TFF）では膜に対して水平に流し、膜上での捕捉物の蓄積や目詰まりを抑えて、効果的なろ過を行

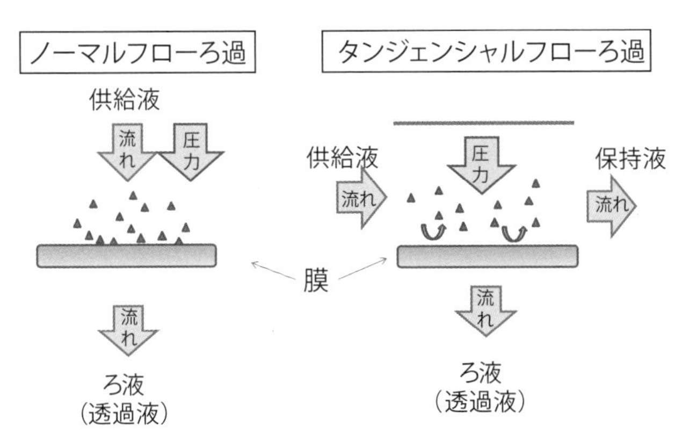

図12-1　ノーマル（垂直）フローろ過とタンジェンシャル（水平）フローろ過の比較

う操作モードである。

回収工程でのTFFによるろ過では、細胞およびその破片や不溶性異物をフィルターで捕捉し、目的タンパク質溶液はフィルターを通過したろ液として回収するものである。ろ液に回収された目的タンパク質を含む溶液は、精密ろ過を行い微生物および微粒子を除去して、澄明な溶液を得る。

2）精密ろ過(MF)による微生物コントロール

溶液から微生物を除去するためには、孔径0.22㎛以下で一般的に0.22㎛、0.2㎛あるいは0.1㎛の精密ろ過膜が用いられる。バイオ医薬品の製造では、目的のタンパク質は水溶液の形でほとんどの処理が行われるため、微生物の制御が大きな関心事になっている。

クロマトグラフィーやろ過操作で使う緩衝液等は、調整後精密ろ過を通すのが一般的である。また、クロマトグラフィーのカラム入口にはインラインでフィルターを組み込んでおり、また、各工程画分のタンクの入り口など目的タンパク質溶液が通るライン上に、必要に応じて精密ろ過膜が組み込まれている。

精製工程においては微生物だけでなく溶液中の微粒子も併せて除去する必要があることが多く、そうした場合にはもう少し孔径の大きな、0.45㎛や0.8㎛の膜と組み合わせて用いられる。

3）ウイルスろ過

外来性ウイルスおよびウイルス様粒子に対して、精製工程で十分な除去能を有していることを示す必要がある。少なくとも２種類以上のそれぞれ独立した分離メカニズムの方法でウイルスの不活化や除去が行われることが求められている。不活化では低pH処理や有機溶媒処理、溶媒－界面活性剤処理などの方法の中で、目的タンパク質の安定性との関係で適切な方法が採用されている。

一方、ウイルス除去の代表的かつ堅牢な方法として採用されているのがウイルス除去膜による除去工程である。フィルターメーカー各社から様々なタイプのウイルス除去フィルターが出されているが、現在ではおおよそ２種類のタイプ、パルボウイルス用とレトロウイルス用のフィルターが市販されている。これまではレトロウイルス用のフィルターが採用されるケースが多かったが、最近では当局の推奨もあってより小さなウイルスであるパルボウイルスも除去可能なフィルターも採用されるようになってきた。

ウイルス除去フィルター工程のウイルスクリアランス試験は、ウイルス溶液の調製など制約があるため、スケールダウンモデルで実施されている。フルスケールで実施する条件をスケールダウンして設定し、目的のタンパク質を含む実液にウイルス溶液を添加してフィルターに通液し、ろ液のウイルスの濃度を測定し除去能を算出する。堅牢な除去工程としては１/10,000以下にまで除去できることが求められる。その除去能を証明可能で適した試験デザインが必要である。そして、スケールダウンモデルで実施し、ウイルスの除去が証明された操作条件に従って、フルスケールの製造は実施されるのである。

４）限外ろ過／透析ろ過（UF/DF）

UF/DF工程は、公称の分子量カットオフ値が1,000～100,000 Daの範囲で目的タンパク質に適した限外ろ過（UF）膜を選択し、その溶液の濃縮や緩衝液の置換を行うものである。操作モードは先に説明したタンジェンシャルフローろ過であり、限外ろ過では目的タンパク質が捕捉されるが、膜上のタンパク質の蓄積を抑えることで効率的なろ過に適している。精製工程の途中で、イオン交換クロマトグラフィー負荷時に塩濃度を下げる必要があるような場合に、脱塩目的で使われることもある。また、最終の製剤化の工程でも原薬として、あるいは製剤としての組成に置換し、目的とする濃度まで濃縮することに使われる。

最近では投与後の体内寿命を延ばすため、あるいは自己注が可能という利便性から、皮下注による投与ルートがしばしば用いられる。皮下注は投与できる液量に制約があり、高い投与量を必要とする抗体医薬の場合には、200㎎/㎖といった極めて高い濃度にまで濃縮する必要がある。抗体そのものが水溶液に対して、極めて高い溶解性を持っているので実現可能であるが、そうした高濃度を達成するためには、高濃度下での特有の課題がいくつか出てくる。会合体形成の抑制、高濃度溶液の粘度、それに伴う撹拌による均一化、透析ろ過時の緩衝液のイオン種の偏りを引き起こすドナン効果、緩衝液濃度の調整、高濃度タンパク溶液の定量、高濃度溶液の回収など、一つひとつ適切に手を打つ必要がある。特に、高濃度溶液の回収や撹拌の部分は、濃縮装置のデザインによって結果が大きく左右されるところである。目的のタンパク質の品質への影響では、ポンプのタイプによって物理的なストレスの受け方に大きな違いがみられる点に注意が必要であろう。そして、こうした極端に高濃度までの濃縮操作の間の特性維持を考慮する必要がある。特に、会合体の形成が起きやすい状況であり、用いる緩衝液の選択も重要である。

12. 4. 2　ろ過条件の設定

1）ノーマルフローろ過

バイオ医薬品の製造で使われるろ過の多くは、**表12-5**に示したように、この操作モードで行われている。ろ過条件を決めるための操作パラメーターは少なく、ろ過面積、流速と圧力の三つである。操作の制御は、一定流速か一定圧力が選ばれる。そして適切なフィルターサイズを決定するため、スケールダウンモデルを用い、通液する実液を用いてサイジング試験を行って決定される。

2）タンジェンシャルフローろ過

ノーマルフローろ過に比べると、操作パラメーターは多い。操作としては、**図12-2**に示したように、供給液の流速を送液ポンプで調節し、膜にかける圧力は出口側の保持バルブを絞ることによって制御される。

プロセスの制御方法としては、供給液の流速のほか、膜の入り口と出

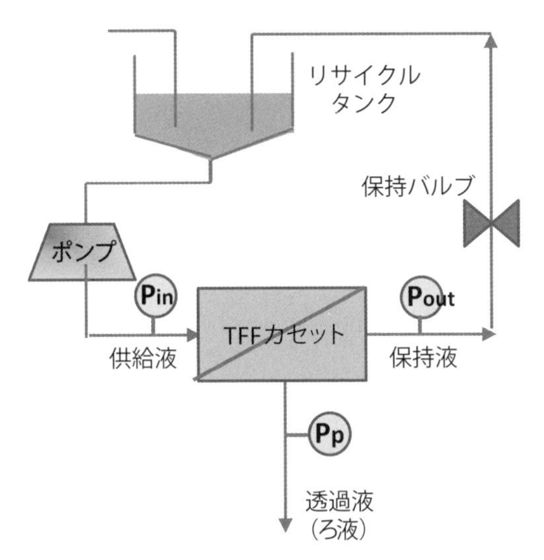

図12-2　タンジェンシャルフローろ過システム

口の圧力の差（圧力損失、ΔP）*11や膜間差圧（TMP）*12など様々な方法があるが、設備上の要件とタンパク質溶液の濃度の範囲に応じて、適切な制御方法を選択することができる。

プロセスの制御方法については、いくつか参考になる文献があるので興味ある方は、是非、参考にされたい[11)-13)]。

---

*11 図12-2の膜入口の圧力（Pin）から出口の圧力（Pout）の差、つまり、ΔP＝Pin－Pout

*12 図12-2の膜にかかる圧の平均、（Pin＋Pout）/ 2から透過圧（Pp）を引いたもので、ろ過にかかる実質の圧力の平均。つまり、TMP＝（Pin＋Pout）/ 2 －Pp

12. 5　製 造 設 備

バイオ医薬品の製造を行う設備についても以下に簡単に説明する。

低分子医薬品と同じように、バイオ医薬品でも治験薬の製造と商用の製造は異なる製造場所で行われるのが一般的である。ここでは、これら二つの設備について分けて概説する。

12. 5. 1　治験薬製造設備

治験薬製造では同じ施設でいろいろな治験薬を製造する必要があり、設備面からも多品目製造に対応できることが求められる。そして、そうした多くの品目を順次入れ替えながら製造するので、切り替えの時間と労力を極力抑える必要がある。そうしたニーズにうまく対応するために、シングルユースの製品がどんどん採用されるようになってきた。シングルユースの製品では、フィルター類などは昔からその代表であったが、ここ数年でバッグ類、チューブ類のほか、培養漕やクロマトグラフィー用のカラムにまで範囲が広がり、ほとんどの設備がシングルユース製品に置き換わりつつある。こうした事情は、治験薬製造でしばしば活用されるCMOでも同様である。

シングルユースでは、製造する製品の切り替え時にも洗浄および滅菌操作は不要であり、また製法の違いに対応できる融通性がある。また、製品の内部だけでなく、独自の機構により無菌性を保ったままシングルユース製品間の接続も可能である。ただ、シングルユース製品の多くは自動化に対応しておらず、マニュアル操作が中心となるため、ヒューマンエラーの低減が課題として挙げられる。また、シングルユース製品の普及に伴い製品の品質も向上しているが、メーカーに依存しているため、品質の影響を注意深くフォローするとともに、メーカーとの緊密な連携が重要である。さらに、シングルユース製品からの溶出物の製品への混入にかかわるリスクについて十分な評価が必要である。シングルユース製品のサプライヤーから溶出物に関する情報の提供や分析サービスなどを受けられるケースもあるので、積極的に活用したい。

12. 5. 2　商業生産設備

第1世代のバイオ医薬品では、個々の組換えタンパク質の性質の違いから精製方法などは固有であり、設備そのものがその製品専用で、従来通りのステンレススチールを中心とした固定式のものというのが一般的であった。第1世代のバイオ医薬品は投与量も抗体医薬品に比べると、およそ1/1,000と少ないものの産生量がさほど高くなかったため、動物細胞の培養槽のスケールでは1,000L、3,000L辺りが一般的であった。

ところが現在のバイオ医薬品の主流である抗体医薬品では、様子がだいぶ変わってきた。年間の需要量が1トンを超すような大型の抗体医薬品では、相変わらず従来通りステンレススチールの固定設備が使われているが、当初、その需要量に対応するため20,000Lを超える培養槽を複数使い、精製ラインも2系統用意してフル稼働して供給に充てていた状況が続いた。精製工程では、実に直径が2mにも及ぶ巨大なカラムが大量に生産される抗体の精製に使われていた。その後、産生量の飛躍的な向上により、新たな製造設備では培養スケールが半分以下と小さくなる方向に進んでいる。しかも、需要量のさほど多くない抗体医薬品では、抗体というフレームの共通化により製品間での製法の類似性から、商業生産においても複数製品を同じ製造サイトで製造するケースが増えている。そのため、多品目製造を前提とした設備のデザインの中で、融通性の確保のためシングルユース製品の利用が増えつつある。社内だけでなく外部のCMOの利用も考慮した時、製法とCMOの設備とのギャップを埋めるためにシングルユースの融通性が威力を発揮する。商業生産の製造設備は、抗体医薬品に限定するならば、固定式の設備にシングルユース製品を適宜組み込むような形で両者の良い面を使う「ハイブリッド型」で当面行くのではないだろうか。そして、シングルユースとともにモジュール化による標準化も進んで、効率化、コストの低減、スピードアップを図る取り組みが続くものと思われる。

バイオ医薬品の製造においては、何と言ってもウイルス、微生物等の外部からの混入のリスクを避けることが大きな関心事であり、そのリスクを最小にするため、完全なクローズドシステムに向け、無菌接続技術の高度化が進むものと思われる。

治験薬製造、商業生産いずれも自社設備だけでなく、外部のCMOへの製造委託が今後もますます増えていくであろう。目的とするバイオ医薬品の遅滞ない開発、コスト低減ならびに製品の安定した供給を行うためには、「設備への柔軟な適合可能性」を念頭に置いた製法開発がカギを握るであろう。

12.6　おわりに

バイオ医薬品は、1982年の組換えインスリンの承認から30年余りの間に姿かたちを変えながら成長を遂げてきた。生体内の微量生理活性タンパク質をバイオテクノロジーで量産化し補助療法を中心とした適応で普及した第1世代バイオ医薬品の流れは、生体内の標的分子に特異的に結合する抗体をそのままフレームとして利用する抗体医薬品へと受け継がれて、医薬品市場における大きな地位を占めるに至っている。こうしたバイオ医薬品市場の成長は、DNA組換え技術に始まり、抗体のヒト型化やヒト化技術など､幾多の技術革新によって達成されたものである。そして、バイオ医薬品の本体は、これまでは、すべてタンパク質であった。タンパク質以外の分子形も医薬用途に検討が進められているが、今後も引き続きタンパク質医薬品が中心を占めるであろう。

タンパク質の修飾の中でも生理活性や生体内寿命、さらにタンパク質の安定性に影響を及ぼす糖鎖を持つ糖タンパク質の生産は、これまで細胞の持つ生合成能力に依存しており、その構造は不均一で多様性に富むものであった。最近、ペプチドライゲーション法を用いて化学合成したペプチドおよび糖ペプチドを連結し、均一な糖鎖を持つ糖タンパク質を化学合成で作ることができるようになってきて[14]、糖鎖機能の解明のツールとしてだけでなく、医薬用途の糖タンパク質の化学合成の可能性も視野に入ってきた。

一方で、バイオ医薬品としての標的分子にも限界があり、既存品の改良がますます盛んになることが予想される。生体内のタンパク質をそのまま開発してきた従来のアプローチから、いかにしてより付加価値の高いタンパク質にするのか、低分子医薬品の開発のノウハウも重要になるであろう。低分子、バイオそれぞれの領域の専門家が連携を通して、新たな領域が開けることを期待したい。

バイオ医薬品の世界ではバイオシミラーと呼ばれる後発品の承認が相次いでおり、抗体医薬品も例外でなくそのバイオシミラーも承認され始めた。そうした状況により、ますますバイオ医薬品の製造では、品質の確保は当然として、効率化、低コスト化、スピードアップが今以上に強く求められるであろう。本章で紹介した精製工程では、現状ではクロマトグラフィー工程が相変わらず中心で、そのステップ数を現状の３工程から２工程に減らすことが目標になっている。しかし、究極の目標として、低分子と同様にクロマトグラフィー工程のない精製法の確立も視野に入れて開発を進めていく必要があるかもしれない。

参 考 文 献

1）Johns, P.T., et al. *Nature*. **1986**, *321*, p.522-525.

2）Taylor, L. D. et al. *Nucleic Acid Res*. **1992**, *20*, p.6287-6295.

3）世界大型医薬品売上ランキング2013. ユートブレーン ニュースリリース.

4）Stephen, C.A., et al. *Curr. Opin. Chem. Biol.*, **2010**, *14*, p.529-537.

5）大政健史. 生物工学. **2010**, *88*（12）, p.649-651.

6）Hase, S., *Methods Enzymol*. **1994**, *230*, p.225-237.

7）Vliegenthart, J. F. G. *Adv. Exp. Med. Biol*. **1980**, *125*, p.77-91.

8）Shukla, A. A. et al. *Bioetchnol. Prog.* **2008**, *24*, p.1115-1121.

9）Igawa, T. et al. *MAbs.* **2011**, *3*, p.243-252.

10）Igawa, T. et al. *Nat. Biotechnol.* **2010**, *28*, p.1203-1207.

11）Dosmar, M. *BioProcess International.* **2006**, *4*（10）, p.44-54.

12）Eschbach, G. and Vermant S. *BioProcess International.* **2008**, *6*（10）, p.66-69.

13）Dosmar, M. et al. *BioProcess International.* **2005**, *3*（8）, p.40-50.

14）Sakamoto, I. et al., *J. Am. Chem. Soc.* **2012**, *134*, p.5428-5431.

第 13 章

医薬品原薬製造プロセス開発における Ｐ Ａ Ｔの活用について

13. 1　はじめに

PAT（Process Analytical Technology；工程分析工学）とは、品質に影響する機能特性をタイムリーに計測し、製造プロセスを設計、解析、管理することで最終製品の品質を保証するシステムである。従来の方法では、得られた製品からサンプリングを行い、分析装置で測定することにより製品の品質を保証しているが（Quality by Analysis）、近年では、PAT機器を用いて品質そのものをリアルタイムに測定し、製品品質をプロセスで作り込むという考え方に変化してきている（Quality by Design；QbD）。このような品質に対するグローバルなパラダイムシフトは2002年にFDAにより「Pharmaceutical Current Good Manufacturing Practices（cGMPs）for the 21st Century：A Risk-Based Approach」が発行されたことがきっかけであり、PATはQbDアプローチを行うための重要なツールとして注目されるようになった。また、PATにより製造工程内で品質を適切に評価可能であれば最終の品質試験は不要になるという考え方から、RTRT（Real Time Release Testing）という新たな手法が出てきている。

医薬品製造プロセス開発にPATを活用することの利点として、ラボ・パイロット検討においては、製造工程のより精緻な理解により、製造パラメータの最適化、高度な安全性評価、製法の堅牢性向上、科学的かつ迅速なスケールアップ等が実施可能となる。また、QbD申請におけるDesign Space設定のための補助ツールとなる。製造現場においては、プロセス制御、継続的な改善・知識の管理のためのツール、工程内試験の自動化、RTRT等が期待される。

塩野義製薬では2004年から医薬品原薬製造プロセス開発にインライン赤外分光計（インラインIR）、インライン粒度分布計、インライン画像測定装置等のPAT機器を段階的に取り入れており、反応機構解析や晶析法設計に活用している。近年ではラボ検討だけではなく、生産現場でのR&Dデータの検証や連続モニタリングも実施している。本章では、PAT機器をラボ研究での医薬品原薬の製造プロセス開発に使用した事例を紹介する。

13. 2　ＰＡＴ機器を用いた反応プロセス開発への活用例

13. 2. 1　アルドール型反応の反応理解とその最適化[1]

医薬品中間体 3-(benzyloxy)-2-(2-hydroxy-2-phenylethyl)-4*H*-pyran-4-one(**4**)の製造プロセス開発においてインラインIRを利用した事例を示す。マルトール(**1**)とベンジルブロミドとの反応により得られたベンジルマルトール(**2**)に、テトラヒドロフラン(THF)中−70℃でリチウムヘキサメチルジシラジド(LHMDS)を加えることでリチオ化し、その後ベンズアルデヒド(**3**)との付加反応を行うことで目的物(**4**)を合成した(**スキーム13-1**参照)。しかし、**2**から**4**へのアルドール反応の収率がばらついていたため、その原因究明と対策が必要であった。

2のTHF溶液にLHMDSを滴下していくと、その滴下量に比例してリチウムエノラート(**5**)由来の赤外吸収のピーク強度(C＝Cの伸縮振動：A 1,546cm^{-1}、B 1,602cm^{-1})は増加した。LHMDSを合計1.2当量加えたが、1.0当量加えたところで赤外吸収ピーク強度は最大となり、それ以

benzyl bromide 1.05 eq.
K_2CO_3 1.2 eq.
MeCN, 70 °C
>99%
1) LHMDS 1.2 eq.
2) CHO
3　1.2 eq.
THF, -70 °C
72~97%
1　2　4

スキーム13-1　目的物(4)の合成方法

降の追加においては、ピーク強度の増加は確認されなかった（**図13-1** 参照）。この結果より、LHMDSを合計1.2当量加えた後のリチオ化反応液には、1.0当量の**5**と0.2当量の未反応のLHMDSが存在していることが示唆された。その後、**3**（1.2当量）を滴下することで、目的物**4**が得られたが、滴下終了時において**3**の赤外吸収ピーク（C=Oの伸縮振動：1,700㎝$^{-1}$）は観察されなかった。以上の結果から、**5**（1.0当量）と反応せずに残った過剰の**3**（0.2当量）は、過剰のLHMDSと反応し、消失したものと考えられる。

そこで、**3**とLHMDSとの副反応について詳細な調査を行った。

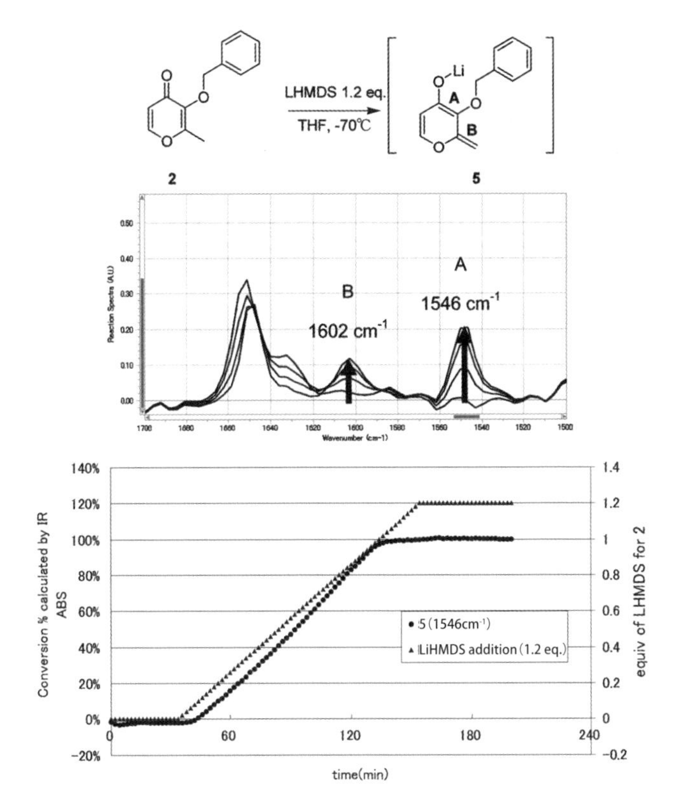

図13-1　リチウムエノラート(5)の構造とLHMDS滴下におけるインラインIRのピーク強度変化の観察

LHMDSに**3**を滴下した場合は**3**とLHMDSが1：1で反応したが、**3**にLHMDSを滴下した場合は2：1の割合で反応した。それぞれの副生成物はベンズアルジミン(**6**)、6員環構造の化合物(**7**)と推定している(**図13-2**、**3**参照)。またこれらの副生成物は一旦形成されると、主反応に

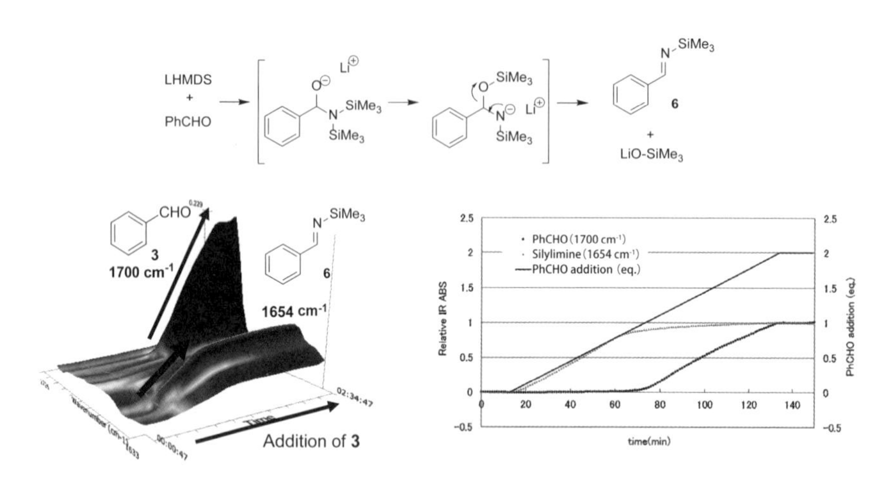

図13-2　ベンズアルジミン(6)の生成メカニズムとLHMDSへの3の滴下におけるインラインIRの観察

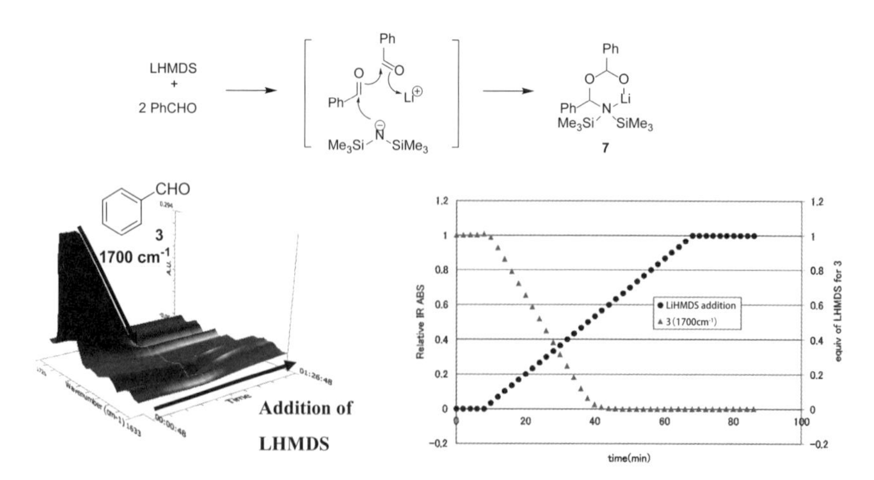

図13-3　2：1付加体(7)の推定構造と推定生成メカニズムおよび3へのLHMDSの滴下におけるインラインIRの観察

寄与できないことが別の実験から判明した。

上記知見に基づき、**3** の滴下時間とLHMDS滴下量の反応転化率への影響を検討した（**表13-1** 参照）。LHMDSを1.2当量使用し、60分かけて **3** を添加した場合には転化率は92％であった（entry 1）。**3** の滴下時間を短縮すると転化率は88％に低下したが、これは **7** の副生に伴うベンズアルデヒドの不足が原因と推測される（entry 2）。また、過剰のLHMDSによる **3** の消費を抑制するために、LHMDSの当量を1.2当量から1.05当量に削減した結果、転化率は99％以上に改善した（entry 3）。また、LHMDS量を削減すると **3** の消費が抑制され、ベンズアルデヒドの滴下時間を短縮しても反応は完結した（entry 4）。これらの結果は、上記知見に合致している。

表13-1　3 の滴下時間およびLHMDSの当量の反応転化率への影響

entry	LHMDS (equiv)	**3** (equiv)	addition time of **3** (min.)	yield of **4** (%)注)
1	1.20	1.2	60	92
2	1.20	1.2	10	88
3	1.05	1.2	60	>99
4	1.05	1.2	10	>99

注）HPLC yield［4/(2＋4)×100%］

13. 2. 2　$Na_2S_2O_4$を用いた還元的環化反応によるベンズイミダゾールの構築[2)]

C型肝炎ウィルス（hepatitis C virus：HCV）阻害剤として種々のベンズイミダゾール環を有する化合物が報告されている。その骨格を構築する方法として最も簡便なものの一つに、亜ジチオン酸ナトリウム（$Na_2S_2O_4$）を用いたニトロアリールアミンとアルデヒドとの還元的環化反応が知られている。ニトロアリールアミン（**1**）、ベンズアルデヒド（**2**）および$Na_2S_2O_4$（３当量）をジメチルスルホキシド（DMSO）中90℃で３時間反応させたところ生成率96％で目的のベンズイミダゾール（**3**）

EtO_2C / NO_2 / N-Cy / H　+ PhCHO　$\xrightarrow[\text{DMSO, 90 °C, 3 h}]{Na_2S_2O_4\ \text{3eq.}}$　EtO_2C / N / Ph / N / Cy

1　**2**　**3** 96% (by HPLC)

スキーム13-2　$Na_2S_2O_4$を用いたベンズイミダゾールの合成

が得られた(**スキーム13-2**参照)。

しかし、この反応は発熱量が大きいことからスケールアップに向けてセミバッチプロセスにする必要があった。インラインIRにおけるニトロ基のピーク(N－O非対称伸縮振動：1,569㎝$^{-1}$)を指標にバッチ反応の推移を観察したところ、反応の前半は非常に遅く、後半に加速していることが判明した(**図13-4**のDMSO中での反応)。$Na_2S_2O_4$の分割添加により反応の進行およびそれに伴う発熱を制御しようと考えたが、そのためには前半の反応速度を加速する必要があった。一方、この反応初期の液についてHPLC-MSを測定したところ、少量ではあるがニトロ基の還元中間体と推定されるピークが観察され、その構造は明らかではないが**4**もしくはその異性体であると推定することができた(**スキーム13-3**参照)。

$Na_2S_2O_4$がこの反応によって亜硫酸水素ナトリウム($NaHSO_3$)へ変

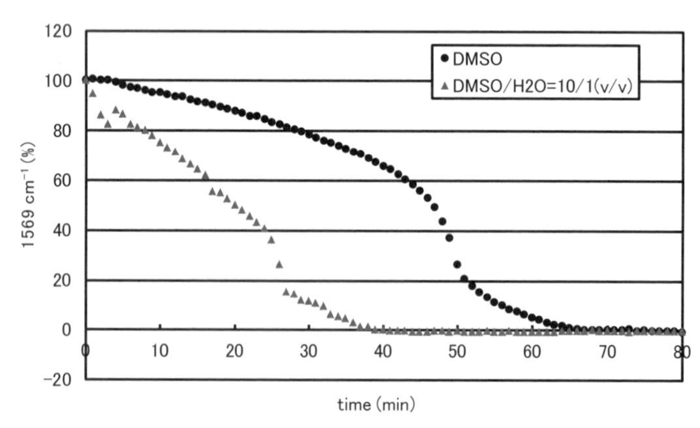

図13-4　水の添加による反応の加速

$$\mathbf{1} \xrightarrow[\text{-3NaHSO}_3]{\text{2Na}_2\text{S}_2\text{O}_4\text{+2H}_2\text{O}} \left[\mathbf{4} \right] \xrightarrow[\text{-H}_2\text{O}]{\text{PhCHO}} \mathbf{3}$$

EtO_2C, O=S(=O)–ONa, NH, N–Cy, H, **4**

スキーム13-3　推定される反応機構

換すると仮定すると、水が必要であることから、反応への水の添加を試したところ、顕著な加速効果が見られた(**図13-4**参照)。

水を添加するとジメチルアセトアミド(DMA)、*N*,*N*-ジメチルホルムアミド(DMF)などのアミド系溶媒でも反応は進行した。DMSOについては異物の混入などが原因で暴走的分解が起こることが報告されており[3)]、スケールアップ時に詳細なプロセス安全性評価が必要であったため、反応溶媒としてDMAを選択した。**1**および**2**(1.1当量)をDMA/水混合液(10:1)に溶解させ、得られた溶液を80℃に調整した。そこに$Na_2S_2O_4$(3当量)を約90分かけて添加したところ、反応の進行および発熱は$Na_2S_2O_4$の添加によく追従し、セミバッチプロセスでの反応制御が可能となった(**図13-5**参照)。

また、引火点以下の可燃性溶媒に粉体を投入することを極力避けると

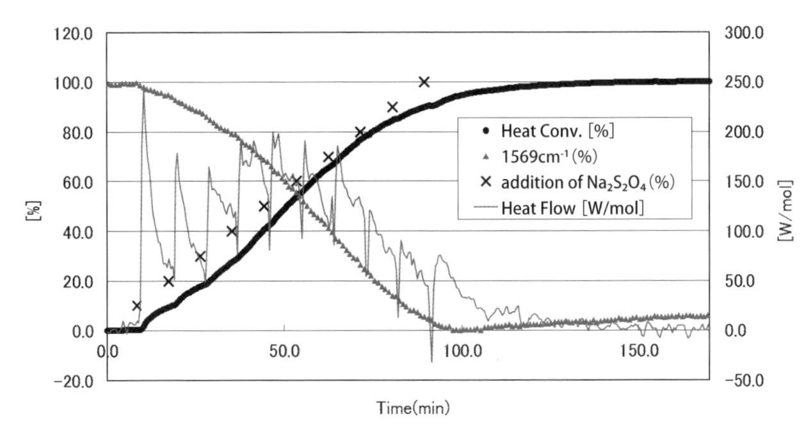

図13-5　セミバッチプロセスにおけるヒートフロー

いった安全性の観点から、$Na_2S_2O_4$を水溶液として添加することにしたが、その安定性はインラインIRを用いて簡便に観察できた。室温下、窒素雰囲気中の$Na_2S_2O_4$水溶液（20wt%）のインラインIRチャートを**図13-6**に、室温下、空気中でのチャートを**図13-7**に示す。空気中では即座に分解によるピーク強度の変化が観察されたが、窒素雰囲気中ではピーク強度の変化はなく安定であった。これらの結果から、$Na_2S_2O_4$水溶液の調製および添加時には酸素の混入を防止することが重要である

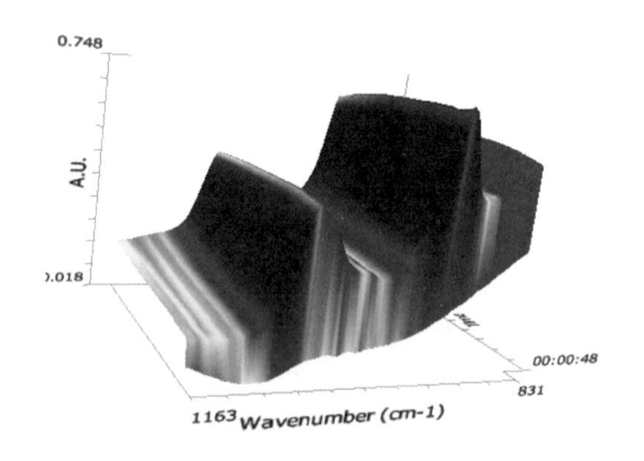

図13-6　$Na_2S_2O_4$**水溶液安定性**（窒素雰囲気下）

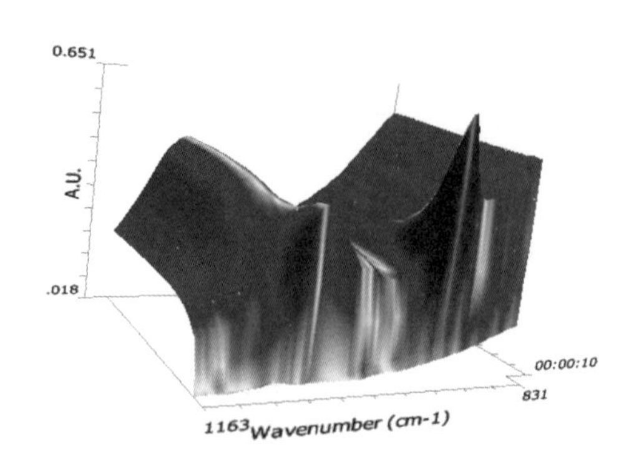

図13-7　$Na_2S_2O_4$**水溶液安定性**（空気下）

ことが分かった。以上、インラインIRのリアルタイム分析を活用することで、水による反応加速を見出し、パイロットスケールで実施可能な操作フローを迅速に確立することができた。

13. 2. 3　Reformatsky反応のパイロット製造におけるトラブルの原因究明と対策[4)]

医薬品候補化合物の中間体(**5**)の合成に利用したReformatsky反応のパイロット製造におけるトラブルとその原因究明にインラインIRを利用した例を示す。この工程はBocピペリジノン(**1**)にピロリジンを反応させることで形成したエナミン(**2**)に、酢酸を加えることでイミニウム塩(**3**)に誘導し、そこにブロモ酢酸メチルと、クロロトリメチルシラン(TMSCl)で活性化した亜鉛から調製されたReformatsky試薬を作用させることで中間体(**4**)を合成するプロセスである(**スキーム13-4**参照)。フラスコ実験では再現性良く進行していたが、パイロット製造の際、主反応が12%しか進行せず、エナミンとブロモ酢酸メチルが反応した副生成物(**6**)が32%生成した。**6**は**2**とブロモ酢酸メチルの反応により生成したと考えられることから、イミニウムイオンの形成およびReformatsky試薬の調製に問題があったと推定される。

まず、イミニウム塩の形成についてインラインIRを用いて検証した。その結果、**2**に酢酸を加えた際にエナミン由来のピーク1,650㎝$^{-1}$およびイミニウム由来のピーク1,700㎝$^{-1}$に変化は観察されなかったことか

スキーム13-4　医薬品候補化合物中間体5の合成

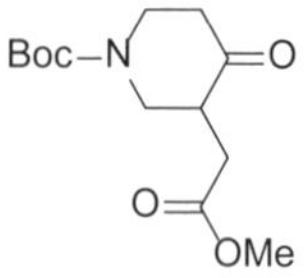

Boc–N　=O　O=　OMe

6

図13-8　副 生 成 物

ら、この段階では**3**の形成が不十分であることが示唆された(**図13-9**参照)。Reformatsky試薬を加える前にイミニウム塩を十分に形成しておけば**6**の生成リスクを低減できると考え、強酸であるトリフルオロ酢酸を試すことにした。その結果、期待通り1,650㎝$^{-1}$のピーク強度が減少し、1,700㎝$^{-1}$のピーク強度が増加したことから(**図13-10**参照)、イミニウムイオン形成に用いる酸を酢酸からトリフルオロ酢酸に変更した。

一方、Reformatsky試薬の調製について調査した結果、遊離した酸と亜鉛の接触により亜鉛が凝集することで亜鉛の活性化が阻害されたことを見出した。亜鉛の活性化に用いていたTMSClが分解して生じるHClがその要因の一つと考えられるため亜鉛の活性化剤を1,2-ジブロモエタンに変更した。これら２点の変更によりパイロットスケールで再現よく実施可能な操作条件を確立することができた。特に酸の変更に関してはインラインIRが有効なツールとなった。

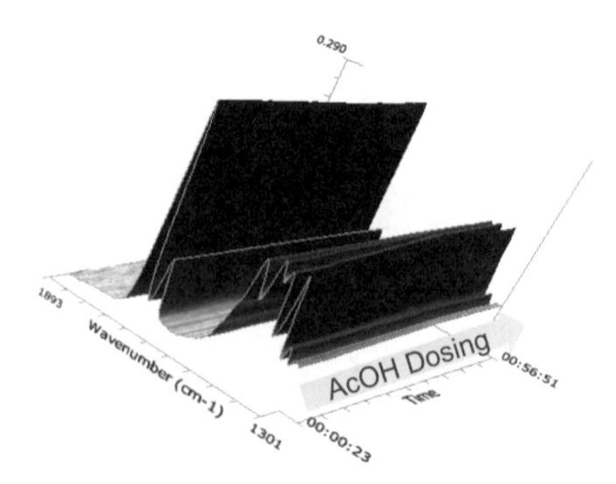

図13-9　２への酢酸の添加

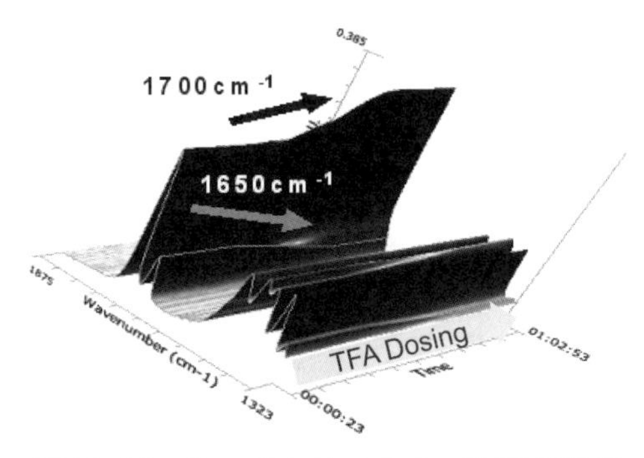

図13-10　2へのトリフルオロ酢酸の添加

13. 3　ＰＡＴ機器を用いた晶析プロセス開発への活用例

13. 3 . 1　結晶多形混入の原因追究

化合物Aには2種の結晶多形（Ⅰ形およびⅡ形結晶）が存在し、安定形であるⅠ形結晶で開発が進められていた。しかし、初期製造の一部ロットにおいてⅡ形結晶の混入が認められたため、堅牢な多形制御プロセスの構築を目的に、まずはPAT機器を用いて晶析現象の理解を試みた。

初期製造時の製造フローを**図13-11**に示す。粗製の化合物Aをアセトン水に加え、50℃まで加熱して溶解を確認する。次に溶解液を濃縮し、貧溶媒である水を加えて晶析を行う。初期製造法を溶解度曲線上で評価すると**図13-12**のようになる。両多形の溶解度曲線からアセトン比率によらず、Ⅰ形が安定形であることが分かる。また、濃縮終末の濃度ではすでに両結晶多形に対して過飽和であるため、Ⅱ形結晶が析出する可能性がある。これらの評価からいくつかの確認項目を抽出することができる。①結晶化の開始点とその時の結晶形、②結晶化後の濃度推移と溶媒媒介転移の有無、③二次晶析において結晶形が混在する可能性、などで

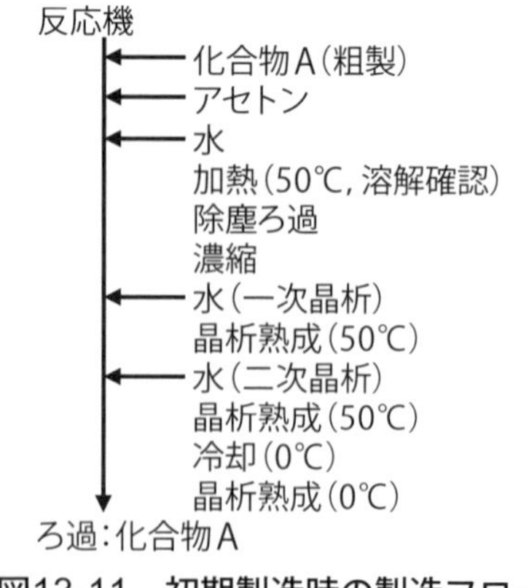

図13-11　初期製造時の製造フロー

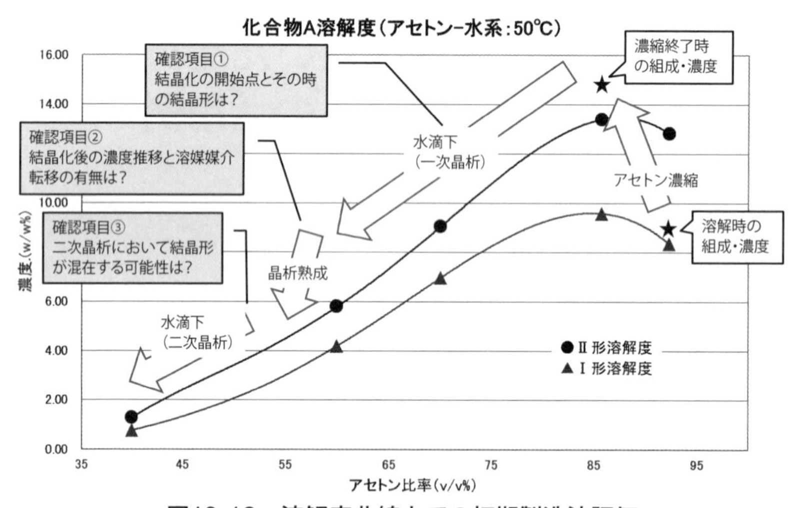

図13-12　溶解度曲線上での初期製造法評価

ある。

溶解度曲線上での晶析挙動とインライン画像測定装置、インライン粒度分布計の測定結果を**図13-13**に示す。結晶化は水滴下中のⅡ形結晶の溶解度を超えた濃度から開始し、初期に析出しているのは立方状のⅡ形結晶であった（①）。その後、Ⅱ形結晶の溶解度付近まで濃度が低下すると徐々に粒子径の小さい結晶が出現し、目的とするⅠ形結晶への溶媒媒

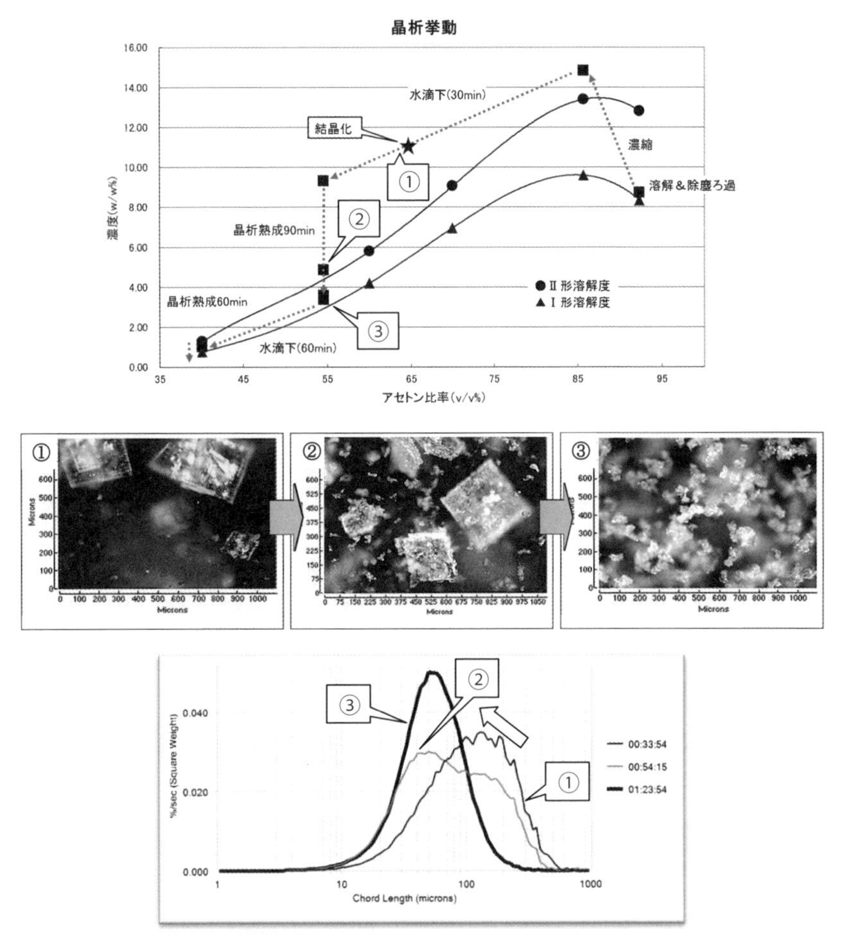

図13-13　溶解度曲線上での晶析挙動とPAT機器測定結果

介転移が進行していた(②)。90分経過後、Ⅰ形結晶への転移が完了し(③)、以降はⅡ形結晶の溶解度以下で濃度が推移した。これらの現象は粒度分布データからも確認することができ、徐々に小粒子径側へ分布がシフトする様子が観察された。初期製造時には、晶析熟成に関する設定がなかったため、十分な溶媒媒介転移が進行せず、一部ロットにおいてⅡ形結晶が混入したと推察した。改良製造法では、撹拌や溶媒組成が転移時間に及ぼす影響を検討し、適切な晶析熟成時間を設定した。このように、PAT機器を用いることで、1回の実験から晶析現象を精緻に理解し、問題の所在を明らかにすることができた。

13.3.2　高温での溶液媒介転位現象の理解[5)]

化合物Bには2種類の擬似結晶多形（α形およびβ形結晶）が存在し、安定形であるα形結晶で開発が進められた。従来の晶析プロセスでは、α形結晶を選択的に得るために、濃縮晶析の過程で多量のα形種結晶を連続的に供給していたが、濃縮晶析であることや種結晶を使用することで様々な問題を抱えていた。そこで、冷却晶析・溶液媒介転移といった晶析操作に改良することで、従来の晶析プロセスの問題を解決し、さらに堅牢な晶析プロセス構築を目的に、PAT機器を用いた検討を行った。

従来法と改良法の製造フローを**図13-14**に示す。従来法では25.3vol％有機溶媒－水混合溶液中、83℃で加熱溶解し濃縮を行うが、濃縮過程で針状であるβ形結晶が析出すると、晶析槽の壁面や撹拌翼にスケーリングする問題があった。また含水率の高い系ではβ形結晶からα形結晶への転移が起こりにくいことから、選択的に所望のα形結晶が得られないリスクがあった。そのため、粉砕したα形種結晶を連続的に供給していたが、粉砕したα形種結晶が多量に必要であり、またクリーンルーム

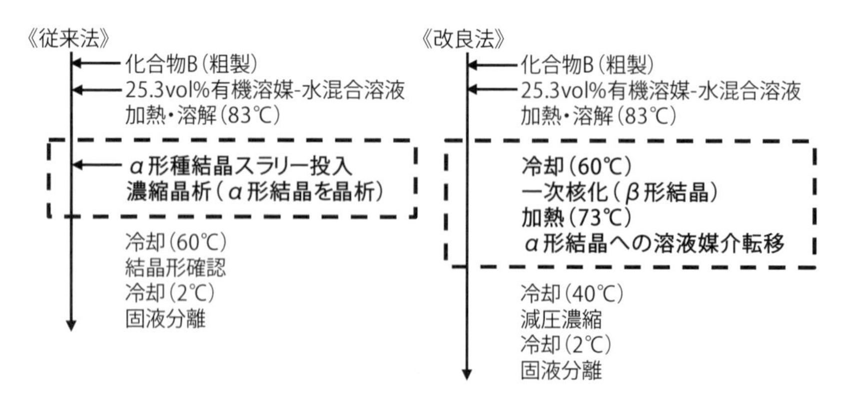

図13-14　従来法と改良法の製造フロー

環境下でα形種結晶を連続的に投入可能な設備が必要になるなど、品質管理・GMPの観点からも課題を抱えていた、これらの課題を解決した改良法では加熱溶解後、まず冷却晶析でβ形結晶を析出させ、73℃まで昇温とともにα形結晶へ溶液媒介転移後、冷却、減圧濃縮、冷却を実施する製造法とした。

改良法における化合物Bの晶析中の温度と濃度変化、インライン画像測定装置での測定結果を**図13-15**に示す。α形結晶は立方状、β形結晶は針状の晶癖を持つため、インライン画像測定装置の測定結果から結晶

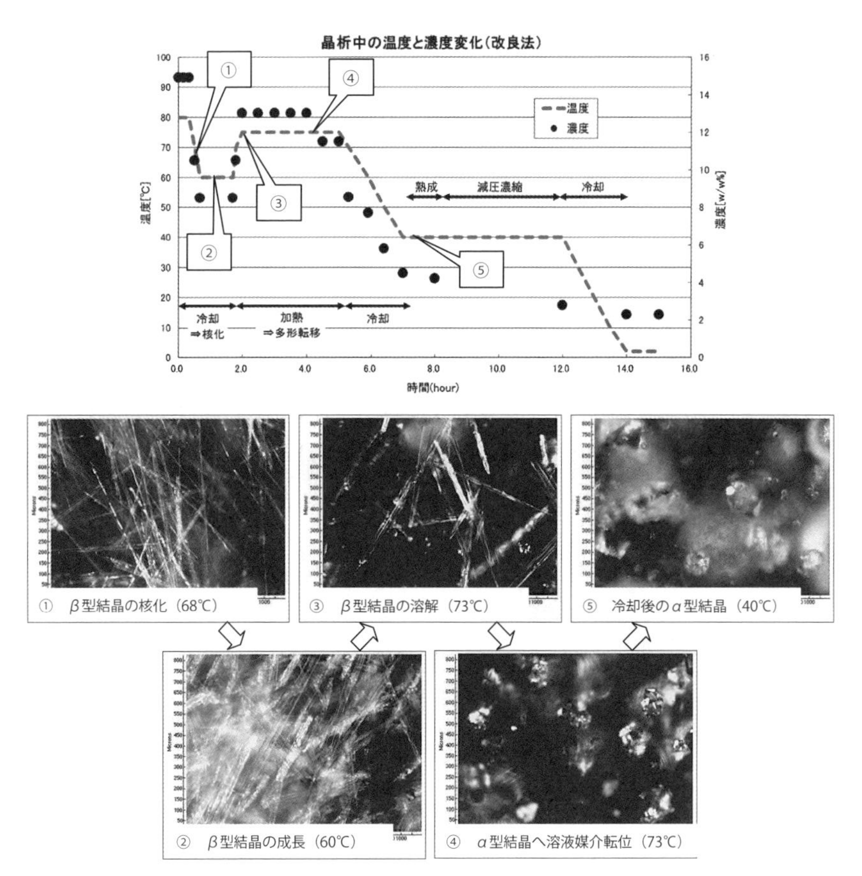

図13-15　晶析中の温度・濃度変化とインライン画像測定結果（改良法）

形を判断することが可能である。冷却時、68℃でβ形である針状結晶の一次核化が確認され、60℃までの冷却ではβ形結晶が成長した。その後、73℃まで昇温・保持することでβ形結晶が一部溶解するとともに、α形である立方結晶への溶液媒介転移が確認された。73℃に昇温・保持する理由は、転移速度を速めることと、種結晶として必要量のα形結晶を析出させることである。転移後、β形結晶の析出は確認されなかった。本検討では73℃での転移を確認しているが、従来の顕微鏡観察等の方法ではサンプリング中に冷却されてしまい、晶析系内の現象を正確に理解することは困難であった。このようにPAT機器を用いることで、サンプリングにより状態が変化してしまう晶析現象の正確な理解が可能になった。

13. 4　PAT技術の課題と展望

本章では、PAT機器をラボ研究での医薬品原薬の反応・晶析プロセス開発に使用した事例を紹介した。現状、日本国内においては、ラボ研究においてPAT機器をプロセス理解に活用している事例は多く見られるが、医薬品原薬工場の製造現場にPAT機器を導入している事例は少ない。また、RTRTを適用した事例はほとんどない。製造現場へのPAT機器導入事例が少ない原因としては、消防法上の防爆対応が必要、反応機のノズル数や距離などの設置上の制約、洗浄性、PAT機器が高額であること等が考えられる。RTRTについては、既存メソッド（ラボ分析装置）との互換性等が課題である。

PAT技術を高めるためには、PAT技術をどのように成長させ活用するか、PAT技術活用へのボトルネックは何かを戦略的に考えることが重要である。一つの方法として、ロードマップによる技術戦略を策定し、その実現のためにPDCAサイクルをスパイラルに廻すことが有効であると考えられる。今後、PAT機器を積極的に使いこなすことで、グローバルに通用する技術イノベーションが起こり、継続的な製造プロセスの改善が進むことを期待する。

参考文献

1）Y. Fukui; S. Oda; H. Suzuki; T. Hakogi; D. Yamada; Y. Takagi; Y. Aoyama; H. Kitamura; M. Ogawa; J. Kikuchi. *Org. Process Res. Dev.*, **2012**, *16*（11）, p.1783-1786.

2）S. Oda; H. Shimizu; Y. Aoyama; T. Ueki; S. Shimizu; H. Osato; Y. Takeuchi. *Org. Process Res. Dev.* **2012**, *16*（1）, p.96-101.

3）(a) N. Schindler; W. Plöger. *Chem. Ber.* **1971**, *104*（3）, p.969-971.
(b) T. T. Lam; T. Vickery; L. Tuma; J. Therm. *Anal. Calorim.* **2006**, *85*（1）, p.25-30.

4）H. Osato; M. Osaki; T. Oyama; Y. Takagi; T. Hida; K. Nishi; M. Kabaki. *Org. Process Res. Dev.* **2011**, *15*（6）, p.1433-1437.

5）増田勇紀. 分離技術会誌. **2012**, *42*（6）, p.20-25（372-377）.

第 14 章

プロセス化学と化学工学

14. 1　はじめに

プロセスケミストは、スケールアップという生産を目指した製造法を確立する上で極めて重要な工程を担当しており、ここでの適切な製造フローの確立なくして商業ベースでの生産はできない。医薬品製造はGMP管理下における厳しい規制のもと行われており、品質確保が最優先されるべき事項として、あらゆる手法を講じて高品質の医薬品を製造することに日夜努力が続けられている。プロセスケミストの役割はラボスケールの実験結果をもとにスケールアップに適した条件を見い出すことであり、パイロットスケールでの実証と、よりスケールアップした実生産を考慮した原材料の選択、出発原料の設定、さらに反応条件、操作法の改良を行い、ラボスケールと遜色のない結果を導き出すことにある。この過程において化学工学の知識がかなり要求されることを、担当者は実感として味わっておられることであろう。

14. 2　ラボスケールから実生産へ

ラボスケールからパイロットスケールへの展開には多くの実験データが求められる。さらにパイロットスケールから実生産への展開は企業にとっては品質、コストといった医薬品に求められる一番重要なポイントを克服していく過程であり、企業の命運を分けるところとなる。これらの過程で何を検討すべきか、その概略を**図14- 1**に示す。

製造設備は企業ごとに異なり、自社で行うにしてもアウトソーシングするにしても、よく反応釜や設備の性能を理解することが求められている。ここに化学工学という分野が必要となってくる。最近は日本プロセス化学会の貢献もあり、安易にスケールアップできると考える人は少なくなってきているとは思われるが、企業においてはラボスケール＝実生産スケールと簡単に考える人がいないわけではない。化学工学の知識を

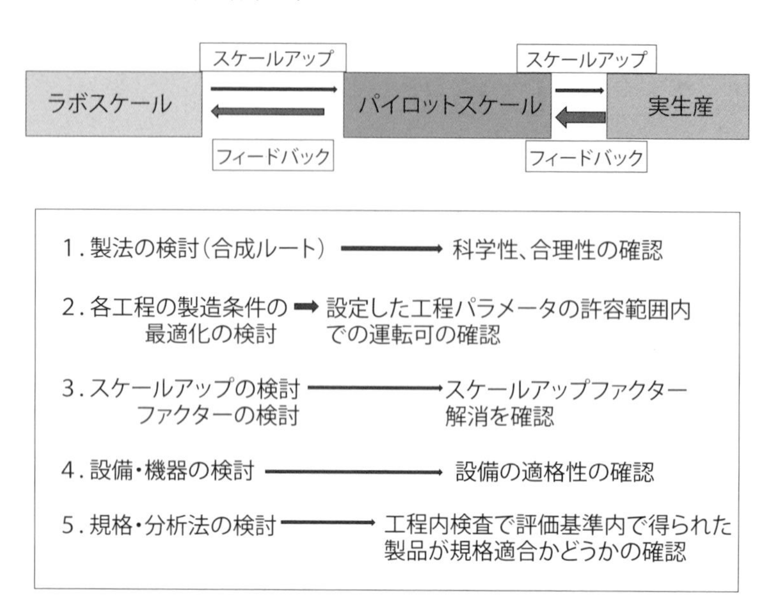

図14-1　ラボスケールからのスケールアップ手順

有効活用して効率的なプロセス開発を行うことの重要性は、グローバル化の進んだ今、スピード勝負の時代には一層重みを増してきている。本書では、プロセスケミストに必要な化学工学的知見を分かりやすく解説してもらった。特に危険性を持つ発熱反応の代表例に始まり、危険性評価、混合・撹拌、晶析、ろ過、乾燥、粉砕、蒸留、抽出、分離、静電気と操作上における問題点とポイントを、また最近の話題としてバイオ医薬品やPATに関しても解説してもらった。合成工程における反応制御は熱制御の基本であり、この操作を円滑に行うことが、取りも直さずプロセスケミストに求められている。スケールを100倍、1,000倍にした際の溶媒留去の時間は？　と聞かれた際にどのように計算すべきか、ラボスケールでは10分で留去できた溶媒がスケールアップでは６時間かかった場合、内容物の熱虐待による安定性が一番気になるところである。品質も収率も落とさずスケールアップすることの難しさと重要性は、プロセスケミストが背負うべき課題なのである。ぜひ本書を活用してもらいたいと願っている。

スケールアップしていく中でヒヤリハットを経験することはたまにある。事故に繋がらなくても一歩間違えばというケースは実は多い。次の実例をもとに皆さんがどのような行動をとるか、検証してみると面白い結果が出る。

14. 3　撹拌停止による温度上昇

まず反応式を**図14-2**に示した。典型的なニトロ化反応で、合成に従事する人であれば誰でも危険性が分かる。これほど危険と思われる反応操作中にトラブルが起こったとしても、どう対処すべきか教育が行き届いてさえいれば、即事故につながることはない反応操作である。しかし、撹拌停止という想定外のトラブルが起こればどうであろう。担当者は狼

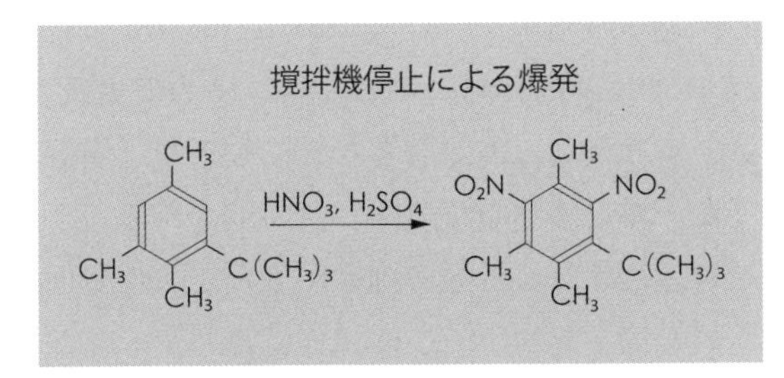

図14-2　ニトロ化反応

事 故 原 因

・5-*t*-ブチルメタキシレンのニトロ化反応において、混酸中へ原料を滴下中(35～40℃)に、撹拌機が停止1)していることに作業員が気づいた。直ちに原料の滴下を中止2)して撹拌を再開3)した。その後、撹拌の再開が反応を急激に進める可能性のあることに気づき4)、直ちに撹拌を停止5)した。しかし、すぐに煙の噴出が始まり、反応槽が爆発して火災となり、プラント、建屋が大破した。ふたが15mほど飛び、反応槽本体は階下へ落下した。

図14-3　事故原因究明：操作の点検

狽するかもしれない。**図14-3**に操作と処理の過程を示した。図中の1）～5）までのどの操作に問題があったか、皆さんならどう対処するかを検証してみて実地教育の一環とされてはいかがであろう。解答を読まれる前にぜひトライしてもらいたい。

原因と対処すべき行動について述べる。

1）撹拌停止という異常事態に作業員が気が付いた：問題はいつ気が付いたかという点。反応釜に張り付いていれば停止直後に気が付くが、もし釜近くで作業していても音がしなくなったことにすぐに気づくかどうか。製造現場はいろいろ音を発する機器が動いているので、注意しないとすぐに気が付かない場合が多い。まさか撹拌機が停止するとは考えていなかっただろうから、撹拌停止とその状況を認識するのに少し時間がかかったと思われる。その間に原料滴下は進行した。いつの場合も同じことがいえるが、想定外の事態が起こった場合、まさかと思う気持ちが先に起こり、事態を正確に受け入れるまでに一瞬ではあるが躊躇した時間があり、この長さが事態収拾の分かれ道となる。日頃の訓練が生かされる局面である。

2）直ちに原料の滴下を中止：この操作は正しい。気が付いた時点で即座に滴下は中止すべき。

3）撹拌を再開：この操作は危険。撹拌を再開する前に確認すべきことがある。滴下原料が未反応として残り過剰になった状態の対応の仕方。ここで慌てて撹拌を再開すると反応が一気に進み温度制御が不可能となる。典型的な事故例である。

4）撹拌再開が反応を急激に進める可能性があることに気づき：この判断は正しい。ただし、撹拌再開の前に気づくべきであった。この一瞬の差が事故に繋がることを教育すべき。

5）撹拌を停止：この操作も正しい。しかし、“時すでに遅し”である。撹拌再開の一瞬で一気に反応が進行し反応制御が不可能な状態になっていた。実際、煙が立ち込めはじめ（ニトロ化特有の茶褐色の煙と考えられる)、釜底のブローダウン用バルブを開けようとしたが、近づけなかったという。いかに急激に反応が進行したか容易に想像がつく。

ここでの一番のポイントは撹拌停止という状態に、いかに早く対応できるかということである。設備上にそれなりの機能を付帯させることで緊急時の対応が可能な場合もあるが(例えば、遠隔操作によるバルブの開閉等)、危険反応の操作中は作業員が現場を離れないことが、まず一番基本的な教育であろう。コスト削減のために、人員の削減により現場での作業者が制限されている昨今であるが、事故の代償と比較してみると必要な人員はかけなければならないという結論が出るはずである。

次に重要なことは撹拌再開の方法である。停止中に未反応原料が蓄積されていることは誰でも分かること。ここで撹拌を再開すればどうなるかということも想像できること。撹拌は一気に始めるのではなく、スイッチのON-OFFを一瞬の操作として行い、この操作の繰り返しで反応溶液の状況を見ながら温度上昇を観察して、異常な発熱が起こらないように反応を少しずつ進め、過剰分がうまく反応してしまった後、撹拌のスイッチをONにする方法を教育しておくことである。事故を起こさないように対処することが何より重要であるが、もしものことも想定した対策は取っておくことが望ましい。大きな事故の原因を調べてみると、いきなり「どかん」と爆発したケースよりも、異常に気づきその対処に手間取っている間に異常反応が進行し、制御不能となり爆発に至ったケースが多い。このことからも、対策の取り方、教育の仕方の重要性が分かる。以下にそれらのポイントを示す。

14.4　教　育　法

教育法として次のことを覚えてもらうのが効果的といえる。

1）初　級　者

①　有機合成反応の基礎知識
②　化学物質の物性
③　危険反応の事例紹介
④　先輩からのヒヤリハットの話
⑤　事故例と対策
⑥　危険と思われる工程を考えさせる
⑦　現場で実際に訓練する
⑧　緊急時の伝達法を覚えさせておく
⑨　学んだことを発表させる

2）中　級　者

①　危険反応の事例
②　ヒヤリハットの共有化
③　事故例を示し対応策を考えさせる
④　現場での実地訓練
⑤　初級者を指導させる
⑥　製造工程での問題点をピックアップしてもらう
⑦　対応策、緊急時の行動について発表させる
⑧　外部での講習会に参加させる

3）上　級　者

①　中級者、初級者を指導させる
②　問題点と解決策を発表させる
③　経験談を話させる
④　現場での対応策の手本を初級者、中級者に教える訓練
⑤　外部での講習会に参加させ報告会を行う
⑥　外部での発表の機会を与える

教育法は企業文化と相まって独自の手法が取られているかもしれない。しかし、目的は同じはずである。自社独自の教育法も勿論良いが、外部の意見を取り入れることも「目からうろこ」の発想が時にはあり、重要である。教育担当者の幅広い知見が求められている。

14. 5　ま　と　め

プロセスケミストにとって重要な、ラボスケールからのスケールアップによる実生産スケールまでの取り組み方に関して、いかに化学工学の知識を応用すべきかについて本書は述べてきた。化学工学と聞いただけで敬遠する人もいるが、プロセス化学には必須の学問であることは理解できたと思う。若い研究者のみならずこれからプロセス化学に取り組む学生たち、さらに企業では中堅といわれる働き盛りの研究者も、今一度本書を利用してもらえれば幸甚である。

プロセスケミストのための化学工学(基礎編)

2015年11月24日　初版１刷発行
2024年３月11日　初版４刷発行

編　者　　日本プロセス化学会
発行者　　佐　藤　　豊
発行所　　化学工業日報社

東京都中央区日本橋浜町３-16-８（〒103-8485）
電話　03(3663)7935(編集)
　　　03(3663)7932(販売)
支社　大阪
支局　名古屋　シンガポール　上海　バンコク
ホームページアドレス　https://www.chemicaldaily.co.jp/
e-mailアドレス　pubeditor@chemicaldaily.co.jp

(印刷・製本：ミツバ綜合印刷)

ISBN978-4-87326-659-6　C3043